Les origines de la physique moderne

I. Bernard Cohen

Les origines de la physique moderne

TRADUIT DE L'AMÉRICAIN PAR
J. MÉTADIER ET C. JEANMOUGIN

OUVRAGE PUBLIÉ AVEC LE CONCOURS
DU CENTRE NATIONAL DU LIVRE

Éditions du Seuil

La première édition de cet ouvrage a paru en 1962 aux Éditions Payot, dans une traduction du Dr J. Métadier. La présente édition a été revue et augmentée par l'auteur. Christian Jeanmougin a revu la traduction de la précédente édition et traduit les ajouts.

EN COUVERTURE : Jan Matejko, *Copernic sur la terrasse.*
Muzeum Uniwersytetu Jagiellońskiego. Collegium Maius.
Photo G. Zygier

Titre original : *The Birth of a New Physics*
(revised and updated)
Éditeur original : W. W. Norton & Compagny, New York

ISBN original : 0-393-30045-5

ISBN 2-02-012422-X

A
René Taton
Bernard Lecuyer
et
à la mémoire de
Jean Hamburger
et Jacques Roger

Avant-propos

Les Origines de la physique moderne s'adresse aux lecteurs, aux étudiants (en science, en philosophie ou en histoire), aux historiens, aux philosophes, et à tous ceux qui souhaitent comprendre la nature aventureuse et dynamique de la science. J'espère que les scientifiques trouveront eux aussi plaisir à sa lecture et découvriront avec profit les étapes historiques qui ont conduit à ce point culminant de la révolution scientifique que fut la naissance de la mécanique newtonienne et de la mécanique céleste.

L'objet de ce livre n'est pas de présenter une histoire populaire de la science, ni même d'exposer au lecteur non spécialiste quelques-uns des résultats récents de la recherche en histoire des sciences. Il vise plutôt à explorer un aspect de la grande révolution scientifique survenue lors des XVIe et XVIIe siècles, et à éclaircir certaines particularités fondamentales de la nature et du développement de la science moderne, en décrivant notamment l'action de la structure extrêmement enchevêtrée de la physique sur la formation d'une science du mouvement. Depuis le XVIIe siècle, on a pu observer à maintes reprises qu'une modification importante survenant dans une partie quelconque de la physique finissait par affecter toutes ses autres parties, entraînant l'impossibilité générale de vérifier ou de démontrer isolément une affirmation scientifique, chaque vérification portant nécessairement à la fois sur l'affirmation en question et sur l'édifice entier de la physique.

La caractéristique principale, et peut-être unique, de la science moderne est son dynamisme, cette capacité d'être le siège de constants changements. Malheureusement, les nécessités qu'une présentation logique impose aux manuels élémentaires et aux ouvrages généraux sur la science empêchent le lecteur d'apprécier à sa juste valeur ce dynamisme spécifique. C'est la raison pour laquelle une des autres grandes ambitions de ce livre est de montrer comment une seule idée peut avoir une pertinence et un impact tels qu'elle en arrive à modifier la structure entière de la science.

Ce livre n'étant pas une histoire de la science mais plutôt un essai historique sur un épisode majeur de son évolution, il n'épuisera pas tous les aspects de l'apparition de la dynamique ou de l'astronomie modernes. C'est ainsi que la réforme de l'astronomie positionnelle due à Tycho Brahé n'est mentionnée qu'en passant, tout comme le concept de mouvement et les causes du mouvement selon Kepler. Le système de Descartes, notamment son modèle cosmologique fondé sur les tourbillons, ne sera absolument pas abordé. A bien des égards, la science cartésienne constitue l'élément le plus révolutionnaire de cette nouvelle science du XVIIe siècle. De même, on ne fera qu'évoquer deux autres grandes figures de cette période, Christian Huygens et Robert Hooke.

Qu'on me permette ici d'exprimer ma dette envers Alexandre Koyré, de l'École pratique des hautes études, à Paris, et de l'Institute for Advanced Study, à Princeton, mon maître dans l'art de l'analyse des concepts historiques. Les travaux de Marjorie Hope Nicolson, de Columbia University, m'ont fait apprécier à sa vraie mesure l'importance intellectuelle de la « nouvelle astronomie » et, particulièrement, des découvertes télescopiques de Galilée. Durant plus de dix années, j'eus avec Marshall Glagett, de l'université du Wisconsin et de l'Institute for Advanced Study, d'enrichissantes et captivantes discussions sur nombre de problèmes concernant la science médiévale ; ces discussions se sont plus tard prolongées avec John E. Murdoch, d'Harvard University, et Edward Grant, d'Indiana University. Pendant pratiquement quatre décennies, j'ai profité de l'érudition et des critiques d'Edward Rosen, de City University of New York. Plus récemment, Noel Swerdlow, de l'université de Chicago, m'a donné une nouvelle vision de la science copernicienne. Albert Van Helden, de Rice University, m'a beaucoup appris sur l'histoire de la lunette astronomique et de ses premières utilisations. Van Helden a publié une importante traduction du *Sidereus nuncius*, ou *Le Messager des étoiles* (The University of Chicago Press, 1989). Je suis particulièrement redevable envers Stillman Drake, qui, au fil des ans, s'est montré plus que généreux en me permettant de lire ses études non publiées sur Galilée et en répondant à mes questions. Comme il y a vingt-cinq ans, lors de la première parution de ce livre, il a refait une lecture critique de sa version révisée.

La première édition des *Origines de la physique moderne*, dédiée à ma fille Frances B. Cohen, fut publiée dans la collection « Sciences Study Series » créée par le Physical Science Study Committee (PSSC) et dirigée par Jerrold Zacharias et le regretté Francis L. Friedman du MIT. Cette collection s'était notamment fixée pour but de promouvoir une approche originale de l'enseignement, de l'étude et de la compréhension de la physique. La préparation de cette édition fut amplement facilitée grâce au concours apporté par les membres du PSSC (spécialement par Bruce Kingsbury) ; j'ai en particulier trouvé en la personne de John H. Durston un sympathique éditeur qui m'a aidé à ramener mon travail à des proportions convenables. Et c'est toujours avec plaisir que je me rappelle que les photographies reproduites aux planches VI et VII ont été spécialement prises pour ce livre par mon vieux professeur et autrefois élève Berenice Abbott, l'une des plus grandes photographes d'Amérique. L'édition américaine révisée des *Origines de la physique moderne* était dédicacée « A Stillman Drake, Paolo Galuzzi, Richard S. Westfall et Eric Aiton qui ont éclairé la pensée de Galilée, Newton, Kepler et Leibniz ».

La première version de ce livre a connu de nombreuses rééditions et a été traduite en danois, finnois, français, allemand, hébreu, italien, japonais, polonais, espagnol, suédois et turc. La plus récente d'entre elles, en italien, a été considérablement revue et corrigée (certaines corrections m'ont été signalées par Edward Rosen). Aujourd'hui, après quelque vingt-cinq années, ce livre a été mis à jour pour tenir compte des développements et découvertes survenus en histoire des sciences, essentiellement en ce qui concerne Galilée, mais aussi Newton. Nombre de corrections et d'ajouts ont été insérés dans le corps du texte. Mais d'autres, qui auraient introduit de graves déséquilibres et détruit le rythme narratif de la première version, ont été regroupés en un ensemble d'annexes numérotées, auxquelles le texte renvoie et qui développent plusieurs problèmes cruciaux de connaissance et d'interprétation ; ces annexes sont essentielles à la formulation d'un jugement sensé sur certains des plus importants épisodes de la naissance de la physique moderne.

Hormis ces annexes, la différence la plus notable entre la première et la présente édition concerne le traitement de l'œuvre de Galilée. Au cours des années qui ont séparé la parution de ces deux éditions, on a appris (initialement grâce à l'audacieuse reproduction de l'une des plus célèbres d'entre elles par Thomas B. Settle) que les expériences décrites par Galilée pouvaient effectivement donner les résultats qu'il avait annoncés. Le point de vue des chercheurs s'est alors considérablement transformé. Personne aujourd'hui ne croit plus que Galilée eut tendance à ne décrire que des « expériences de pensée » qu'il n'effectua jamais ou n'aurait jamais pu effectuer selon le protocole qu'il indiquait. On en est même arrivé à le considérer comme un maître en expérimentation. En outre, grâce surtout aux travaux érudits de Stillman Drake, on a pris conscience de l'importance capitale que ces expériences eurent pour Galilée, au niveau de la formulation et de la vérification (voire de la découverte) de ses idées fondamentales sur les principes du mouvement.

I. BERNARD COHEN

Harvard University
Cambridge, Mass.
18 septembre 1984.

1. Physique d'une Terre en mouvement

Aussi étrange que cela puisse paraître, les conceptions de la plupart des gens sur le mouvement appartiennent à une physique établie il y a plus de 2 000 ans et qui expérimentalement se révéla inadéquate il y a au moins 1 400 ans. C'est un fait que des hommes et des femmes présumés cultivés ont tendance, encore aujourd'hui, à se représenter le monde physique comme si la Terre était immobile plutôt qu'en mouvement. Je ne veux pas dire par là que ces personnes croient réellement que la Terre est au repos ; si on les questionnait, elles répondraient que, bien sûr, elles « savent » que la Terre accomplit quotidiennement une révolution sur son axe tout en décrivant annuellement une grande orbite autour du Soleil. Pourtant, quand il s'agit d'expliquer certains phénomènes physiques ordinaires, ces mêmes personnes ne sont pas capables d'expliquer pourquoi ces phénomènes courants peuvent se produire, comme ils le font, sur une Terre en mouvement. Cette incompréhension se rencontre particulièrement dans le problème de la chute des corps et dans le concept général du mouvement. Nous pouvons voir ici une illustration du vieux précepte : « Ignorer le mouvement, c'est ignorer la nature. »

Où va-t-il tomber ?

Dans son incapacité à traiter les questions du mouvement en relation avec une Terre mobile, l'homme « moyen » est dans la même situation que certains des plus grands savants du passé. Cela peut être pour lui une grande consolation ! Il y a toutefois une différence majeure : c'est que, pour le savant d'autrefois, cette incapacité à résoudre ces problèmes était un signe des temps, alors que, pour un homme moderne, une telle incapacité est, hélas, une marque d'ignorance. Une gravure du XVIIe siècle donne une illustration typique de ces problèmes (planche I, page 79). Elle représente un canon pointé à la verticale. Observez la question posée : « Retombera-t-il ? » Si la Terre est immobile, il ne fait pas de doute que le boulet tiré exactement à la verticale retombera dans le canon. Mais en sera-t-il ainsi si la Terre est en mouvement, et, si oui, pourquoi ? Cette planche illustre en fait un problème de mouvement bien plus complexe. Disons seulement ici que la nature de la trajectoire d'un corps ou d'un projectile lancé verticalement ou abandonné à lui-même vers le bas fut très tôt considérée comme l'un des obstacles intellectuels que l'on devait affronter dès qu'on acceptait le concept d'une Terre en mouvement.

Supposons la Terre en mouvement. Une flèche tirée verticalement en l'air se déplace alors avec la Terre durant son ascension et sa descente ; s'il en était autrement, elle frapperait le sol loin de l'archer. Une réponse classique immédiate est que l'air accompagne le mouvement de la Terre, et donc entraîne avec lui la flèche dans sa montée et sa descente. Mais les adversaires de ce point de vue avaient une réponse très judicieuse : même si l'on peut supposer que l'air est aussi en mouvement – supposition difficile, car il n'y a aucune cause apparente pour que l'air suive le mouvement de la Terre –, ce mouvement ne sera-t-il pas beaucoup plus lent que celui de la Terre, l'air étant si différent en substance et en qualité ? La flèche ne devrait-elle donc pas de toute façon retomber en arrière ? Et que dire du vent violent que devrait alors ressentir un homme perché au sommet d'une tour ?

Afin de voir ces problèmes avec plus de relief, ignorons, pour un moment, la Terre elle-même. Après tout, l'homme « moyen » peut fort bien dire : je ne suis peut-être pas capable d'expliquer *pourquoi* une boule lâchée du haut d'une tour va toucher le sol au pied de la tour, malgré le déplacement de la Terre, mais je *sais* qu'une boule qui tombe suit la verticale et je *sais* que la Terre est en mouvement. Il *doit* donc y avoir une explication, même si je n'en ai pas la moindre idée.

Voyons maintenant une tout autre situation. Supposons simplement que nous puissions construire une sorte de véhicule capable de se déplacer très rapidement – si rapidement que sa vitesse avoisine 35 km à la seconde. Un expérimentateur se trouve à l'arrière de ce véhicule, sur la plate-forme du dernier wagon si notre véhicule est un train comme on en voit dans les westerns. Alors que le train parcourt ses 35 km à la seconde, notre expérimentateur sort de sa poche une boule en fer pesant environ une livre et la jette en l'air verticalement à une hauteur de 5 mètres. La boule met une seconde pour atteindre cette hauteur et une autre seconde pour retomber. Quelle distance a parcouru l'expérimentateur situé à l'extrémité du train ? Puisque la vitesse du train qui l'emporte est de 35 km par seconde, il a parcouru 70 km depuis l'endroit où il a jeté la boule en l'air.

Comme le dessinateur du canon tirant un boulet en l'air, demandons-nous : où la boule va-t-elle tomber ? Va-t-elle retomber sur la voie ferrée à l'endroit (ou tout près de l'endroit) où elle a été jetée en l'air ? Ou va-t-elle, d'une manière ou d'une autre, retomber si près des mains de celui qui l'a lancée qu'il pourra la rattraper, bien que le train se déplace à 35 km par seconde ? Si vous répondez que la boule tombera sur la voie quelques kilomètres derrière le train, alors il est clair que vous ne comprenez pas la physique de la Terre en mouvement. Mais si vous croyez que l'homme situé en queue du train attrapera la boule, il vous faut alors répondre à cette question : quelle « force » fait mouvoir la boule vers l'avant avec une vitesse de 35 km par seconde, bien que l'homme qui l'a lancée lui ait communiqué une force dirigée vers le haut, et non vers l'avant, dans la direction de la voie ferrée ? (Ceux qui se préoccuperaient des possibilités du frottement de l'air peuvent supposer que l'expérience a été faite à l'intérieur d'un wagon.)

La croyance selon laquelle une boule lancée verticalement depuis le train en mouvement s'élèvera puis redescendra en ligne droite pour retomber sur la voie très loin derrière le train est intimement liée à une autre croyance concernant les objets en mouvement. Toutes deux appartiennent à une physique datant d'environ 2 000 ans. Examinons un instant ce second problème : il se trouve en effet que ce sont précisément les personnes ne comprenant pas comment les objets peuvent sembler tomber verticalement sur une Terre en mouvement qui ne sont pas très sûres de ce qui arrive quand on laisse tomber des objets de poids différents. Tout le monde, bien sûr, sait que la chute d'un corps dans l'air dépend de la forme du corps. Ceci peut être aisément démontré en faisant un parachute avec un mouchoir : nouez les coins du mouchoir à quatre brins de ficelle que vous réunissez en les attachant à un petit poids. Faites une boule avec le parachute et lancez-le vers le haut : vous l'observerez redescendre lentement en flottant dans l'air. Mais maintenant, remettez-le en boule, puis ficelez poids et mouchoir avec un fil de soie de sorte que le parachute ne puisse s'ouvrir. Vous observerez alors que ce même objet pique immédiatement vers la Terre. Ainsi, les corps de poids identiques mais de formes différentes chutent avec des vitesses différentes. Que dire maintenant d'objets de même forme mais de poids différents ? Supposons que vous alliez au sommet d'une tour élevée, ou au troisième étage d'une maison, et que de là vous laissiez tomber deux objets de forme identique, deux sphères, l'une pesant 10 kg et l'autre 1 kg. Laquelle des deux touchera le sol en premier et avec quelle avance ? Si la proportion entre les deux poids, ici de 10 à 1, fait une différence dans les temps de chute, observerait-on la même différence si les poids étaient respectivement 10 et 100 kg, ou 1 milligramme et 10 milligrammes ?

Réponses diverses

La progression normale de la connaissance physique suit à peu près le chemin suivant : tout d'abord, on croit que, si on laisse tomber simultanément deux sphères pesant respectivement 1 et 10 kg, la sphère de 10 kg touchera le sol en premier et celle de 1 kg mettra dix fois plus de temps pour atteindre le sol. Puis vient une époque plus sophistiquée, celle au cours de laquelle l'étudiant a sans doute appris dans un manuel élémentaire que la conclusion précédente est injustifiée et que la « vraie réponse » est que les deux sphères toucheront le sol en même temps, quels que soient leurs poids respectifs. La première réponse peut être qualifiée d'« aristotélicienne », car elle est en accord avec les principes physiques formulés par Aristote, environ 350 ans avant l'ère chrétienne. La seconde réponse illustre la conception de type « manuel élémentaire », car elle est très largement répandue dans ce genre de livres. On raconte même parfois que cette seconde conclusion a été « démontrée » au XVIIe siècle par le savant italien Galilée. Une version typique de cette affirmation dit que Galilée « lâcha au même instant des boules de dimensions et de matériaux différents du haut de la Tour penchée de Pise. Ils [ses amis et collaborateurs] virent les boules partir ensemble, tomber ensemble et ils les entendirent toucher le sol ensemble. Quelques-uns furent convaincus, d'autres retournèrent à leur cabinet pour consulter les livres d'Aristote et discuter l'évidence ».

Les deux réponses, l'aristotélicienne et celle de type « manuel élémentaire », sont fausses, comme l'expérience l'a montré depuis au moins 1 400 ans. Remontons au VIe siècle, au temps où Jean Philipon (dit encore Jean le Grammairien), un savant byzantin, étudiait la question. Philipon soutint que l'expérience contredit la croyance commune concernant la chute des corps. Adoptant ce qu'on pourrait appeler une attitude relativement « moderne », il dit qu'un argument fondé sur l'« observation concrète » a beaucoup plus de valeur que « n'importe quel argument verbal ». Voici son argument fondé sur l'expérience :

> Car si vous laissez tomber de la même hauteur deux poids dont l'un est de nombreuses fois plus lourd que l'autre, vous verrez que le rapport des temps de chute ne dépend pas du rapport des poids, mais que la différence temporelle est très petite. Ainsi, si la différence entre les poids n'est pas considérable, c'est-à-dire si l'un est, disons, le double de l'autre, il n'y aura pas de différence entre les temps de chute, sinon qu'imperceptible, bien que la différence en poids ne soit aucunement négligeable, l'un des objets pesant le double de l'autre.

Ces quelques phrases contiennent une réfutation expérimentale de la conception aristotélicienne, car des objets ayant des poids fort différents, ou ceux dont les poids diffèrent d'un facteur deux, toucheront le sol presque en même temps. Observons toutefois que Philipon suggère également que la conception de type « manuel élémentaire » serait erronée. Il a en effet trouvé que des corps de poids différents tomberaient de la même hauteur en des temps légèrement différents. Ces différences seraient si petites qu'elles sont « imperceptibles ». Un millénaire plus tard, un ingénieur, physicien et mathématicien flamand, Simon Stevin, fit une expérience similaire. Il la décrit ainsi :

> L'expérience qui contredit l'opinion d'Aristote est la suivante : prenons (comme nous l'avons fait, le très savant Jan Cornets de Groot, investigateur très habile des secrets de la nature, et moi-même) deux sphères de plomb, l'une 10 fois plus grande et plus lourde que l'autre, et laissons-les tomber ensemble d'une hauteur de 10 mètres sur une dalle ou quelque chose sur quoi elles donnent un son perceptible. Alors, on trouve que la sphère la plus légère ne met pas dix fois plus de temps que l'autre pour tomber, mais qu'elles arrivent ensemble sur la dalle et avec une telle simultanéité que leurs deux sons semblent être produits par un seul et même coup.

A l'évidence, Stevin s'intéressait plus à démontrer l'erreur d'Aristote qu'à essayer de discerner une très faible différence, qu'il aurait trouvée un peu plus accusée s'il avait laissé tomber ses sphères d'une plus grande hauteur. Son compte rendu, par conséquent, n'a pas la précision de celui que donna Philipon à la fin du VIe siècle. Il ne tint pas compte d'une différence de temps petite, mais probablement souvent « imperceptible ».

Galilée, qui effectua cette expérience avec plus de soin que Stevin, l'a décrite ainsi :

> Mais moi ... qui ai fait l'expérience, je peux vous assurer qu'un boulet de canon pesant cent ou deux cents livres, et même davantage, n'arrivera au sol qu'avec une avance infime sur une balle de mousquet pesant seulement une demi-once, à condition que ces deux objets soient lâchés d'une hauteur de 200 brasses... le plus grand devance le plus petit d'une distance de la largeur de deux doigts, ce qui veut dire qu'au moment où le plus grand touche le sol, l'autre est au-dessus de lui à deux largeurs de doigt.

Le besoin d'une nouvelle physique

Quel rapport y a-t-il, pouvez-vous néanmoins vous demander, entre les vitesses relatives d'objets lourds et légers en chute libre et un système du monde dans lequel la Terre est en mouvement, ou les systèmes plus anciens dans lesquels la Terre était au repos ? La réponse repose sur le fait que l'ancienne physique associée au nom d'Aristote était un système scientifique achevé, établi pour un univers au centre duquel la Terre était au repos. Rejeter ce système en déclarant la Terre en mouvement exigeait une nouvelle physique. Naturellement, s'il était possible de montrer que l'ancienne physique était inadéquate, ou même qu'elle conduisait à des conclusions erronées, on avait alors un argument très puissant pour rejeter l'ancien système de l'univers. Réciproquement, pour faire accepter un nouveau système, il était nécessaire de fournir une nouvelle physique en rendant compte.

J'admets, bien sûr, que vous, lecteur, vous acceptez le point de vue « moderne », qui affirme que le Soleil est immobile et que les planètes tournent autour de lui. Pour le moment ne nous demandons pas ce que nous entendons par « le Soleil est immobile », ou comment nous pourrions prouver cette affirmation, et concentrons-nous simplement sur le fait que la Terre est en mouvement. Quelle est sa vitesse ? La Terre fait un tour sur son axe en 24 heures. Sa circonférence à l'équateur est environ 40 000 km ; ainsi, la vitesse de rotation de tout observateur situé sur l'équateur est de 1 666 km à l'heure, soit 463 mètres par seconde. Imaginez l'expérience suivante : on lance une pierre verticalement, elle monte, supposons, pendant 2 secondes et met 2 secondes pour retomber. Pendant 4 secondes, la rotation de la Terre aura déplacé le point d'où la pierre fut lancée de quelque 1 850 mètres. Or, la pierre ne retombe pas sur le sol à cette distance, mais très près de son point de lancement. Comment est-ce possible ? Comment se fait-il qu'en dépit de son tournoiement à la fantastique vitesse de 1 666 km à l'heure, la Terre ne fasse siffler aucun vent dans son déplacement aérien ? Ou encore, pour reprendre une des objections classiques à l'idée d'une Terre en mouvement, considérez un oiseau perché sur une branche d'arbre. L'oiseau voit un ver sur le sol et se précipite sur lui. Pendant ce temps, la Terre continue de tourner avec sa vitesse prodigieuse et l'oiseau, qui aura beau battre des ailes aussi vite qu'il peut, n'ira jamais assez vite pour attraper le ver – sauf si celui-ci se trouvait situé à l'ouest de l'oiseau. Pourtant, c'est un fait d'observation que les oiseaux s'envolent des arbres vers le sol et y mangent les vers, qu'ils se trouvent à l'est ou à l'ouest. Si vous ne voyez pas clair dans ces problèmes, sans l'ombre d'une hésitation, c'est que vous ne vivez pas réellement la physique moderne dans toute sa plénitude et, pour vous, l'affirmation que la Terre tourne autour de son axe en 24 heures n'a en fait pas de véritable signification physique.

Si la rotation quotidienne pose un sérieux problème, que dire du mouvement annuel de la Terre sur son orbite ? Il est relativement simple de calculer la vitesse avec laquelle la Terre décrit son orbite autour du Soleil. Il y a 60 secondes dans une minute et 60 minutes, soit 3 600 secondes, dans une heure. Multipliez ce dernier nombre par 24 et vous obtenez les 86 400 secondes que comporte une journée. Multipliez ce nombre par 365 jours un quart, et vous trouvez qu'il y a un peu plus de 30 millions de secondes dans une année. Pour trouver la vitesse à laquelle la Terre se déplace autour du Soleil, on calcule la longueur de l'orbite terrestre et on la divise par le temps que la Terre met pour la parcourir. Cette orbite est pratiquement un cercle d'environ 150 millions de km de rayon et 900 000 000 km de circonférence (la circonférence du cercle est égale au rayon multiplié par 2π). La vitesse de la Terre vaut ainsi

$$\frac{900\,000\,000 \text{ km}}{30\,000\,000 \text{ s}} = 30 \text{ km / s}$$

Toutes les questions soulevées à propos de la rotation de la Terre sur son axe peuvent l'être aussi – avec encore plus de poids – à propos de son mouvement annuel autour du Soleil. Cette vitesse de 30 km par seconde illustre la grande difficulté rencontrée au début de ce chapitre. Demandons-nous s'il nous est possible de nous déplacer à une telle vitesse sans nous en rendre compte. Supposons que nous laissions tomber un objet d'une hauteur de 5 mètres ; il lui faudra environ 1 seconde pour arriver au sol. Pendant que cet objet tombe, la Terre se déplacerait sous lui et, selon notre calcul, il devrait toucher le sol à environ 30 km du point d'où il a été lâché ! Quant aux oiseaux sur les arbres, si l'un d'eux, se cramponnant à une branche, venait à la lâcher, ne serait-il pas à jamais perdu dans l'espace ? Pourtant, c'est un fait que les oiseaux ne se perdent pas dans l'espace, mais continuent d'habiter la Terre et de voler çà et là en chantant gaiement.

Ces exemples nous montrent combien il est difficile d'affronter réellement les conséquences d'une Terre en mouvement. Il est évident que nos conceptions ordinaires ne conviennent pas pour expliquer les faits observés dans l'expérience quotidienne d'une Terre en mouvement, qu'elle soit en rotation sur elle-même ou en mouvement sur son orbite. Il n'y a donc aucun doute que le passage de la conception d'une Terre au repos à celle d'une Terre en mouvement ait nécessairement impliqué la naissance d'une nouvelle physique.

2. L'ancienne physique

L'ancienne physique est parfois appelée « physique du sens commun » dans la mesure où elle est la physique en laquelle croient la plupart des gens et à laquelle ils se conforment intuitivement. C'est le genre de physique qui semble plaire à quiconque utilise son intelligence naturelle tout en n'ayant aucune connaissance des principes modernes de la dynamique. Et surtout, c'est une physique particulièrement bien adaptée à la conception d'une Terre au repos. Elle est parfois qualifiée d'« aristotélicienne » pour avoir été essentiellement exposée par Aristote, philosophe et scientifique qui vécut en Grèce au IVe siècle av. J.-C. Élève de Platon, il fut lui-même précepteur d'Alexandre le Grand qui, comme Aristote, était natif de Macédoine.

La physique d'Aristote ou du sens commun

Au-delà de ses contributions à la seule science, Aristote eut une importance capitale dans le développement général de la pensée. Ses écrits politiques et économiques sont des chefs-d'œuvre et ses travaux sur l'éthique et la métaphysique interrogent aujourd'hui encore les philosophes. On considère Aristote comme le fondateur de la biologie, et Charles Darwin, il y a un siècle, lui rendit cet hommage : « Cuvier et Linné ont été tous deux, sous bien des rapports, mes deux divinités, mais aucun des deux n'arrive à la cheville du vieil Aristote. » C'est Aristote qui, le premier, introduisit le concept de classification des animaux et il porta à un haut degré la technique de l'observation contrôlée dans les sciences biologiques. Il étudia l'embryologie du poulet ; il avait l'ambition de découvrir les phases du développement des organes. Méthodiquement, il ouvrit chaque jour des œufs de poule fertilisés et se livra à des comparaisons soignées pour établir les divers stades de développement du poussin depuis l'embryon informe jusqu'au jeune poulet parfaitement constitué. Aristote fut aussi le premier à formuler le procédé du raisonnement déductif, sous la forme du syllogisme :

> Tous les hommes sont mortels.
> Socrate est un homme.
> Donc Socrate est mortel.

Aristote souligna que ce qui fait de cet ensemble de trois propositions une progression justifiée, ce n'est pas son contenu « homme », « Socrate » et « mortel », mais sa *forme*. Autre exemple : tous les minéraux sont lourds ; le fer est un minéral ; donc le fer est lourd. Telle est une des nombreuses formes de syllogismes valides décrites par Aristote dans son grand traité sur la logique et le raisonnement, comprenant à la fois la déduction et une forme d'induction.

Aristote insista également sur l'importance de l'observation dans les sciences, notamment en astronomie. Par exemple, parmi les nombreux arguments qu'il avança pour prouver que la Terre est plus ou moins sphérique fut la forme de l'ombre qu'elle projette sur la Lune, telle qu'on l'observe lors d'une éclipse. Si la Terre est une sphère, l'ombre qu'elle projette est un cône ; quand la Lune entre dans ce cône, la forme de l'ombre sera donc toujours à peu près circulaire. Cette importance de l'observation apparaît clairement dans la description qu'Aristote donne de l'arc-en-ciel de Lune :

> L'arc-en-ciel se voit pendant le jour, et l'on pensait autrefois qu'il n'apparaissait jamais la nuit avec la Lune. Cette opinion était due à la rareté du phénomène ; il n'était pas observé parce que, bien qu'il se produise, il est rare. La raison en est que les couleurs se voient difficilement dans le noir et que de nombreuses conditions doivent être réunies, et cela le même jour dans le mois. En effet, pour qu'il y ait un arc-en-ciel de Lune, il faut qu'il y ait pleine Lune et que la Lune soit à son lever ou à son coucher. Aussi n'a-t-on rencontré que deux cas d'arc-en-ciel de Lune en plus de cinquante ans.

Ces quelques exemples suffisent pour montrer qu'Aristote ne peut être considéré comme un « philosophe en chambre ». Il est vrai, cependant, qu'Aristote n'a pas soumis toutes ses affirmations à l'épreuve de l'expérience. Il a, sans aucun doute, cru ce que ses maîtres lui avaient enseigné, tout comme les générations suivantes crurent ce qu'Aristote avait dit. Ce fait est souvent utilisé pour critiquer Aristote et ses successeurs en tant qu'hommes de science. Souvenons-nous cependant que les étudiants ne vérifient jamais ne serait-ce que la plupart des affirmations qu'ils rencontrent au hasard de leurs lectures, et encore moins celles figurant dans les manuels spécialisés. La vie est trop brève.

Le mouvement « naturel » des objets

Examinons maintenant les propositions d'Aristote concernant le mouvement. La discussion d'Aristote se fonde sur le principe que tous les objets que nous rencontrons sur Terre sont faits des « quatre éléments » air, terre, feu et eau. Ce sont là les « éléments » auxquels nous faisons allusion quand, dans une conversation, nous disons que quelqu'un a, au cours d'une tempête, « bravé les éléments ». Nous entendons par là que cette personne s'est trouvée dans un déchaînement de vent, de poussière, de pluie et ainsi de suite, et non qu'elle s'est débattue dans une tornade d'hydrogène ou de fluor purs. Aristote observa que certains objets sont légers et que d'autres sont lourds. Il attribua la propriété d'être lourd ou léger à la proportion de ces différents éléments à l'intérieur de chaque objet – la terre étant « naturellement » lourde et le feu étant « naturellement » léger, l'eau et l'air étant intermédiaires entre ces deux extrêmes. Quel est, demanda-t-il, le mouvement « naturel » d'un objet ? Il répondit que, si l'objet est lourd, son mouvement naturel est dirigé vers le bas et, s'il est léger, son mouvement naturel est dirigé vers le haut. Ainsi, la fumée étant légère monte tout droit vers le haut, sauf si le vent la rabat, tandis qu'une pierre, une pomme ou un morceau de fer vont vers le bas si on les abandonne à eux-mêmes. Par conséquent, pour Aristote, le mouvement « naturel » (contraint ou non) de tout objet terrestre est dirigé soit vers le haut, soit vers le bas, le haut et le bas se rapportant à la droite joignant le centre de la Terre à l'observateur.

Bien sûr, Aristote n'était pas sans savoir que les objets se déplacent souvent autrement. Par exemple, une flèche tirée d'un arc commence sa trajectoire selon une ligne apparemment droite, plus ou moins perpendiculaire à la droite joignant le centre de la Terre à l'observateur ; on peut faire tournoyer circulairement une balle attachée à l'extrémité d'une ficelle ; une pierre peut être jetée verticalement en l'air. Un tel mouvement, pour Aristote, est un mouvement « violent », contraire à la nature de l'objet. Il ne se produit que si une certaine force agit pour créer et maintenir ce mouvement contraire à la nature de l'objet. Une pierre attachée à une ficelle peut être soulevée vers le haut et subir ainsi un mouvement violent, mais dès que la ficelle est rompue, la pierre commence à tomber verticalement, selon son mouvement naturel, cherchant son lieu naturel.

Considérons maintenant le mouvement des corps célestes, les étoiles, les planètes et le Soleil lui-même. Tous semblent se mouvoir en cercles autour de la Terre, le Soleil, la Lune, les planètes et les étoiles se levant à l'est et traversant les cieux pour se coucher à l'ouest (à l'exception des étoiles circumpolaires qui se déplacent selon de petits cercles n'allant jamais au-dessous de l'horizon). D'après Aristote, les corps célestes ne sont pas formés des mêmes quatre éléments que les corps terrestres. Ils sont faits d'un « cinquième élément », l'« éther ». Le mouvement naturel d'un corps constitué d'éther est circulaire ; le mouvement circulaire des corps célestes est donc leur mouvement naturel, celui qui s'accorde avec leur nature, tout comme le mouvement en ligne droite vers le haut ou le bas est le mouvement naturel des corps terrestres.

Les cieux « incorruptibles »

Dans la philosophie aristotélicienne, les corps célestes ont encore une ou deux propriétés intéressantes. L'éther dont ils sont faits est une substance immuable, ou pour utiliser le mot d'Aristote, « incorruptible ». C'est le contraire pour les quatre éléments qu'on trouve sur Terre : ils sont sujets à des changements, ils sont « corruptibles ». Ainsi trouvons-nous sur Terre des objets « en formation », « en déclin » et « en destruction » ; les choses naissent et meurent. Mais dans les cieux, jamais rien ne change ; toutes choses demeurent telles qu'elles sont ; les étoiles, les planètes, le Soleil, la Lune sont éternels. Les planètes, les étoiles et le Soleil étaient considérés comme « parfaits » et, à travers les siècles, furent comparés à des diamants ou des pierres précieuses éternelles à cause de leurs qualités inaltérables. Le seul objet céleste montrant quelques changements (ou « imperfection ») était la Lune – mais la Lune, étant le corps céleste le plus proche de la Terre, se trouvait en quelque sorte à la frontière séparant la région terrestre du changement (de la « corruptibilité ») de celle céleste de la permanence (de l'« incorruptibilité »).

Il faut observer que, dans ce système, tous les corps célestes tournant autour de la Terre sont plus ou moins semblables, et sont tous différents de la Terre, par leurs caractères physiques, leur composition et leurs « propriétés essentielles ». On pouvait ainsi comprendre pourquoi la Terre restait immobile, tandis que les corps célestes étaient en mouvement. En outre, non seulement la Terre ne connaissait pas de « mouvement local » – d'un lieu à un autre –, mais elle n'était même pas censée tourner sur son axe. La principale raison physique de ce fait, selon cet ancien système, était qu'il n'était pas « naturel » pour la Terre d'avoir un mouvement circulaire ; il était en effet contraire à sa nature d'avoir un mouvement, soit orbital autour du Soleil, soit de rotation autour de son axe.

Les facteurs du mouvement

Examinons maintenant d'un peu plus près la physique aristotélicienne du mouvement des corps terrestres. En tout mouvement, dit Aristote, il y a deux facteurs principaux : la force motrice, que nous désignerons ici par F, et la résistance, que nous désignerons par R. Pour qu'il y ait mouvement, selon Aristote, il est nécessaire que la force motrice soit plus

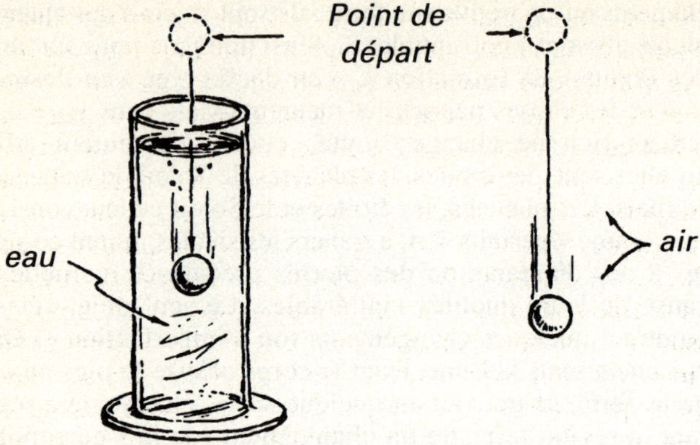

Fig. 1

grande que la résistance. Par conséquent, notre premier principe du mouvement est

$$F > R \qquad [1]$$

ou : la force doit être plus grande que la résistance. Examinons maintenant les effets de diverses résistances, pour une même force motrice constante. Nous ferons notre expérience avec divers corps en chute libre, chacun partant du repos et traversant des milieux résistants différents. Pour conserver constantes les conditions expérimentales, les corps choisis seront tous des sphères, de sorte que l'effet de leur forme sur leur mouvement sera le même pour tous. Aristote savait, bien entendu, que la vitesse d'un objet, toutes choses étant égales par ailleurs, dépend généralement de sa forme (nous l'avons déjà vu avec le parachute).

Passons maintenant à l'expérience. Prenons deux sphères en acier de même dimension et de même poids. Nous allons les laisser tomber simultanément, l'une dans l'air, l'autre dans l'eau. Pour réaliser cette expérience, il nous faut un long vase cylindrique rempli d'eau. Tenons les deux sphères l'une à côté de l'autre, la première au-dessus de l'eau et la deuxième exactement à la même hauteur, mais en dehors du vase rempli d'eau (*fig. 1*).

Si nous les lâchons en même temps, nous voyons manifestement que la vitesse de celle qui tombe dans l'air est bien plus grande que la vitesse de celle qui tombe dans l'eau. Pour prouver que le résultat de l'expérience ne dépend pas du fait que les sphères soient en acier ou aient un poids particulier, on peut répéter l'expérience avec des sphères d'acier plus petites, une paire de sphères en verre, ou en bronze, ou toute autre substance. Tout le monde peut reproduire cette expérience, à une échelle plus petite, en utilisant deux billes et un grand verre à soda plein d'eau jusqu'à ras bord. Le résultat de cette expérience peut être transcrit sous forme d'une équation exprimant le fait que, toutes choses étant égales par ailleurs, la vitesse dans l'eau (qui résiste ou s'oppose grandement au mouvement) est inférieure à la vitesse dans l'air (qui ne freine pas le mouvement autant que l'eau) :

$$V \propto \frac{1}{R} \qquad [2]$$

autrement dit la vitesse est inversement proportionnelle à la résistance du milieu dans lequel se meut le corps. Il est d'expérience courante que l'eau s'oppose au mouvement ; celui qui a essayé de courir dans l'eau au bord de la mer sait combien, comparée avec l'air, l'eau résiste à son mouvement.

Nous allons maintenant reprendre l'expérience avec deux vases cylindriques, l'un rempli d'eau et l'autre d'huile (*fig. 2*). L'huile s'oppose au mouvement encore plus que l'eau ; si les deux sphères d'acier identiques sont lâchées en même temps, celle qui tombe dans l'eau touche le fond bien avant celle qui tombe dans l'huile. Puisque la résistance R_h opposée par l'huile est plus grande que la résistance R_e opposée par l'eau, nous pouvons maintenant prédire que si on laisse tomber deux objets identiques dans ces liquides, celui tombant dans l'eau passera, à une hauteur donnée, plus vite que celui tombant dans l'huile. Cette prédiction peut être aisément vérifiée. De plus, puisque nous avons trouvé que la résistance R_e de l'eau est plus grande que la résistance R_a de l'air :

$$\begin{aligned} R_h &> R_e \\ R_e &> R_a \end{aligned} \qquad [3]$$

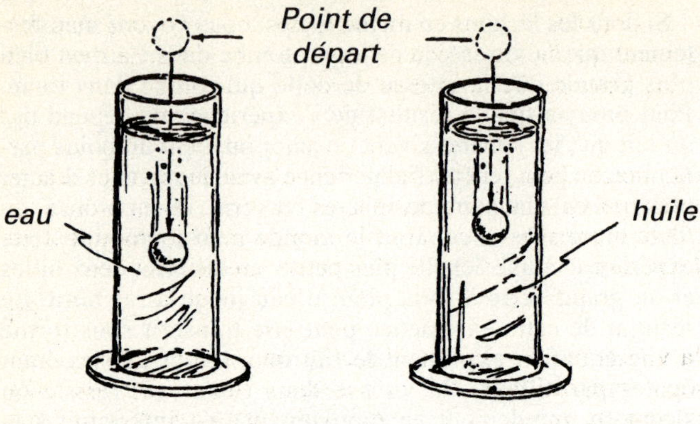

Fig. 2

la résistance de l'huile est donc plus grande que la résistance de l'air :

$$R_h > R_a \quad [4]$$

Cela peut être aussi vérifié en répétant l'expérience initiale avec un vase cylindrique rempli d'huile au lieu d'eau.

Observons maintenant les effets de différentes forces motrices. Reprenons notre grand vase cylindrique empli d'eau et laissons-y tomber, simultanément, une petite et une grande sphère d'acier. Nous trouvons que la grande sphère, la plus lourde des deux, touche le fond avant la petite. On pourrait penser que le volume joue ici un certain rôle : mais ce serait dans ce cas la plus grande sphère qui rencontrerait la plus grande résistance. Ainsi, cette expérience semble indiquer que plus la force surmontant une résistance donnée est grande, plus la vitesse est grande. On peut à nouveau reproduire cette expérience en utilisant, cette fois, une sphère en acier et une autre en verre, ayant toutes deux le même volume, mais des poids différents. A nouveau, on trouve que la sphère la plus lourde semble mieux surmonter la résistance du milieu ; c'est donc elle qui parvient la première au fond du vase ou qui atteint la plus grande vitesse. L'expérience peut être faite également avec de l'huile et d'autres liquides

– alcool, lait, etc. Elle aboutit toujours au même résultat général et les conclusions de cette expérience peuvent s'exprimer par l'équation suivante :

$$V \propto F \qquad [5]$$

ou, toutes choses étant égales par ailleurs, plus grande est la force, plus grande est la vitesse.

Nous pouvons maintenant combiner l'équation [2] et l'équation [5] pour obtenir l'équation suivante :

$$V \propto \frac{F}{R} \qquad [6]$$

la vitesse est proportionnelle à la force motrice et inversement proportionnelle à la résistance du milieu, ou bien encore : la vitesse est proportionnelle au quotient de la force par la résistance. Cette équation est souvent désignée sous le nom de loi aristotélicienne du mouvement. Il faut remarquer qu'Aristote n'a pas écrit ses conclusions sous la forme d'équation, procédé moderne pour exprimer de telles relations. Aristote et les premiers savants, Galilée inclus, préféraient comparer des vitesses à des vitesses, des forces à des forces et des résistances à des résistances. Ainsi, au lieu d'écrire l'équation [5] comme nous l'avons fait, ils préféraient écrire :

$$V_v : V_{ac} : : F_v : F_{ac}$$

Le rapport des vitesses des sphères de verre et d'acier est comparé au rapport des forces avec lesquelles ces sphères se déplacent vers le bas. Ceci revient à dire que la vitesse de la sphère de verre est à la vitesse de la sphère d'acier comme la force motrice de la sphère de verre est à la force motrice de la sphère d'acier.

Étudions maintenant l'équation [6] et cherchons à découvrir ses limites. Il est clair que cette équation ne peut être appliquée d'une manière générale, car, si la force motrice est égale à la résistance, elle n'entraîne pas la nullité de la vitesse V. Elle ne donne pas non plus de vitesse nulle pour une force F inférieure à la résistance R. L'équation [6] est donc sujette à la limitation arbitraire imposée par l'équation [1] et n'est valide que lorsque la force est supérieure à la résistance. En d'autres termes, cette équation constitue un énoncé restreint, et non universel, des conditions du mouvement.

On soutient parfois que cette équation a pu résulter de l'étude effectuée sur une balance ayant des bras inégaux, mais supportant des poids égaux, ou peut-être des bras égaux supportant des poids inégaux. Dans ce cas, F ne peut être inférieur à R, car le plus grand poids est toujours la force motrice, tandis que le plus petit est toujours la résistance. En outre, dans le cas d'une balance à bras égaux, l'égalité $F = R$ entraîne l'absence de mouvement.

Avant de quitter ce sujet, il nous faut introduire encore deux considérations sur la loi du mouvement. La première est que cette loi ne nous dit rien sur les étapes franchies par le corps en chute libre quittant son état de repos pour atteindre la vitesse V. Elle ne nous renseigne que sur une espèce de vitesse « moyenne » ou « finale », car elle représente simplement le temps mis pour parcourir une distance donnée :

$$V \propto \frac{D}{T} \qquad [7]$$

formule valide pour une vitesse moyenne ou un mouvement à vitesse constante, mais non pour un mouvement accéléré – à vitesse constamment changeante. Aristote ne savait-il pas que la vitesse d'un corps en chute libre part de zéro pour atteindre progressivement sa valeur finale ?

Mouvement des corps tombant dans l'air

Le résultat d'une autre expérience a peut-être pour nous plus de signification que les arguments avancés précédemment. Jusqu'à présent, nous avons considéré une expérience en quelque sorte positive, qui pouvait nous donner confiance dans la loi d'Aristote sur le mouvement, mais nous avons omis une expérience vraiment capitale. Reprenons deux objets de même volume, de même forme, mais de poids différents, ou de forces motrices F différentes. Nous avons dit que si nous les laissons tomber simultanément, soit dans l'eau, soit dans l'huile, le plus lourd descendra plus rapidement. (Avant d'aller plus avant dans ce chapitre et le reste du livre, le lecteur aura avantage à s'arrêter et à effectuer ces expériences par lui-même.) Venons-en maintenant à la dernière de cette série d'expériences anciennes. Elle consiste à laisser tomber deux objets de même volume, mais de poids différents, dans un même milieu, à savoir l'air. Supposons que le poids de l'un des objets soit exactement le double du poids de l'autre. Cela impliquerait, selon l'ancienne conception, que la vitesse de l'objet le plus lourd sera exactement deux fois celle du plus léger. Pour une hauteur de chute constante, la vitesse est inversement proportionnelle au temps de chute, ce qui s'écrit :

$$V \propto \frac{1}{T} \qquad [8]$$

ou

$$\frac{V_1}{V_2} = \frac{T_2}{T_1}, \qquad [9]$$

les vitesses sont inversement proportionnelles aux temps de chute. Ainsi, le temps de chute de la sphère la plus lourde devrait être deux fois moindre que celui de la sphère la moins lourde. Pour réaliser l'expérience, montez sur une chaise et lâchez ensemble les deux objets sur le sol. Un bon moyen pour assurer une bonne simultanéité du départ consiste à les tenir horizontalement entre le pouce et l'index de la même main. Ouvrez alors brusquement les deux doigts, et les deux sphères partiront ensemble. Quel est le résultat ?

Au lieu de vous le décrire, permettez-moi de vous suggérer de faire vous-même l'expérience. Puis comparez votre résultat avec celui obtenu par Philipon, ainsi qu'avec la description donnée par Stevin au XVIe siècle et, enfin, avec celui donné par Galilée dans son célèbre livre, *Deux Sciences nouvelles,* écrit il y a quelque 350 ans (voir plus haut, p. 18). Ainsi que Philipon, Stevin, Galilée et d'autres le découvrirent aisément, l'expérience contredit les prédictions de la théorie aristotélicienne *.

Vous devriez à ce point vous poser cette question : de toute évidence l'équation [6] ne convient pas pour l'air, mais vaut-

* Pour des distances de chute relativement courtes, par exemple la hauteur d'une pièce ordinaire, le choc des deux sphères sur le sol ne donnera qu'un seul bruit – sauf s'il y a « faux départ », si l'on n'a pas lâché les deux sphères en même temps. Ainsi que l'ont observé Galilée et Philipon, une légère différence apparaît pour les distances de chute plus importantes.

elle réellement pour les autres milieux que nous avons étudiés ? Afin de vérifier si cette équation [6] est réellement une affirmation quantitative, demandons-nous si elle n'est qu'une simple définition de la « résistance », ou, s'il y a d'autres moyens de mesurer la « résistance », comment les vitesses ont été mesurées ? Suffit-il, pour mesurer la vitesse, d'utiliser l'équation [8] et de mesurer le temps de chute* ?

Je pense que la plupart d'entre vous auront trouvé que, à l'exception de l'expérience des deux objets inégaux tombant dans l'air, le système d'Aristote semble suffisamment raisonnable pour être accepté. Nous n'avons aucune raison de condamner injustement Aristote, ou n'importe quel physicien aristotélicien, qui n'aurait jamais fait l'expérience de lâcher simultanément dans l'air deux objets de poids différents.

Impossibilité d'une Terre en mouvement

Mais, pouvez-vous demander, qu'est-ce que cela a à voir avec le problème du mouvement ou l'immobilité de la Terre ? Pour avoir une réponse, prenons le livre d'Aristote, *Traité du*

* On ignore le nombre de savants antérieurs à Galilée et Stevin qui se sont adonnés à des expériences sur la chute des corps. Dans un article intitulé « Galileo and Early Experimentation » (*in* Rutherford Aris, H. Ted Davis et Roger H. Stuewer éd., *Springs of Scientific Creativity*, Minneapolis, University of Minnesota Press, 1983), Thomas B. Settle décrit des expériences dues à quelques Italiens du XVIe siècle. En 1544, un Florentin nommé Benedetto Varchi écrivit dans un livre que « Aristote et tous les autres philosophes », loin d'en douter, « crurent et affirmèrent » que la vitesse d'un corps en chute libre est proportionnelle à son poids, mais une « vérification [*prova*] » expérimentale « montre que cela est faux ». On ne sait, d'après sa relation, si Varchi a par lui-même effectué l'expérience ou rapporté une expérience réalisée par d'autres, en l'occurrence Fra Francesco Beato et Luca Ghini. Giuseppe Moletti, un mathématicien titulaire à Pise de la chaire de mathématiques que devait plus tard occuper Galilée, rédigea en 1576 une brochure où il décrit comment il a réfuté la conclusion d'Aristote selon laquelle une sphère de plomb de 20 livres lâchée du sommet d'une tour a une vitesse 20 fois supérieure à celle d'une sphère d'une livre. « Elles arrivent toutes deux en même temps, écrit-il, et j'en ai fait la vérification [*prova*], non pas une, mais de nombreuses fois. » Moletti fit aussi l'expérience avec des sphères de même dimension mais de matériaux différents (donc de poids différents), l'une en plomb et l'autre en bois. Il trouva que lorsqu'on les lâche simultanément depuis un lieu élevé, elles « descendent et atteignent le sol ou la terre au même instant ».

ciel. On y découvre que certains penseurs ont considéré que la Terre était immobile, tandis que, pour d'autres, elle était en mouvement. Mais il y a bien des raisons pour que la Terre ne puisse se mouvoir. Si la Terre tournait autour d'un axe, dit Aristote, chacun de ses points décrirait une circonférence ; mais l'étude du comportement réel de ses parties montre que le mouvement terrestre naturel se fait selon une ligne droite dirigée vers le centre de la Terre. « Le mouvement étant par conséquent forcé [violent] et non naturel, ne pourrait pas être éternel ; or l'ordre du monde est éternel. » Le mouvement naturel de toute partie de matière terrestre se fait vers le centre de l'Univers, qui se trouve coïncider avec le centre de la Terre. Comme « preuve » que les corps terrestres se dirigent effectivement vers le centre de la Terre, Aristote dit : « Nous voyons que les poids qui tombent à terre ne suivent pas des lignes parallèles », mais des lignes faisant un certain angle entre elles. « A nos arguments précédents, fait-il alors remarquer, nous pouvons ajouter que, si des corps pesants sont lancés avec force verticalement, ils retombent à leur point de départ, même si la force qui leur est appliquée les envoie à une hauteur illimitée. » Par conséquent, si un corps est projeté droit en l'air et retombe ensuite en ligne droite, ces deux directions étant déterminées par rapport au centre de la Terre, le corps n'atterrirait pas exactement à l'endroit d'où il fut lancé, si la Terre s'était entre-temps déplacée. Cela est une conséquence directe de la propriété « naturelle » du mouvement en ligne droite des objets terrestres.

Les arguments précédents montrent comment appliquer les principes aristotéliciens des mouvements naturel et violent (non naturel) pour démontrer l'impossibilité du mouvement de la Terre. Mais qu'en est-il de la « loi de mouvement » aristotélicienne donnée par l'équation [6] ou l'équation [9] ? Comment est-elle spécifiquement liée à une Terre immobile ? La réponse à cette question apparaît sans ambiguïté au commencement de l'*Almageste* de Ptolémée, l'ouvrage classique de l'Antiquité sur l'astronomie géocentrique. Ptolémée écrivit, suivant les principes d'Aristote, que si la Terre était en mouvement, « elle aurait, étant emportée vers le bas, dépassé tous les autres corps tombants, en vertu de l'énorme excès de sa taille, et les animaux, ainsi que tous les corps pesants indépendants, auraient été laissés en arrière, flottant dans l'air, tandis que la Terre, avec sa grande vitesse, serait tombée hors de l'Univers même ». Cet argument découle manifestement de l'idée que les corps chutent avec des vitesses proportionnelles à leurs poids respectifs. Et plus d'un savant fut certainement d'accord avec le commentaire final de Ptolémée : « Il suffit d'ailleurs d'imaginer une telle situation pour voir que ce genre de suggestion est tout à fait ridicule. »

3. La Terre et l'Univers

L'année 1543 est très souvent considérée comme l'année de naissance de la science moderne. Cette année furent publiés deux livres majeurs, qui conduisirent à des changements radicaux dans la conception que l'homme se faisait de la nature et de l'Univers : le *De revolutionibus orbium cœlestium* (*Traité sur les révolutions des mondes célestes*) du chanoine polonais Nicolas Copernic, et le *De humani corporis fabrica libri septem* (*Sept Livres sur la structure du corps humain*) du Flamand André Vésale. Ce dernier traite de l'homme du point de vue de l'observation anatomique exacte, réintroduisant ainsi en physiologie et en médecine l'esprit empirique qui avait caractérisé les écrits des anatomistes et des physiologistes grecs, dont le dernier et le plus grand de tous avait été Galien. L'ouvrage de Copernic introduisit un nouveau système astronomique, s'opposant à la notion généralement acceptée d'une Terre immobile. Nous nous proposons ici de ne discuter que certains traits du système de Copernic, et notamment quelques-unes des conséquences qu'entraînent l'introduction d'une Terre en mouvement. De même que nous ne considérerons pas dans le détail les avantages et désavantages relatifs du système dans son ensemble, nous ne comparerons pas davantage ses mérites, l'un après l'autre, à ceux de l'ancien système. Notre principal but est d'explorer les conséquences que le concept d'une Terre en mouvement eut sur le développement d'une science nouvelle : la dynamique.

Copernic et la naissance de la science moderne

Déjà dans l'ancienne Grèce, on avait suggéré que la Terre pourrait avoir une rotation quotidienne sur son axe et effectuer une révolution annuelle le long d'une gigantesque orbite autour du Soleil. Proposé par Aristarque au IIIe siècle av. J.-C., ce système fut abandonné pour celui d'une Terre immobile. L'idée d'une Terre en mouvement rencontrait une vive opposition. Même lorsque, presque 2 000 ans plus tard, Copernic publia sa description d'un Univers fondé sur ce double mouvement de la Terre, il ne fit pas immédiatement l'unanimité. On finit bien sûr par se rendre compte que le livre de Copernic contenait en germe toute la révolution scientifique qui culmina avec la grandiose fondation de la physique moderne par Isaac Newton. Rétrospectivement, nous pouvons voir comment l'acceptation du concept copernicien d'une Terre en mouvement impliquait nécessairement une physique non aristotélicienne. Cela apparut-il aux contemporains de Copernic ? Et pourquoi Copernic lui-même n'a-t-il pas accompli cette révolution scientifique qui a modifié notre monde à un point tel que nous n'en voyons pas encore toutes les conséquences ? Nous allons examiner ces questions dans le présent chapitre et nous nous demanderons en particulier pourquoi le concept copernicien d'un système du monde dans lequel la Terre est en mouvement et le Soleil immobile n'entraîna pas de lui-même le rejet de l'ancienne physique.

Précisons tout de suite que Copernic (1473-1543) était à bien des points de vue plus conservateur que révolutionnaire. Nombre de ses idées existaient déjà dans la littérature, et le fait qu'il fut à maintes reprises incapable de dépasser les principes fondamentaux de la physique aristotélicienne fut pour lui un handicap. Quand nous parlons aujourd'hui du « système copernicien », nous entendons habituellement un système d'Univers tout à fait différent de celui décrit par Copernic dans son *De revolutionibus orbium cœlestium*. La raison en est que, voulant honorer Copernic pour ses innovations, nous le faisons au détriment de la précision littérale, en qualifiant de « copernicien » le système héliocentrique de l'ère post-copernicienne. Il serait plus exact de l'appeler « keplerien » ou au moins « keplero-copernicien ».

Les sphères homocentriques

Mais avant de décrire le système de Copernic, permettez-moi d'indiquer les traits fondamentaux des deux principaux systèmes pré-coperniciens. L'un, attribué à Eudoxe, fut amélioré par un autre astronome grec, Callippe, et établi dans sa forme définitive par Aristote. C'est le système dit des « sphères homocentriques ». Les planètes – ainsi que le Soleil et la Lune – y étaient considérées comme fixes sur l'équateur de sphères distinctes tournant sur leur axe et ayant pour centre la Terre immobile. Chacune de ces sphères avait les extrémités de son axe de rotation fixées dans une autre sphère également en rotation – de période différente et autour d'un axe différemment orienté par rapport à celui de la sphère intérieure.

Pour certaines planètes, il pouvait y avoir jusqu'à quatre sphères, chacune emboîtée dans la suivante de manière à donner une grande variété de mouvements. Par exemple, l'une de ces sphères permettait de rendre compte du fait que, quelle que soit sa position parmi les étoiles, sa planète tournait autour de la Terre en 24 heures. Il y avait une autre sphère pour déplacer le Soleil dans son apparente révolution quotidienne, une autre pour la Lune et une autre pour les étoiles fixes. La série des sphères intérieures attribuée à chaque planète rendait compte du fait qu'outre son mouvement de rotation quotidien dans le ciel, une planète se décale également chaque jour par rapport aux étoiles fixes. C'est ainsi qu'on l'aperçoit tantôt dans une constellation, tantôt dans une autre. Les planètes doivent justement leur nom au fait qu'elles semblent errer parmi les étoiles fixes, le mot « planète » étant dérivé d'un verbe grec qui signifie « errer ». L'une des caractéristiques visibles de ce déplacement est que sa direction n'est pas constante. Dans l'ensemble, cette direction correspond à une lente progression vers l'est, mais, de

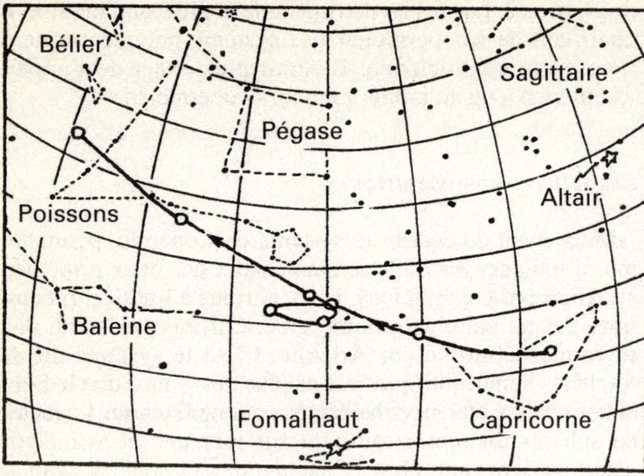

Fig. 3

temps en temps, la planète s'arrête, atteint un point fixe, puis (*fig. 3*) se déplace un temps vers l'ouest, pour atteindre un autre point fixe avant de reprendre son mouvement initial vers l'est. Le mouvement vers l'est est appelé « mouvement direct », et celui vers l'ouest « mouvement rétrograde ». En associant convenablement ces sphères, Eudoxe parvint à construire un modèle montrant comment des combinaisons de mouvements circulaires permettaient de reproduire les mouvements directs et rétrogrades observés pour les planètes. On retrouve ces « sphères » dans le titre même du livre de Copernic.

Après le déclin de la Grèce, l'héritage de la science revint aux astronomes arabes. Quelques-uns d'entre eux perfectionnèrent le système d'Eudoxe et Aristote, y introduisant d'autres sphères de sorte que ses prédictions soient plus conformes aux observations. On pensa même que ces sphères étaient des corps réels en cristal, d'où le nom de « sphères cristallines » qu'on leur attribua. Et comme on croyait que la disposition des étoiles et des planètes influençait grandement les affaires humaines, on en vint à penser que l'influence d'une planète n'était pas due à elle-même, mais à la sphère à laquelle elle était fixée. Cette croyance est sans doute à l'origine de l'expression « sphère d'influence », encore utilisée aujourd'hui dans un sens politique ou économique.

Ptolémée et le système des épicycles et des déférents

L'autre grand système rival fut élaboré par Claude Ptolémée, l'un des plus grands astronomes de l'Antiquité. Il repose dans une certaine mesure sur des concepts introduits par le géomètre Apollonius de Perga et l'astronome Hipparque. Ce système, connu généralement sous le nom de « système de Ptolémée », s'oppose à celui des sphères homocentriques d'Eudoxe et Aristote ; il a une très grande souplesse et, par conséquent, une grande complexité. Ses éléments fondamentaux se trouvent utilisés en diverses combinaisons. Tout d'abord, considérons un point *P* tournant uniformément en cercle autour du point *T*, comme sur la figure 4 A. Nous avons ici un mouvement circulaire uniforme n'admettant ni points stationnaires ni mouvements rétrogrades. Il ne rend pas compte, non plus, du fait que les pla-

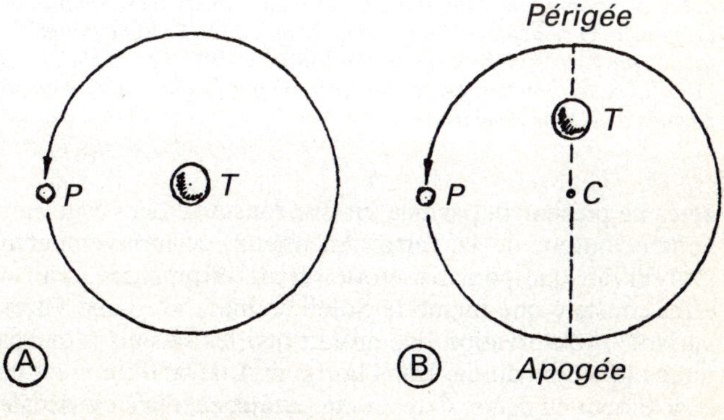

Fig. 4

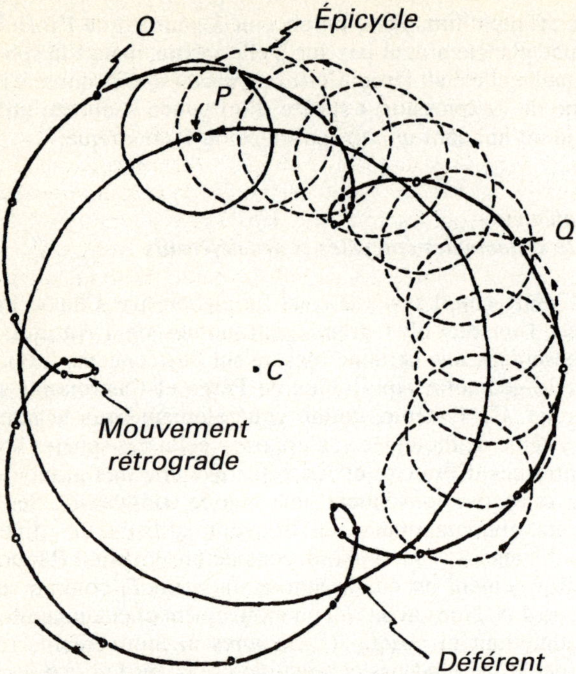

Fig. 5. Le dispositif de Ptolémée rendant compte de l'errance des planètes comporte une combinaison de mouvements très compliquée. La planète Q *se déplace circulairement autour de* P *(ligne pointillée), tandis que* P *décrit lui-même un cercle autour de* C. *La courbe en trait plein, avec les boucles, est le chemin suivi par* Q *sous l'action combinée des deux mouvements.*

nètes ne présentent pas une vitesse constante dans leur mouvement autour de la Terre. Au mieux, ce mouvement ne s'observait que pour les étoiles fixes : Hipparque avait en effet constaté que même le Soleil se meut avec une vitesse variable – observation liée au fait que les saisons n'ont pas toutes la même durée. Dans la figure 4 B, la Terre n'est pas exactement au centre *C* de la circonférence, mais est décalée au point *T*. Il est alors évident que si le point *P* correspond à une planète (ou au Soleil), son mouvement, vu de la Terre, n'apparaîtra pas uniforme par rapport aux étoiles fixes, même s'il est en fait uniforme. Dans ce système excentrique (et non homocentrique) constitué par la Terre et le corps céleste, le Soleil ou la planète seront tantôt très proches de la Terre *(périgée)*, tantôt très éloignés *(apogée)*. Nous devons alors nous attendre à des variations dans la luminosité des planètes, ce qui est confirmé par l'observation.

Voyons maintenant l'un des principaux dispositifs introduits par Ptolémée pour rendre compte du mouvement des planètes. Supposons que pendant que *P* se meut d'un mouvement uniforme sur une circonférence de centre *C*, un second point *Q* décrive un cercle autour de *P* (*fig.* 5). La combinaison de ces deux mouvements donne une courbe présentant une série de boucles ou de points de rebroussement. La grande circonférence suivie par *P* est appelée cercle de référence, ou *déférent*, et la petite circonférence suivie par *Q* s'appelle un *épicycle*. Ainsi, le système de Ptolémée est souvent désigné comme système du déférent et de l'épicycle. Il est évident que la planète parcourant la courbe résultant de la combinaison du déférent et de l'épicycle se trouve à certains moments plus près du centre *C* qu'à d'autres moments, qu'elle occupe parfois des positions stationnaires et que, lorsqu'elle se trouve à l'intérieur d'une boucle, un observateur situé en *C* la verra se déplacer dans un sens rétrograde. Pour rendre le mouvement entièrement conforme à l'observation, il suffit de choisir convenablement les rayons du déférent et de l'épicycle, ainsi que les vitesses relatives de rotation sur ces deux circonférences.

Nulle part dans son ouvrage, Ptolémée ne s'est interrogé sur la réalité, en tant que corps célestes, des épicycles et des déférents. En fait, il semble très probable que son système n'ait constitué pour lui qu'un « modèle » de l'Univers et non sa représentation « vraie » – quel que soit le sens qu'on accorde à ces mots. Tel était, en effet, l'idéal des Grecs (qui atteignit son plus haut point dans les écrits de Ptolémée) : construire un modèle permettant à l'astronome de prédire les observations, ou, pour employer l'expression grecque, de « sauver les phénomènes ». Bien que souvent dénigrée, cette façon de concevoir la science est très analogue à celle du

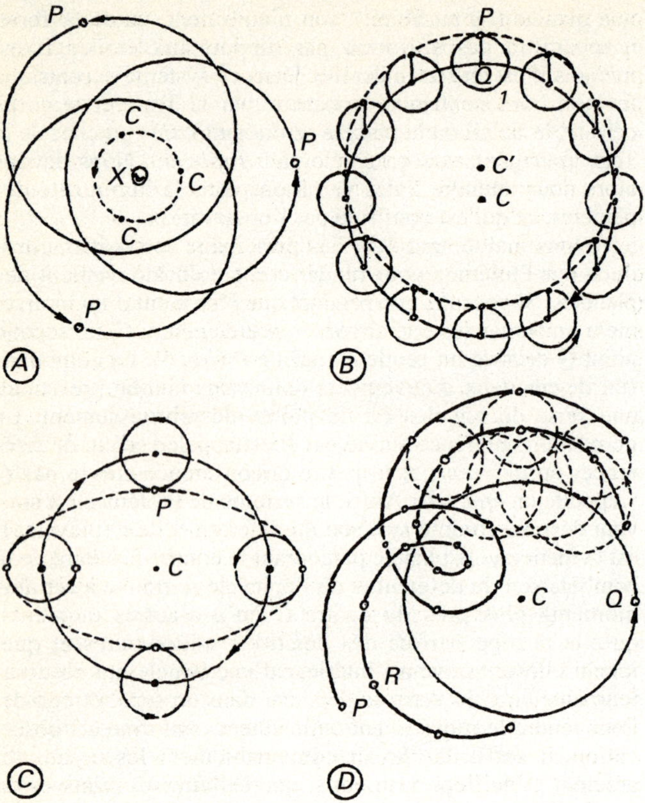

Fig. 6. Avec des épicycles et un déférent (et de l'ingéniosité), les astronomes pourraient décrire presque tous les mouvements planétaires observés tout en restant dans le cadre du système de Ptolémée. En A, *le point* P *décrit un cercle autour de* C *qui, lui, parcourt le petit cercle de centre* X. *En* B, *la combinaison du déférent et de l'épicycle entraîne le déplacement de* C *en* C' *du centre apparent de l'orbite de* P. *En* C, *la combinaison donne une courbe elliptique.* D *donne la trajectoire de* P *se déplaçant sur un épicycle construit lui-même sur un autre épicycle ; le centre du cercle décrit par* P *est* R *qui décrit, lui, un cercle dont le centre* Q *appartient à un cercle centré en* C.

physicien du XXe siècle, dont l'ambition essentielle est également de construire un modèle donnant des équations prédisant les résultats de l'expérience – de nos jours, le physicien doit souvent se contenter d'équations sans avoir de « modèle » au sens ordinaire d'outil de travail.

Voyons maintenant brièvement quelques autres caractéristiques du système de Ptolémée. La Terre n'est pas nécessairement au centre du cercle déférent ou, autrement dit, le cercle déférent peut être excentrique au lieu d'être homocentrique – c'est-à-dire avoir un centre différent de celui de la Terre (*fig. 6 A*). De plus (*fig. 6 B*), alors que le point *P* se déplace sur le grand cercle de référence – ou déférent –, son centre *C* peut se déplacer sur un petit cercle ; si une telle combinaison ne produit pas nécessairement de rétrogradation, elle peut avoir pour effet de translater l'orbite ou de donner un mouvement elliptique (*fig. 6 C*). Enfin, il y a un dispositif dénommé « équant » (*fig. 7*). C'est un point non situé au centre d'un cercle, et par rapport auquel on peut « uniformiser » le mouvement : considérons par exemple un point *P* décrivant une circonférence de centre *C* et vu depuis l'équant *T*. Le mouvement de *P* est tel que toute droite joignant *T* à *P* balaie des angles égaux en des temps égaux. Il s'ensuit que le mouvement de *P* sur sa trajectoire circulaire n'est uniforme que pour un observateur situé au point équant *T*. Ces constructions furent utilisées en diverses combinaisons et il en résulta un système d'une grande complexité. Nombre d'esprits cultivés ne purent croire qu'un système d'au moins quarante « roues à l'intérieur de roues » pût réellement tourner dans les cieux, que l'Univers fût si compliqué ! On rapporte qu'Alphonse X, roi de Castille et Léon, dit le Sage, qui fit dresser au XIIIe siècle de célèbres tables astronomiques, ne put croire en un système si compliqué. Quand on lui enseigna le système de Ptolémée, il déclara, selon la légende : « Si Dieu m'eût consulté lorsqu'il créa l'Univers, tout aurait été dans un ordre meilleur et plus simple. »

Nul n'a mieux exprimé les difficultés qu'il y avait à comprendre le système de Ptolémée que le poète John Milton dans son célèbre *Paradis perdu*. Milton, qui fut un temps professeur, avait enseigné le système de Ptolémée ; il savait donc de quoi il parlait. Dans les vers ci-dessous, l'ange

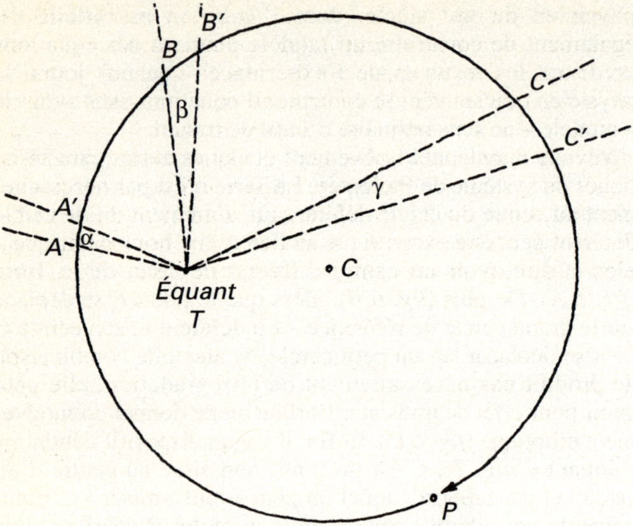

Fig. 7. C'est par l'invention de l'équant que Ptolémée expliqua les variations apparentes de la vitesse d'une planète. Alors que le mouvement de P *entre* A *et* A', B *et* B', *et* C *et* C' *n'est pas uniforme vu du centre* C, *il est uniforme si on l'observe depuis le point équant* T *: les angles* α β, γ *sont en effet égaux. La planète décrit les arcs* $\widehat{AA'}$, $\widehat{BB'}$, $\widehat{CC'}$ *dans le même temps, mais avec bien sûr des vitesses différentes.*

Raphaël, répondant aux questions d'Adam sur la construction de l'Univers, lui dit que Dieu doit certainement bien rire des activités des hommes :

> Quand, dans la suite, ils en viendront à mouler le Ciel
> Et à calculer les Étoiles. Comme ils manieront
> La puissante structure ! Comme ils bâtiront, débâtiront,
> [s'ingénieront
> Pour sauver les apparences ! Comme ils ceindront la Sphère
> De cercles concentriques et excentriques inscrits sur elle,
> De Cycles et d'Épicycles, d'Orbes dans les Orbes...

Avant d'aborder les innovations de Copernic, il convient peut-être de faire quelques dernières remarques sur l'ancien système astronomique. En premier lieu, il est clair qu'une part de sa complexité résulte de ce que les courbes représentant les mouvements apparents des planètes sont des combinaisons de cercles (*fig.* 5). Si on avait pu simplement utiliser l'équation d'une courbe dotée d'un point de rebroussement, telle la lemniscate, tout aurait été beaucoup plus simple. Mais n'oublions pas qu'à l'époque de Ptolémée, il n'y avait pas de géométrie analytique utilisant des équations, et qu'une tradition s'était établie sous l'autorité d'Aristote et de Platon, selon laquelle le mouvement des corps célestes devait trouver

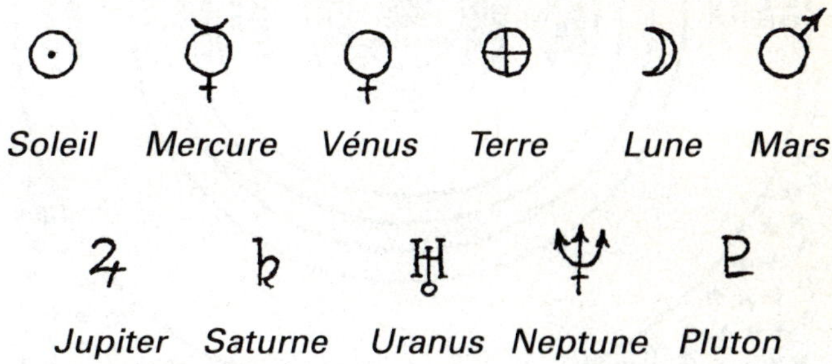

Fig. 8. L'origine des plus anciens symboles planétaires se perd dans l'Antiquité, mais les explications communément acceptées la font dériver des mythologies grecque et latine. Le symbole du Soleil représente probablement un bouclier muni d'un ombon. Celui de Mercure représente, soit son caducée, soit sa tête avec son casque ailé. Celui de Vénus est le miroir associé à la déesse de la beauté et de l'amour. Le symbole de Mars, dieu de la guerre, représente soit la tête d'un guerrier avec son casque et un plumet incliné, soit une lance avec un bouclier. Celui de Jupiter a aussi plusieurs interprétations : soit un hiéroglyphe sommaire de l'aigle, « oiseau de Jupiter », soit la première lettre de Zeus, le nom grec de Jupiter. Le symbole de Saturne est une ancienne faux, emblème du dieu du temps. Celui d'Uranus est la première lettre du nom de son découvreur, sir William Herschel (1738-1822), avec la planète suspendue à la barre du H. Le trident a toujours été porté par Neptune, le dieu de la mer. Le symbole de Pluton est un monogramme évident. Les alchimistes utilisaient le symbole de la planète Mercure pour le métal du même nom et celui de Vénus pour le cuivre. Aujourd'hui, les généticiens désignent les caractères femelle et mâle par, respectivement, le symbole de Vénus et celui de Mars.

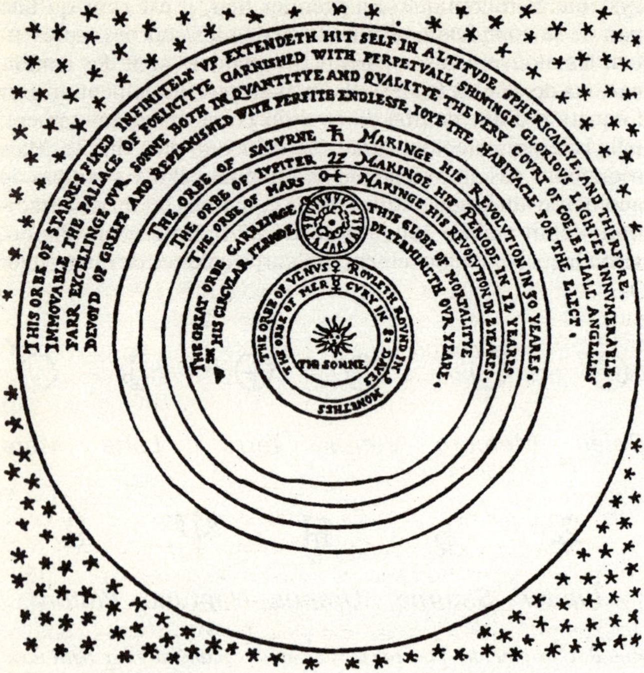

Fig. 8 A. Ce diagramme du système de Copernic est repris de l'ouvrage de Thomas Digges, Une parfaite description des Orbes célestes *(1576), qui donnait une traduction en anglais d'une partie du* De revolutionibus *de Copernic. Digges a ajouté un trait particulier au système copernicien en attribuant à la sphère des étoiles fixes une extension infinie.*

son explication dans un système naturel de mouvements – sans doute parce qu'un mouvement circulaire n'a ni commencement ni fin et qu'il est donc le mieux adapté aux planètes immuables, incorruptibles et en éternel mouvement. En tout cas, comme nous le verrons, l'idée d'expliquer les mouvements planétaires uniquement par des combinaisons de cercles subsista extrêmement longtemps en astronomie.

Le système de Ptolémée non seulement marchait ou pouvait être arrangé pour marcher, mais il s'accordait parfaitement avec la physique d'Aristote. Les étoiles, les planètes, le Soleil et la Lune se déplaçaient selon des cercles ou des combinaisons de cercles, leur « mouvement naturel », tandis que la Terre, ne prenant aucune part au mouvement, était à sa « place naturelle » au centre de l'Univers et au repos. Avec le système de Ptolémée, par conséquent, il n'était pas besoin de chercher une physique nouvelle, autre que celle qui s'accordait également avec le système des sphères homocentriques. Quelquefois, ces deux systèmes sont appelés « géostatiques » car la Terre y est dans tous les deux au repos ; mais la désignation la plus habituelle est celle de « géocentrique », car tous les deux placent la Terre au centre de l'Univers.

Les innovations de Copernic

Tel que Copernic l'a décrit, son système présente maintes ressemblances avec celui de Ptolémée. Copernic avait une très grande admiration pour Ptolémée. Dans son livre, l'ordre des différents chapitres, l'enchaînement des divers sujets traités reprennent les choix adoptés par Ptolémée dans l'*Almageste*.

Le passage d'un système géostatique à un système héliostatique (Soleil immobile) nécessitait de nouvelles explications. Pour les comprendre, commençons, comme l'a fait Copernic, par considérer la forme la plus simple d'Univers héliocentrique. Le Soleil est au centre, immobile. Autour de lui, décrivant des cercles, les planètes tournent dans l'ordre suivant : Mercure, Vénus, la Terre et sa Lune, Mars, Jupiter, Saturne (*fig. 8 A*). Copernic explique les mouvements apparents quotidiens du Soleil, de la Lune, des étoiles et des planètes en affirmant que la Terre fait un tour sur son axe en un jour. Les autres principaux déplacements apparents sont, dit-il, la conséquence d'un deuxième mouvement de la Terre qui, à l'instar des autres planètes, est en orbite autour du Soleil. Chaque planète a sa propre période de révolution, qui est d'autant plus grande que la planète est plus éloignée du Soleil. Le mouvement rétrograde s'explique alors facile-

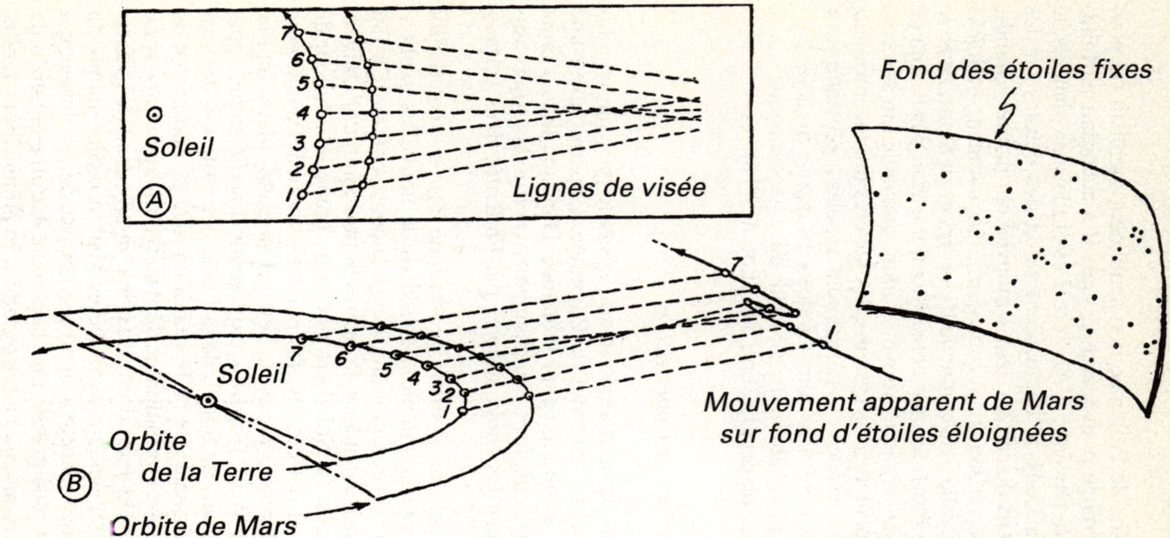

Fig. 9. Dans le système de Copernic, le mouvement rétrograde apparent des planètes admet une explication simple : c'est un problème de vitesses relatives. Les lignes de visée tracées ici montrent pourquoi une planète supérieure – située au-delà de la Terre par rapport au Soleil – semble inverser son mouvement : elle se déplace autour du Soleil plus lentement que la Terre.

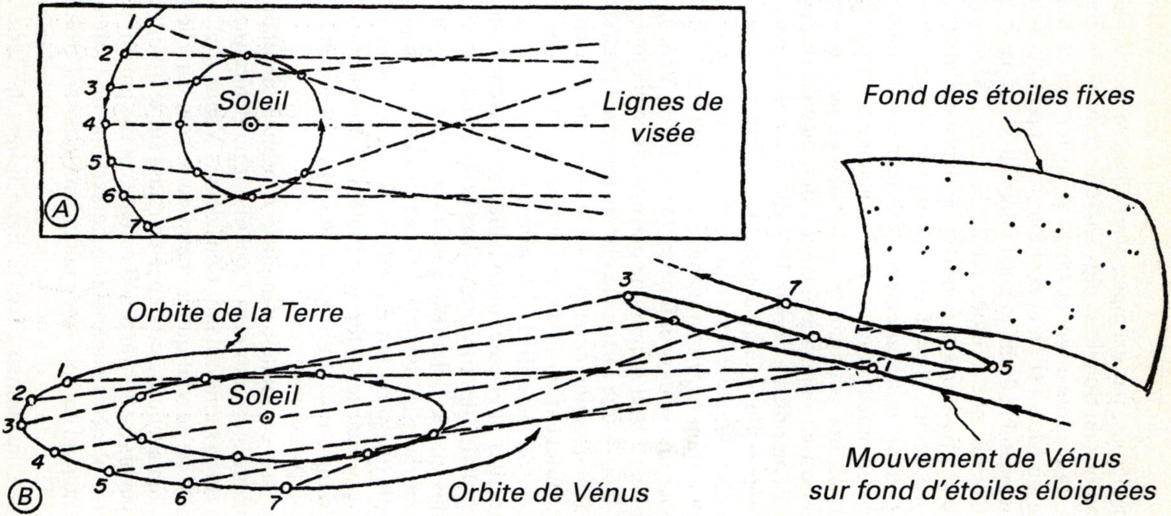

Fig. 10. Le mouvement rétrograde d'une planète inférieure – dont l'orbite se situe entre la Terre et le Soleil – s'explique également facilement en traçant des lignes de visée : Vénus se déplace autour du Soleil plus vite que la Terre.

ment : considérons, par exemple, Mars, dont le mouvement circulaire autour du Soleil est plus lent que celui de la Terre (*fig. 9*). La figure donne sept positions de la Terre et de Mars au moment où Mars est en opposition par rapport au Soleil (c'est-à-dire quand la droite joignant Mars au Soleil passe par la Terre). On voit que la droite reliant la Terre à Mars pour chacune de ces positions successives se déplace d'abord en avant, puis en arrière, et enfin de nouveau vers l'avant. Ainsi, Copernic pouvait non seulement expliquer d'une manière « naturelle » comment se produit le mouvement rétrograde, mais aussi montrer pourquoi la rétrogradation ne s'observe que si Mars est en opposition, c'est-à-dire quand cette planète passe au méridien à minuit. En opposition, la planète se trouve à l'opposé du Soleil par rapport à la Terre ; elle atteint donc sa position la plus élevée dans le ciel à minuit – traverse le méridien à minuit. D'une manière analogue (*fig. 10*), on voit que pour une planète inférieure (Mercure ou Vénus), la rétrogradation ne peut se produire que lors d'une conjonction inférieure, c'est-à-dire lorsque la planète traverse le méridien à midi. (La conjonction correspond à la situation où Mercure et Vénus se trouvent sur la droite joignant la Terre au Soleil. Ces planètes sont au milieu de leur mouvement rétrograde à leur conjonction inférieure, quand elles se trouvent entre la Terre et le Soleil. Elles traversent alors le méridien à midi, en même temps que le Soleil.) Ces deux faits se comprennent parfaitement dans un système héliocentrique (ou héliostatique), tandis que si on fait de la *Terre* le centre des mouvements, comme dans le système de Ptolémée, comment expliquer que le mouvement rétrograde des planètes dépende de leur position par rapport au *Soleil* ?

Toujours sur ce modèle simplifié d'orbites circulaires, voyons maintenant comment Copernic a pu déterminer la dimension du système solaire. Considérons Vénus (*fig. 11*). Cette planète ne se voit que le matin ou le soir, car elle est soit un peu en avance, soit un peu en retard sur le Soleil. On ne la voit jamais à 180° du Soleil comme cela se produit parfois avec les planètes supérieures. Le système de Ptolémée (*fig. 11 A*) ne rend compte de ce fait qu'en supposant arbitrairement que les centres des épicycles de Vénus et de Mercure se trouvent constamment sur la ligne reliant la Terre au

Soleil ; ce qui veut dire que les déférents de Mercure et de Vénus, comme celui du Soleil, font le tour de la Terre en un an. Dans le système de Copernic, il suffit de supposer que les orbites de Mercure et de Vénus sont situées à l'intérieur de celle de la Terre (*fig. 11 B*).

Le système copernicien permet en outre de calculer la distance de Vénus au Soleil. Par des observations faites nuit après nuit, on peut savoir quand Vénus se trouve à son élongation (séparation angulaire) maximale par rapport au Soleil. On peut alors déterminer la séparation angulaire. Ainsi que le montre la figure 12, cette élongation maximale se produit quand la ligne droite reliant la Terre à Vénus est tangente à l'orbite de Vénus et donc perpendiculaire à la ligne qui joint Vénus au Soleil. La trigonométrie donne, entre la distance *VS* de Vénus au Soleil et la distance *TS* de la Terre au Soleil, la relation :

$$\frac{VS}{TS} = sin\ \alpha \qquad [1]$$

d'où l'on tire facilement, en consultant une table de tangentes, la longueur *VS*.

La distance *TS,* rayon moyen de l'orbite terrestre, est appelée « unité astronomique » (ua). On a alors :

$$VS = \sin \alpha \times 1 \text{ ua} \qquad [2]$$

Grâce à cette simple méthode, Copernic a pu déterminer (en unités astronomiques) les distances des planètes au Soleil avec une grande précision, ainsi qu'on peut le voir sur le tableau ci-après qui donne les chiffres de Copernic et ceux actuellement adoptés. (Dans le cas des trois planètes « supérieures » – Mars, Jupiter, Saturne – la méthode utilisée par Copernic pour déterminer les distances au Soleil est légèrement différente.)

En outre, Copernic a pu déterminer avec une égale précision la période sidérale de chaque planète, c'est-à-dire le temps mis par la planète pour accomplir une révolution de 360° autour du Soleil. Connaissant les dimensions relatives des orbites planétaires et les périodes sidérales des planètes, Copernic put prédire, avec une précision acceptable, les positions futures des planètes (c'est-à-dire leurs distances respectives à la Terre). Dans le système de Ptolémée, en revanche,

Comparaison entre les valeurs coperniciennes et actuelles des paramètres du système solaire

Planète	Période synodique moyenne[1]		Période sidérale		Distance moyenne au Soleil[2]	
	Copernic	chiffres actuels	Copernic	chiffres actuels	Copernic	chiffres actuels
Mercure	116 j	116 j	88 j	87,91 j	0,36	0,391
Vénus	584 j	584 j	225 j	225,00 j	0,72	0,721
Terre			365 j 1/4	365,26 j	1	1
Mars	780 j	780 j	687 j	686,98 j	1,5	1,52
Jupiter	399 j	399 j	12 ans	11,86 ans	5	5,2
Saturne	378 j	378 j	30 ans	29,51 ans	9	9,5

1. La période synodique est le temps qui s'écoule entre deux conjonctions du même corps.
2. Mesurée en unités astronomiques.

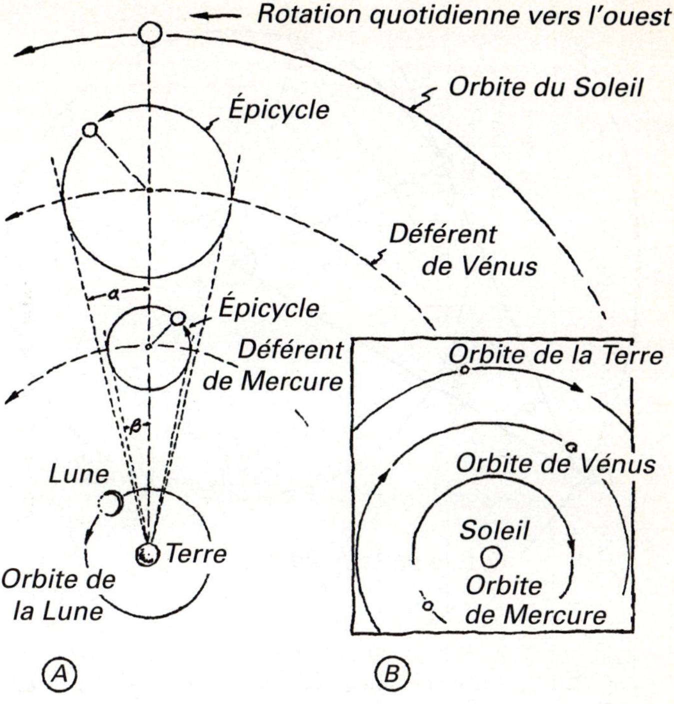

Fig. 11

les distances des planètes ne jouaient aucun rôle, puisqu'il n'y avait aucun moyen de les déterminer par l'observation. Deux mouvements s'effectuant sur des déférents et des épicycles selon un même rapport échelle-période donneront des observations identiques, ainsi qu'on peut le voir sur la figure 13. L'exemple de la Lune montre on ne peut plus clairement que le système de Ptolémée concernait essentiellement les angles plutôt que les distances. Une des caractéristiques principales du système de Ptolémée était de pouvoir donner, avec une précision relativement élevée, les positions apparentes de la Lune. Mais, pour cela, un arrangement particulier était

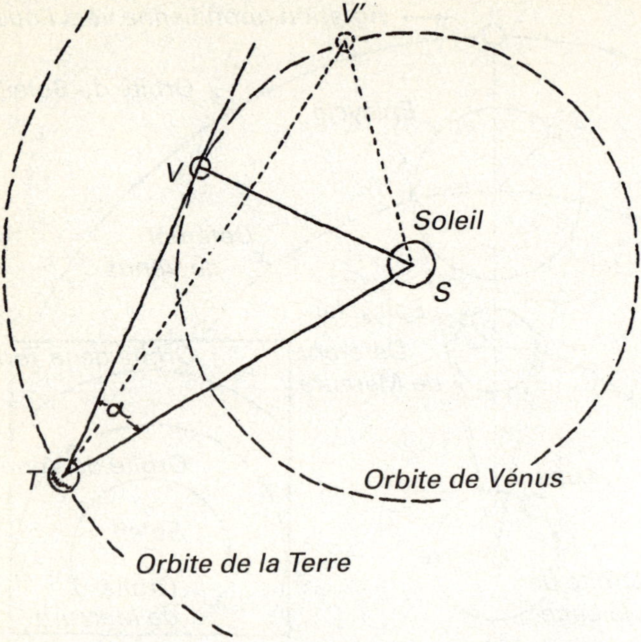

Fig. 12. Le calcul de la distance de Vénus au Soleil est devenu possible grâce au système de Copernic. Quand la séparation angulaire entre Vénus et le Soleil (angle α*) est à son maximum, la ligne de visée de la Terre à Vénus* TV *est tangente à l'orbite de Vénus et, par conséquent, perpendiculaire au rayon* VS. *Le calcul de* VS, *en fonction de* TS *(prise comme unité) est alors un problème de trigonométrie élémentaire. On voit aussi que, pour toute autre position de Vénus, par exemple* V', *sa séparation angulaire au Soleil n'est pas maximale.*

nécessaire, et si la Lune avait réellement suivi la trajectoire controuvée, son diamètre apparent aurait dû subir d'énormes variations, bien supérieures à celles observées. Jusqu'à ces dernières années, la théorie de Copernic sur la Lune fut considérée comme l'une de ses plus originales innovations. On sait aujourd'hui que les astronomes arabes avaient déjà élaboré une théorie identique.

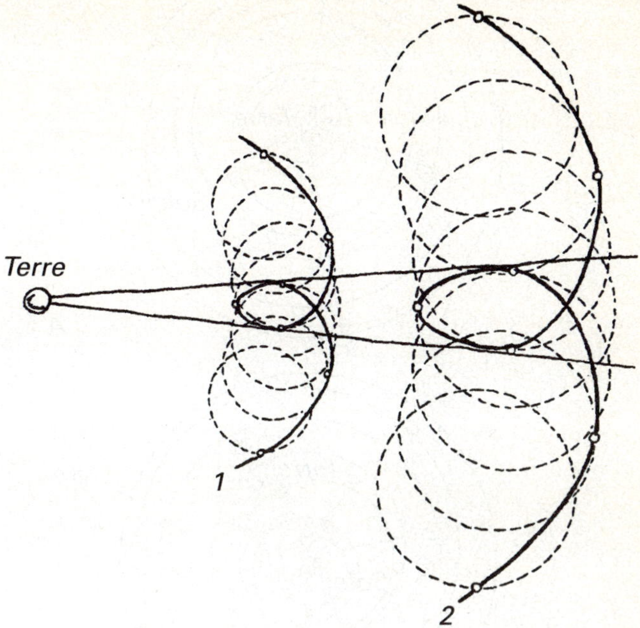

Fig. 13. Dans le système de Ptolémée, la prédiction des positions des planètes repose sur des mesures d'angles et non de distances. Cette illustration montre que pour des périodes de mouvement relatives identiques, les observations sont elles aussi identiques, indépendamment de la distance.

J'ai dit plus haut qu'un système composé d'un seul cercle par planète et d'un autre pour la Lune, combinés avec deux mouvements pour la Terre, constituait une version simplifiée du système de Copernic. En fait, un tel système ne concorde que d'une manière assez grossière avec les observations. Aussi, pour rendre son système plus précis, Copernic se trouva obligé d'introduire un certain nombre de complications, dont beaucoup rappellent les artifices utilisés dans le système de Ptolémée. Par exemple, il fut évident pour Copernic (autant que le contraire l'avait été pour Hipparque) que la

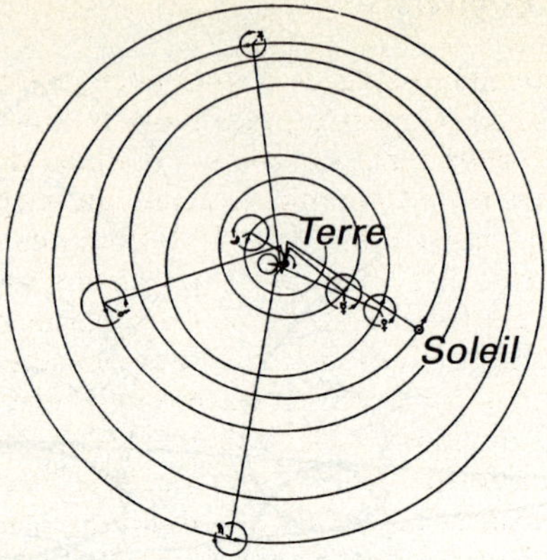

A

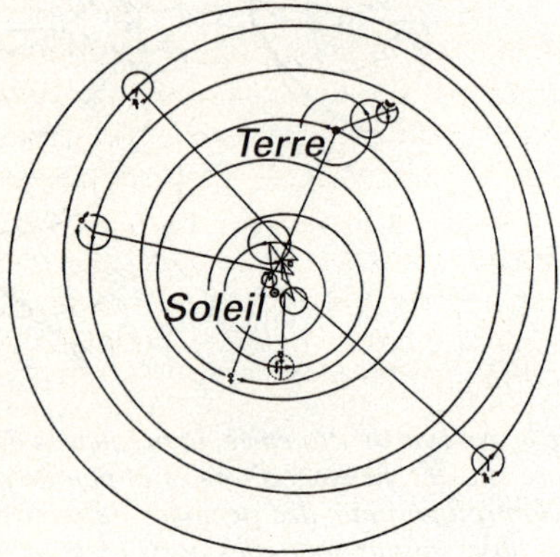

B

Fig. 14. Comme on peut le voir, les systèmes de Ptolémée (A) et de Copernic (B) sont presque aussi compliqués l'un que l'autre. Les extrémités internes des rayons des déférents planétaires (grands cercles) indiquent les centres des orbites, par rapport au centre de l'orbite du Soleil dans le système de Ptolémée et par rapport au centre du Soleil lui-même dans le système de Copernic. Par souci de clarté, on a décalé, sur ce diagramme, les centres des épicycles de Vénus (♀) et de Mercure (☿). Dans le système de Ptolémée, les centres de ces deux épicycles restent alignés sur une droite joignant la Terre au Soleil. (D'après William D. Stahlman.)

Terre ne pouvait se déplacer uniformément sur un cercle centré sur le Soleil. Copernic plaça alors le Soleil non pas au centre de l'orbite terrestre, mais à quelque distance de là. Dans le système de Copernic, le centre du système solaire et de l'Univers n'est donc plus le Soleil, mais un « soleil moyen », centre de l'orbite terrestre. Ainsi, il est plus juste de dire que le système de Copernic est héliostatique qu'héliocentrique. Copernic désapprouvait grandement le système de l'équant introduit par Ptolémée. Mais, il lui fut nécessaire, comme aux anciens astronomes grecs, que les planètes se déplacent uniformément sur des cercles. Pour obtenir des orbites planétaires autour du Soleil qui donnaient des résultats conformes aux observations, Copernic finit par introduire des cercles se mouvant sur des cercles, tout comme Ptolémée. Toutefois, il y eut une différence importante : alors que Ptolémée avait eu recours à des combinaisons de cercles essentiellement pour expliquer le mouvement rétrograde, Copernic (*fig. 14*) en rendit compte, comme nous l'avons vu, par le fait que les planètes parcourent leurs orbites respectives avec des vitesses différentes *. La comparaison des deux schémas représentant les systèmes de Ptolémée et de Copernic ne montre pas de manière évidente que l'un fut plus « simple » que l'autre.

Copernic contre Ptolémée

Quels étaient les avantages et désavantages du système de Copernic sur celui de Ptolémée ? Tout d'abord, un avantage décisif du système de Copernic était la relative facilité avec laquelle il exprimait le mouvement rétrograde des planètes, et montrait que leurs positions relatives par rapport au Soleil déterminaient ces mouvements rétrogrades. Un deuxième

* L'une des dernières complications introduites par Copernic dans son système résulta des difficultés qu'il éprouva à rendre compte du fait qu'en dépit du mouvement de la Terre sur son orbite, son axe de rotation conserve une orientation fixe par rapport aux étoiles. Le « mouvement » introduit par Copernic se révéla inutile. Galilée montra, plus tard, qu'aucune force n'agissant pour faire pivoter l'axe de la Terre, il ne bouge *pas* et reste constamment parallèle à lui-même.

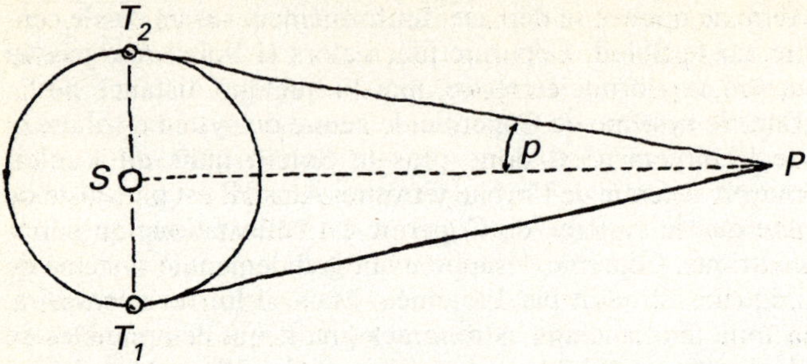

Fig. 15. La parallaxe annuelle d'une étoile est l'angle p sous lequel la distance de la Terre au Soleil est vue depuis l'étoile ; sa mesure permet de calculer la distance de l'étoile à la Terre et au Soleil. Les positions T_1 *et* T_2 *sont les positions de la Terre à six mois d'intervalle. La distance* T_1T_2 *constitue une base d'environ 300 millions de kilomètres d'où l'on peut observer l'étoile P et obtenir l'angle* $T_1PT_2 = 2p$.

avantage du système de Copernic fut qu'il permit de calculer les distances des planètes au Soleil et à la Terre.

On dit parfois que le système de Copernic représenta une grande simplification. Cette affirmation repose en fait sur un malentendu. Si on considère le système de Copernic sous sa forme rudimentaire, un seul cercle pour chaque planète centrée sur le Soleil, cette affirmation est alors justifiée. Mais un tel système, composé de cercles simples et parfaits, ne peut être qu'une grossière approximation. Copernic le savait, et nous avons vu que pour obtenir une représentation plus précise des mouvements planétaires, il recourut à une combinaison de cercles se mouvant sur des cercles, construction qui, bien que conçue dans un but différent, rappelle celle des épicycles de Ptolémée.

Quelles sont maintenant les raisons qui nous empêchent d'accepter le système de Copernic ? L'une des principales est l'absence de toute parallaxe annuelle pour les étoiles fixes. La parallaxe est le changement de point de vue se produisant lorsqu'on observe le même objet depuis deux positions différentes. C'est sur ce principe que repose la construction des télémètres d'artillerie ou d'appareils photographiques. Considérons le mouvement de la Terre dans le système de Copernic. Comparer les positions des étoiles à six mois d'intervalle équivaut, puisque le rayon de l'orbite de la Terre est d'environ 150 millions de kilomètres, à comparer leurs positions aux deux extrémités d'une base d'environ 300 millions de kilomètres de long (*fig. 15*). Comme il était impossible aux astronomes du temps de Copernic de déterminer les parallaxes des étoiles par cette méthode d'observations semi-annuelles, ils furent réduits à supposer que, si effectivement la Terre tourne autour du Soleil, les étoiles étaient prodigieusement éloignées. Mais, il était bien plus simple de conclure que l'absence de parallaxe pour les étoiles fixes tendait à infirmer le fondement même du système de Copernic. Plusieurs siècles après Copernic, en fait il y a environ 150 ans, les astronomes purent observer, grâce à des télescopes grandement perfectionnés, la parallaxe des étoiles fixes. Ils avaient dû jusqu'alors accepter l'existence d'une telle parallaxe (nécessairement très faible) comme un acte de foi.

De l'échec des observations astronomiques, passons maintenant à celui de la mécanique. Comment Copernic expliquait-il le mouvement des corps sur une Terre en mouvement ? Nous avons discuté ces problèmes au premier chapitre. Copernic n'en résolut aucun de manière satisfaisante. Il supposa que, d'une manière ou d'une autre, l'air entourant la Terre se déplace avec elle, qu'il est en quelque sorte solidaire de la Terre. Selon Edward Rosen, « la théorie de la gravitation de Copernic postula l'existence d'un processus distinct assurant la cohésion gravitationnelle des corps célestes individuels – non seulement de la Terre, mais aussi du Soleil, de la Lune et des planètes –, chacun maintenant sa forme sphérique sous l'action de cette tendance. Soit les objets situés dans l'air au voisinage de la Terre subissaient cette tendance, soit l'air environnant et les objets qu'il contient participaient à la rotation de la Terre du fait de leur contiguïté avec elle. Toutes ces suggestions de Copernic (*De revolutionibus*, I, 8-9) contenaient en germe ce qui devait plus tard donner naissance aux concepts de gravitation universelle et d'inertie ».

Mais il y avait un autre problème, par certains côtés encore plus difficile à expliquer : la nature même du système solaire.

Si Copernic acceptait les principes de la physique d'Aristote – il n'inventa jamais une nouvelle physique pour remplacer celle d'Aristote –, comment expliquait-il que la Terre tourne quotidiennement sur elle-même et annuellement autour du Soleil, ces deux mouvements étant contraires à sa « nature » ? En fait, Copernic fut obligé de dire que la Terre tournant autour du Soleil était « simplement une autre planète ». Mais cette affirmation a certainement été perçue comme un reniement du principe d'Aristote selon lequel la Terre et les planètes sont constituées de matériaux différents, sujettes à des lois physiques différentes, et par conséquent se comportent de façons différentes. Prétendre que la Terre se déplaçait sur une orbite circulaire autour du Soleil semblait impliquer qu'elle subissait un mouvement violent ; mais la physique aristotélicienne n'attribuait de mouvement naturel rectiligne qu'aux objets constitués de matière terrestre, et non à la Terre prise dans son ensemble. En fait, dans l'ancienne physique aristotélicienne, la Terre n'avait à proprement parler aucun mouvement, qu'il fût naturel ou violent. Affirmant que, d'une manière générale, « la rotation est naturelle à la sphère », Copernic fut ainsi amené à conclure (*De revolutionibus*, I, 8) que – la Terre possédant une forme sphérique – « si quelqu'un croit à la rotation de la Terre, il soutiendra certainement que ce mouvement est non pas violent, mais naturel ». Bien qu'il ait ainsi introduit une extension de la physique aristotélicienne contredisant effectivement les principes fondamentaux d'Aristote (par exemple, la Terre ne peut se mouvoir), Copernic ne conçut pas une nouvelle physique totalement opérationnelle et adaptée à l'ampleur des problèmes posés par le concept d'une Terre en mouvement.

Nombre de ceux qui ont lu le livre de Copernic ont certainement été étonnés par son affirmation selon laquelle la Terre est nécessairement en rotation sur son axe et décrit un grand cercle autour du Soleil, et cela parce qu'elle a une forme sphérique ! Nous l'avons vu, Copernic soutenait qu'il était dans la « nature » d'une sphère d'être animée d'un mouvement de rotation. Comment alors pouvait-il soutenir que le Soleil, qui a lui aussi une forme sphérique, reste immobile, n'effectue aucune rotation sur lui-même, et n'accomplit aucune révolution annuelle.

L'un des derniers problèmes de nature physique que Copernic eut à traiter concerne la Lune. Le système de Copernic expliquait pourquoi, bien que la Terre fût en révolution autour du Soleil, les corps en chute libre n'en continuaient pas moins de tomber en ligne droite et les oiseaux de ne pas être éjectés dans l'espace : l'air en effet adhérait en quelque sorte à la Terre et, par cette « liaison » (*De revolutionibus*, I, 8), participait à ses mouvements, tournant avec elle et l'accompagnant dans sa révolution orbitale. Ainsi, tandis que la Terre tourne sur son axe et décrit son orbite autour du Soleil, l'air contraint les corps en chute libre à conserver leur position par rapport à elle ; pour un observateur terrestre, ces corps semblent alors tomber en ligne droite. Ils ont donc un mouvement « double, étant chaque fois une combinaison du rectiligne et du circulaire ». Copernic n'a pas discuté l'argument des oiseaux et autres créatures vivantes, ni même celui des nuages, mais leur cas est très semblable à celui des corps en chute ou en ascension libres. Toutefois, cet argument ne s'applique pas à la Lune : Copernic soutenait en effet que seul l'air relativement proche de la Terre se trouvait entraîné avec elle. Si l'on s'éloigne énormément de la Terre, on atteint « cette région de l'air » qui, affirme Copernic, « n'est pas affectée par le mouvement de la Terre du fait de son grand éloignement ». Le problème de la Lune exige une autre explication, et Copernic ne put lui trouver de solution satisfaisante.

Jusqu'à présent, nous avons concentré notre attention sur deux aspects du système de Copernic : le fait qu'il était au moins aussi complexe que celui de Ptolémée et le fait qu'il soulevait des problèmes de physique apparemment insolubles. Si nous ajoutons à ces objections quelques autres difficultés d'ordre général, on peut comprendre que la parution du livre de Copernic en 1543 n'ait par elle-même apporté aucune révolution des idées physiques ou astronomiques.

Inconvénients d'un Univers copernicien

En dehors des problèmes purement scientifiques, le concept d'une Terre en mouvement représentait un sérieux défi intellectuel. Car il est somme toute plutôt rassurant de penser que notre demeure est fixe dans l'espace, et qu'elle a sa propre place dans l'ordre des choses, et n'est pas un petit grain insignifiant tournoyant sans but quelque part dans un Univers extrêmement vaste et peut-être même infini. L'unicité aristotélicienne de la Terre, fondée sur sa prétendue position fixe, donnait à l'homme un sentiment de fierté difficilement concevable sur une planète relativement petite (comparée à Jupiter et à Saturne) et située dans un endroit plutôt quelconque (en troisième position parmi 7 orbites planétaires successives). Dire que la Terre est « simplement une autre planète » suggère qu'elle ne se distingue peut-être même pas par le fait d'être le seul globe habité et que, par conséquent, l'homme lui-même n'est peut-être pas unique. Et peut-être d'autres étoiles sont des soleils entourés d'autres planètes sur lesquelles se trouvent d'autres sortes d'hommes et de femmes. La plupart des hommes du XVIe siècle n'étaient pas préparés à de telles idées et l'évidence des sens renforçait leur prévention envers elles. Une planète, allons donc ! N'importe qui, en regardant une planète (Vénus, Mars, Jupiter ou Saturne), « voit » immédiatement que c'est une « autre étoile » et non une « autre Terre ». Le fait que ces « étoiles » planétaires sont plus brillantes que les autres, se déplacent par rapport aux autres, et peuvent avoir de temps en temps un mouvement rétrograde ne les rend pas différentes des autres étoiles (les étoiles fixes) ; ces propriétés ne transforment « manifestement » pas les « étoiles errantes » (les planètes) en des corps ressemblant tant soit peu à cette terre sur laquelle nous nous trouvons. Et s'il ne suffisait pas que le « sens commun » se révolte à l'idée que la Terre est « simplement une autre planète », il y avait aussi le témoignage des Écritures : à maintes reprises la Sainte Bible mentionne un Soleil en mouvement et une Terre immobile ! Avant même la publication du *De revolutionibus*, Martin Luther, qui avait entendu parler des idées de Copernic, les avait condamnées comme étant en contradiction avec la Bible. Et tout le monde sait que Galilée fut plus tard traduit devant le tribunal de l'Inquisition romaine pour avoir pris la défense du nouveau système astronomique.

Il est clair, par conséquent, que la modification du cadre de l'Univers proposée par Copernic ne pouvait s'accomplir sans bouleverser toute la structure de la science et des idées que l'homme avait sur lui-même. Le livre de Copernic devint finalement un ferment de réflexion – tant sur la nature de l'Univers que sur celle de la Terre – qui devait un jour donner naissance à de profonds bouleversements. C'est dans ce sens que l'on peut dire que la révolution scientifique date de 1543. Les problèmes posés et leurs implications pénétraient les fondements mêmes de la physique et de l'astronomie. D'après ce qui a été dit jusqu'ici, on voit clairement que des modifications dans un secteur des sciences physiques affectent l'édifice entier de la science. Ce phénomène est devenu familier aux hommes de science contemporains, qui ont été les témoins du développement de la physique atomique moderne et de la théorie des quanta. Pourtant, l'unité de la structure de la science n'apparaît plus nettement que dans le fait que le système de Copernic, considéré dans sa version simple ou complexe, ne pouvait, tel que l'avait exposé Copernic, s'imposer de lui-même. Il exigeait une modification des idées courantes sur la nature de la matière, des planètes, du Soleil, de la Lune et des étoiles, et sur la nature et l'action de la force en relation avec le mouvement. On a dit fort bien que la grandeur de Copernic n'est pas tant dans son système astronomique, que dans le fait que ce système a déclenché la grande révolution des sciences physiques à laquelle nous associons les noms de Galilée, de Johannes Kepler et d'Isaac Newton. La prétendue révolution copernicienne se transforme plus tard, avec Galilée, Kepler et Newton, en une véritable révolution.

4. L'exploration des profondeurs de l'Univers

La marche de la science se fait selon des rythmes qui ne sont pas sans évoquer ceux de la musique. Comme dans les sonates, certains thèmes y reviennent selon des séries plus ou moins ordonnées de variations. La place de Copernic dans l'histoire des sciences offre peut-être une bonne illustration de ce processus. Bien que son système ne soit ni aussi simple ni aussi révolutionnaire qu'on le dit souvent, son livre a mis en évidence toutes les questions qui se dissimulaient derrière chacun des projets cosmologiques proposés depuis l'Antiquité. Les minutieuses démonstrations de l'immobilité de la Terre données par Aristote et Ptolémée ne pouvaient pas entièrement cacher qu'il existait une autre façon de concevoir les choses, celle qu'Aristote et Ptolémée avaient combattue.

Évolution de la nouvelle physique

Comme dans toute composition musicale bien construite, le thème principal copernicien apparaît dans des parties indépendantes. Dans l'Antiquité, Héraclide du Pont avait introduit le concept d'une Terre en rotation sur elle-même, mais dépourvue de mouvement orbital, tandis qu'Aristarque proposait une théorie dans laquelle la Terre d'une part tournait sur son axe et, à l'instar des planètes, autour du Soleil. Durant le Moyen Age, avant Copernic, il n'était pas rare de rencontrer des penseurs, tels le Français Nicole Oresme et l'Allemand Nicolas de Cuse, qui considéraient la possibilité d'une Terre en mouvement (de rotation sur elle-même) ; il aurait été bien extraordinaire, en vérité, que ce thème d'une

Terre mobile ne se soit pas encore manifesté après Copernic. Le *De revolutionibus* contenait la description la plus complète qui ait jamais été proposée d'un Univers héliostatique, et exposait aux spécialistes en astronomie et en cosmologie nombre de phénomènes nouveaux et importants. De même que la logique de la sonate est de développer, à partir de l'exposé initial d'un thème unique, diverses variations sans toutefois imposer la forme de ces variations, de même la logique du développement de la science nous permet de prédire quelques-unes des conséquences que devaient entraîner les idées de Copernic, quels changements intellectuels devaient nécessairement suivre l'acceptation de sa nouvelle vision du monde. Mais seule une connaissance de l'Histoire elle-même révèle que l'acceptation progressive des idées de Copernic, ici par tel savant, là par tel autre, fut brusquement interrompue en 1609, lorsqu'un nouvel instrument scientifique changea si considérablement le niveau et le ton de la discussion sur les systèmes de Copernic et de Ptolémée que cette année 1609 éclipsa l'année 1543 dans le développement de l'astronomie moderne.

C'est en effet en 1609 que les scientifiques utilisèrent pour la première fois le télescope pour étudier systématiquement les cieux. Cet instrument révéla que Ptolémée avait commis des erreurs, certaines systématiques et d'autres importantes, que le système de Copernic s'accordait bien avec les nouvelles observations, et que la Lune et les planètes possédaient des propriétés qui, à de nombreux égards, les rendaient très semblables à la Terre et manifestement dissemblables aux étoiles.

Après 1609, toutes les discussions sur les mérites respectifs des deux grands systèmes du monde portèrent invariablement sur des phénomènes qui dépassaient les connaissances et même l'imagination de Ptolémée ou de Copernic. Et dès que l'on eut perçu que le système héliocentrique avait un fondement probable dans la réalité, on se lança à la recherche d'une physique qui s'appliquerait avec une égale validité à une Terre en mouvement et à l'Univers entier. L'introduction du télescope aurait suffi en elle-même pour changer le cours de la science, mais un autre événement de l'année 1609 précipita la révolution : Johannes Kepler publia son *Astronomia nova,* qui non seulement simplifiait le système de Copernic en le débarrassant de tous les épicycles, mais établissait solidement deux lois du mouvement des planètes, ainsi que nous le verrons dans un chapitre ultérieur.

Galileo Galilei

C'est principalement à Galileo Galilei (Galilée) que l'on doit l'introduction du télescope en tant qu'instrument scientifique. C'est également lui qui posa les fondements de la nouvelle physique. En 1609, il était professeur à l'université de Padoue, dans la République de Venise, et avait 45 ans, ce qui est très au-delà de l'âge où les hommes sont censés effectuer des découvertes scientifiques fondamentales. Dernier grand Italien dont le prénom est passé à la postérité (exception faite des nobles et des rois), Galilée est né à Pise en 1564, presque le jour de la mort de Michel-Ange et la même année que Shakespeare. Son père l'envoya à l'université de Pise où son agressivité sardonique lui valut rapidement le surnom de « querelleur ». Il envisagea d'abord d'étudier la médecine – elle payait mieux que la plupart des professions – mais réalisa bientôt que ce n'était pas une carrière pour lui. Il découvrit la beauté des mathématiques et leur consacra dès lors sa vie, en y ajoutant la physique et l'astronomie. On ne sait pas exactement quand ou comment il devint copernicien, mais son propre témoignage indique que ce fut avant 1597.

Galilée fit sa première contribution en astronomie avant même d'avoir utilisé un télescope. En 1604, une « nova » (une nouvelle étoile) apparut subitement dans la constellation du Serpent. Galilée montra qu'il s'agissait d'une « vraie » étoile, située dans les espaces célestes et non à l'intérieur de la sphère de la Lune. Il trouva en effet que cette étoile n'avait pas de parallaxe mesurable et était donc extrêmement éloignée de la Terre. Il porta ainsi un joli coup à la physique aristotélicienne dans la mesure où il démontrait que le changement pouvait advenir dans les cieux, contrairement à l'affirmation d'Aristote selon laquelle les cieux étaient immuables, la seule région où le changement pouvait se produire étant limitée à la Terre et à ses environs immédiats.

Cette démonstration sembla d'autant plus décisive à Galilée que cette nova était la deuxième pour laquelle les observateurs n'avaient détecté aucune parallaxe mesurable. La précédente était apparue en 1572, dans la constellation de Cassiopée, et avait été étudiée par l'astronome danois Tycho Brahé (1546-1601), la grande figure de l'astronomie entre Copernic et Galilée. Parmi les accomplissements de Tycho Brahé, il faut citer la conception et la construction d'instruments d'observation à l'œil nu perfectionnés et l'introduction d'une plus grande précision dans les observations astronomiques. La nova de Tycho atteignit à son maximum l'éclat de Vénus, puis pâlit progressivement ; elle brilla en tout pendant seize mois. Puisque cette étoile n'avait pas de parallaxe décelable et ne participait pas au mouvement des planètes, mais restait dans une position fixe par rapport aux autres étoiles, Tycho en avait conclu que le changement pouvait se manifester dans la région des étoiles fixes, quoi qu'aient dit Aristote ou ses disciples. Si les observations de Tycho contribuaient à ébranler le système d'Aristote, il fallut attendre la nuit où Galilée tourna son télescope vers les étoiles pour que le coup fatal fût enfin porté.

La lunette, un pas de géant

L'histoire de la lunette est elle-même intéressante. Quelques spécialistes ont essayé d'établir que cet instrument avait été conçu au Moyen Age. Un livre publié par Thomas Digges en 1571 contient la description d'un instrument ressemblant à une lunette, et, vers 1604, un scientifique hollandais posséda une lunette frappée d'une inscription indiquant qu'elle avait été construite en Italie en 1590. Nous ignorons quelle influence – s'il y en eut une – ces premiers instruments eurent sur le développement final des télescopes. C'est peut-être là un exemple d'une invention oubliée après avoir été réalisée. Mais l'instrument fut réinventé en Hollande en 1608 ; et on connaît au moins trois prétendants à l'honneur d'en avoir cette année-là fabriqué le « premier » exemplaire. Notre principal problème étant de savoir comment cette invention a changé le cours de la pensée scientifique, nous ne nous intéresserons pas à cette affaire de paternité. Vers le début de l'année 1609, Galilée entendit parler du télescope, sans toutefois recevoir d'information sur la façon dont il était construit. Il écrit :

> Il y a dix mois, environ, me parvenait la nouvelle qu'un Flamand avait construit une lunette qui rendait visibles les objets très éloignés de l'œil de l'observateur et permettait de les percevoir aussi distinctement que s'ils étaient tout proches ; sur cette propriété étonnante, en vérité, on rapportait des expériences auxquelles les uns ajoutaient foi et les autres ne croyaient pas. La même nouvelle m'était confirmée, quelques jours plus tard, par un gentilhomme français, Jacques Badovere [un ancien élève de Galilée], dans une lettre qu'il m'adressait de Paris. Telle fut l'occasion qui me conduisit à rechercher attentivement l'explication d'un tel instrument et à imaginer les moyens qui me permettraient d'en construire un de même type. Peu de temps après, j'obtins le résultat désiré, en m'appuyant sur la doctrine de la réfraction. Je préparai d'abord un tube de plomb, aux extrémités duquel j'appliquai deux lentilles, l'une plan convexe et l'autre plan concave. [Alors] je vis les objets assez grands et assez rapprochés, trois fois plus rapprochés et neuf fois plus grands qu'à l'œil nu. Par la suite, je fabriquai un instrument plus précis, qui montrait l'objet agrandi plus de 60 fois. Finalement, sans regarder ni à la fatigue ni à la dépense, je parvins à construire un instrument si perfectionné qu'il faisait apparaître les objets près de 1 000 fois plus grands et 30 fois plus proches qu'à l'œil nu.

Galilée ne fut pas le seul observateur à pointer le nouvel instrument vers le ciel. Il est même possible que deux observateurs – Thomas Harriot en Angleterre et Simon Marius en Allemagne – l'aient à certains égards devancé. On semble toutefois généralement attribuer à Galilée le crédit d'avoir été le premier à utiliser la lunette à des fins astronomiques, et cette attribution est, selon l'historien de l'astronomie anglais Arthur Berry, justifiée par « la persévérance avec laquelle il examina objet après objet, toutes les fois qu'il semblait y avoir une chance raisonnable d'obtenir des résultats ; par l'énergie et la perspicacité avec lesquelles il exploita chaque indice ; par l'indépendance d'esprit avec laquelle il interpréta ses observations et, par-dessus tout, par le discernement avec lequel il évalua leur importance pour l'astronomie ». En outre, Galilée fut le premier à publier une description de l'Univers tel qu'on le voit dans un télescope. Le « message » que, dans son livre de 1610, Galilée propagea à travers le monde, révolutionna l'astronomie (voir l'annexe 1, p. 207).

On ne saurait surestimer, tant ils sont profonds, les effets des découvertes télescopiques sur la vie de Galilée. Elles eurent une influence énorme non seulement sur la vie et la pensée de Galilée, mais aussi sur l'histoire de la pensée scientifique. Galilée fut peut-être le premier homme* à voir le ciel tel qu'il est réellement ; et où qu'il regardât, il découvrait des témoignages qui confortaient le système de Copernic au détriment de celui de Ptolémée, ou qui, du moins, affaiblissaient l'autorité des anciens. Cette expérience bouleversante – observer les profondeurs de l'Univers, être le premier mortel à connaître et à révéler aux hommes la réalité des cieux – l'impressionna si fortement que ce n'est qu'en considérant les événements de 1609 sous leur véritable dimension que l'on peut comprendre l'orientation que prit ensuite sa vie. Et c'est ainsi seulement que l'on peut correctement percevoir comment s'est produite cette grande révolution dans la science de la dynamique dont on peut dire à juste titre qu'elle marque le commencement de la physique moderne.

Pour suivre le déroulement de ces événements, tournons-nous vers le récit que Galilée a lui-même donné de ses découvertes dans un livre intitulé : *Sidereus nuncius (Le Messager des étoiles*, que l'on peut aussi traduire par *Le Messager céleste* ou *Le Message céleste*). Dans le sous-titre, il est dit que ce livre révèle « des spectacles grandioses, inhabituels et remarquables, offerts à la considération de tous les hommes, et spécialement des philosophes et des astronomes ». Les nouveaux phénomènes observés, lit-on encore sur le frontispice, résident « sur la face de la Lune, dans les innombrables étoiles fixes, le Cercle lacté, les nébuleuses et, surtout, dans quatre planètes qui tournent rapidement autour de Jupiter à différentes distances et périodes, et qui n'étaient

* Il ne pouvait en fait savoir si d'autres observateurs l'avaient précédé dans ses études télescopiques du ciel.

connues de personne avant que, récemment, l'auteur ne les aperçoive et décide qu'elles devaient être nommées étoiles médicéennes ».

Le paysage lunaire

Immédiatement après avoir décrit la construction et le mode d'emploi du télescope, Galilée passe aux résultats obtenus. « Maintenant [écrit-il], et au seuil de ces hautes contemplations, nous invitons tous les amants de la vraie philosophie à assister aux observations que nous avons effectuées au cours des deux derniers mois. »

Le premier corps céleste à être étudié fut la Lune, l'objet le plus remarquable dans les cieux (le Soleil mis à part) et le plus proche de nous. Les grossières gravures sur bois qui accompagnent le texte de Galilée ne peuvent traduire l'émerveillement et la délectation que cette nouvelle image de la Lune éveilla en lui. Le paysage lunaire, vu à travers la lunette (planches II et III, p. 80-81), nous apparaît comme un monde mort, un monde sans couleurs et, pour autant que l'œil puisse nous informer, sans aucune vie à sa surface. Mais la caractéristique qui ressort le plus clairement des photographies modernes, et qui impressionna tant Galilée en 1609, c'est le fait que la surface de la Lune ressemble à une espèce de paysage *terrestre* fantomatique. Quiconque regarde ces photographies, ou examine directement la Lune au télescope, ne peut se défaire du sentiment qu'elle est une Terre en miniature, quelque morte qu'elle paraisse, et qu'elle a des montagnes, des vallées, des océans et des mers avec des îles. Aujourd'hui encore, ces régions semblables à des océans sont appelées des mers, bien que nous sachions, comme Galilée le découvrit plus tard, qu'il n'y a pas d'eau sur la Lune et que ces régions ne sont en rien des mers (voir l'annexe 2, p. 211).

Les taches de la Lune, quoi qu'on ait pu en dire avant 1609, furent perçues par Galilée sous un jour nouveau (planche IV, p. 82). Il trouva que « la surface de la Lune n'est nullement uniforme ni exactement sphérique, comme grand nombre de penseurs l'ont cru – tant en ce qui concerne la Lune que les autres corps célestes –, mais qu'elle est inégale, accidentée, remplie de nombreuses cavités et éminences, tout comme la surface de la Terre est elle-même surmontée de chaînes de montagnes et entrecoupée de vallées profondes ». L'extrait suivant illustre le talent avec lequel Galilée décrit l'aspect terrestre de la Lune :

> En vérité, ce n'est pas seulement la ligne de partage [des ténèbres et de la lumière] qui se montre inégale et sinueuse ; mais, chose plus surprenante encore, la partie ténébreuse elle-même renferme de multiples points lumineux complètement séparés et distincts de la plage éclairée, sensiblement éloignés de cette dernière. Ces points, peu à peu, grandissent et s'intensifient ; deux ou trois heures plus tard, ils s'unissent à la plage éclairée, qui devient ainsi plus grande. Pendant ce temps, d'autres et encore d'autres points, comme s'ils pullulaient, brillent çà et là, dans la partie lumineuse qui s'étend toujours davantage. Et n'est-il pas de même sur la Terre, avant le lever du Soleil, quand l'obscurité enveloppe encore les plaines, alors que les sommets des hautes montagnes sont éclairés par les rayons solaires ? Et n'est-ce pas dans un temps très bref que la lumière se répand et que les parties moyennes et plus vastes des montagnes s'illuminent ? Enfin, n'est-ce pas quand le Soleil est déjà haut que l'on voit les parties claires des plaines s'unir à celles des cols ? Il en est de même dans la Lune, que les élévations diverses et les cavités profondes semblent découper plus qu'elles ne le font à la surface de la Terre, ainsi que nous le démontrerons plus loin.

Galilée ne se limita pas à décrire l'apparence des montagnes de la Lune ; il mesura aussi leur hauteur *. C'est là un trait caractéristique de Galilée, et qui fait de lui un homme de science moderne : chaque fois qu'il découvrait un phénomène, il voulait le mesurer. Que la lunette nous révèle qu'il y a sur la Lune des montagnes comme sur la Terre, c'est déjà très bien ; mais qu'on apprenne qu'il y a des montagnes sur la Lune et qu'elles ont exactement 6 000 mètres de haut, voilà qui est plus extraordinaire, et bien plus convaincant ! Cette

* L'un des événements merveilleux de notre époque fut que des cosmonautes sont allés sur la Lune et ont observé que sa surface est telle que Galilée l'avait décrite. Cet exploit, vécu par des millions de gens sur l'écran de leur télévision, a été authentifié pour la postérité par des documents photographiques et des échantillons de roches lunaires.

détermination de la hauteur des montagnes lunaires par Galilée a résisté à l'épreuve du temps et les valeurs qu'il a trouvées pour leurs hauteurs maximales concordent avec celles que nous connaissons aujourd'hui. (Le lecteur intéressé trouvera à la figure 16 la description de la méthode employée par Galilée.)

Pour apprécier l'énorme différence qu'il y a entre la description réaliste de la Lune par Galilée – qui ressemble à celle qu'un aviateur donnerait de la Terre vue du ciel –, et celle qui prévalait à son époque, relisons les lignes suivantes extraites de *La Divine Comédie* de Dante. Écrite au XIVe siècle, cette œuvre est généralement considérée comme la plus haute expression de la culture du Moyen Age. Dans cette partie de son poème, Dante est arrivé sur la Lune et en discute certaines caractéristiques avec Béatrice, qui lui parle avec la « voix divine ».

Voici comment la Lune apparaît à ce voyageur spatial médiéval :

> Une nuée sembla nous revêtir,
> Brillante, épaisse et solide et polie,
> Telle qu'un diamant frappé par le Soleil,
>
> Car en son sein cette perle éternelle
> Nous recevait, ainsi que l'eau reçoit
> Un rai de feu, sans être brisée.

Dante demande alors à Béatrice :

> « Mais, dites-moi : que sont les sombres taches
> De ce corps-ci, et qui, là-bas sur Terre,
> Font inventer des fables sur Caïn ? »
>
> Elle sourit un peu et dit : « Si des mortels
> L'opinion se trompe dans les choses
> Que des seuls sens la clef ne peut ouvrir,
> Plus ne devrait désormais te frapper
> L'étonnement : tu vois que la Raison,
> Quand elle en croit les sens, a des ailes bien courtes. »

Dante écrit que l'homme est abusé par ses sens, que la Lune est réellement éternelle et parfaite et absolument sphérique et même homogène. Il ne faut pas surestimer le pouvoir

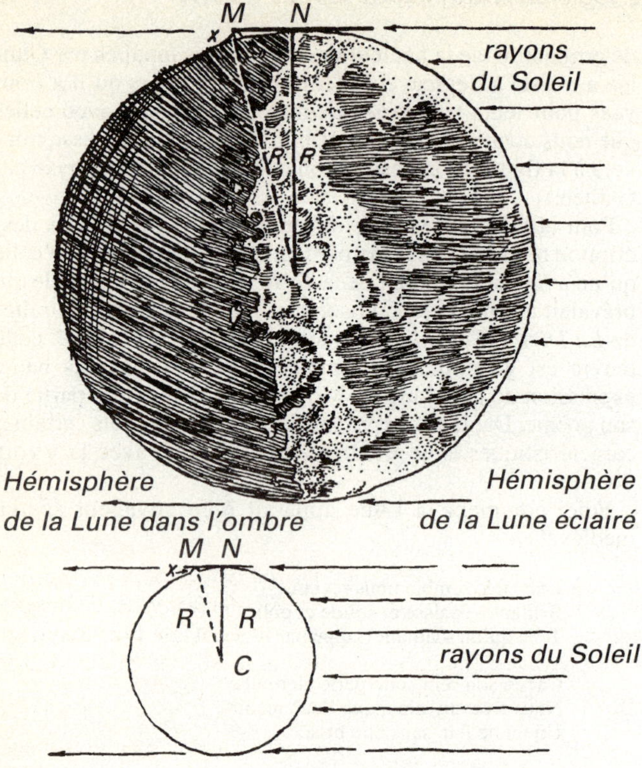

Fig. 16. La détermination de la hauteur des montagnes de la Lune par Galilée est simple mais convaincante. Le point N *est situé sur la frontière entre les parties illuminée et non illuminée de la Lune.* M *est un point brillant situé dans la région obscure. Galilée supposa que ce point brillant était un pic montagneux dont la base se trouvait située dans l'ombre à cause de la courbure de la Lune. Il évalua le rayon de la Lune à partir de la distance connue de la Terre à la Lune, il estima la distance* MN *avec son télescope. Le théorème de Pythagore donne* $CM^2 = MN^2 + CN^2$*, soit, si* x *est l'altitude de la montagne et* R *le rayon de la Lune :*

$$(R + x)^2 = R^2 + MN^2,$$

ou

$$R^2 + 2\,Rx + x^2 = R^2 + MN^2$$

ou

$$x^2 + 2\,Rx - MN^2 = 0$$

d'où l'on tire facilement la valeur de x.

de la raison, pense-t-il, car l'esprit de l'homme est impuissant à saisir les mystères cosmiques. Galilée, au contraire, fait confiance aux révélations des sens amplifiés par le télescope, et conclut :

> Si quelqu'un voulait reprendre l'ancienne opinion des pythagoriciens, à savoir que la Lune ressemble à une seconde Terre, la partie la plus éclairée de la Lune serait sa surface terreuse, tandis que la plus obscure serait sa surface liquide. En effet j'ai toujours pensé que, vu de loin, le globe terrestre, éclairé par le Soleil, présenterait une surface terreuse plus claire et une partie aqueuse plus obscure.

Si on laisse de côté cette référence à l'eau (que, d'ailleurs, Galilée corrigea de lui-même plus tard), le fait important dans cette conclusion est que Galilée voit dans la surface de la Lune la preuve que la Terre n'est pas un objet unique. Puisque la Lune ressemble à la Terre, cela démontre que le plus proche des corps célestes, en tout cas, ne bénéficie pas de cette perfection sphérique et uniforme que les autorités classiques attribuaient à tous les corps célestes. Et Galilée ne fait pas cette remarque en passant ; il y revient plus loin dans son livre en comparant une région de la Lune à une région particulière de la Terre :

> Presque au centre de la Lune se trouve une cavité plus grande que toute autre et parfaitement circulaire... Dans son obscurcissement et son illumination, elle présenterait le même aspect que celui de la Terre dans une région comparable à la Bohême, si cette région était de tous côtés entourée de hautes montagnes et disposée en un cercle parfait.

La lumière cendrée

Arrivé à ce point, Galilée présente une découverte encore plus surprenante : la lumière cendrée. (La planche V, p. 83, présente une photographie de ce phénomène.) Si on regarde cette photographie, ou si on observe la Lune au télescope, on voit ce que Galilée appelait l'illumination « secondaire » de la surface sombre de la Lune. On peut montrer géométriquement que cette illumination « secondaire » est l'exact reflet de la lumière solaire renvoyée par la Terre sur la surface sombre de la Lune. Elle ne peut être la lumière propre de la Lune, ni être due à l'éclairement des étoiles, sinon elle serait visible pendant les éclipses, ce qui n'est pas le cas. Elle ne peut venir, non plus, de Vénus ou d'autres sources planétaires. Après tout, demande Galilée, qu'y a-t-il d'extraordinaire à ce que la Lune soit éclairée par la Terre ? « La Terre, reconnaissante, rend à la Lune une lumière égale à celle qu'elle reçoit de la Lune pendant toute la durée des ténèbres les plus profondes de la nuit. » Si les lecteurs de Galilée ont pu s'étonner de cette découverte, il faut cependant noter que la lumière cendrée avait déjà été analysée par Michael Mästlin, un professeur de Kepler, lors d'un débat sur les éclipses (en 1596), et par Kepler lui-même dans le traité d'optique qu'il publia en 1604.

Galilée termine sa description de la Lune en informant ses lecteurs qu'il discutera plus complètement ce sujet dans son livre sur *Le Système du monde*. Dans ce livre, explique-t-il,

> de nombreux raisonnements et expériences [...] démontreront comme certain le fait que la lumière solaire se réfléchit sur la Terre, contre ceux qui prétendent exclure la Terre du nombre des Astres errants, sous prétexte qu'elle serait privée de mouvement et de lumière. Que la Terre soit errante [c'est-à-dire, une planète] et surpasse en splendeur la Lune, qu'elle ne soit point la sentine des ordures sordides, nous le confirmerons par des démonstrations et d'innombrables raisons naturelles.

C'est ainsi que Galilée annonça pour la première fois qu'il écrivait un ouvrage sur le système de monde, ouvrage qui fut de nombreuses années retardé, et qui, une fois publié, provoqua la comparution de Galilée devant le tribunal de l'Inquisition, sa condamnation et sa détention.

Voyons ce que Galilée avait prouvé jusqu'alors. Il avait montré que les anciens donnaient une description erronée de la Lune : la Lune n'est pas le corps parfait qu'ils imaginaient, mais ressemble à la Terre, qui, par conséquent, ne peut être déclarée unique en son genre et donc différente de tous les corps célestes. Et si cela ne suffisait pas, son étude de la Lune avait aussi montré que la Terre brillait. On ne pouvait

PLANCHE I. « *Retombera-t-il ?* » Cette ancienne gravure sur bois, extraite de la correspondance de René Descartes, illustre une expérience proposée par le père Mersenne, un contemporain et ami de Galilée, pour vérifier le comportement des corps en chute libre. Le boulet de canon retombera-t-il dans le fût du canon ?

PLANCHE II. Cette vision, version désolée du paysage terrestre, impressionna Galilée la première fois qu'il pointa sa lunette vers la Lune.

PLANCHE III. Galilée fut le premier à voir des cratères sur la Lune. Ses observations mirent fin à l'ancienne croyance selon laquelle la Lune était lisse et parfaitement sphérique.

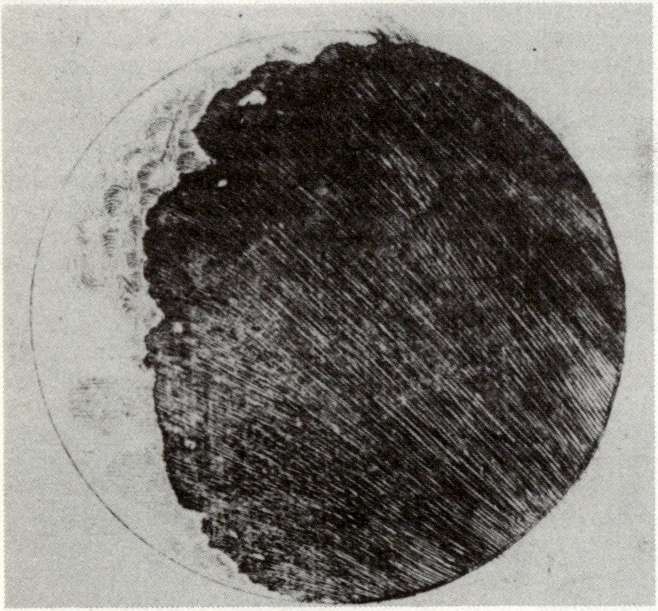

PLANCHE IV. Ce dessin, exécuté par Galilée, est ici reproduit la tête en bas pour respecter le sens dans lequel on présente ordinairement les photographies astronomiques. Une caméra télescopique donne des images inversées.

PLANCHE V. « La Terre, reconnaissante », selon l'expression de Galilée, contribue à l'illumination de la Lune. Cette photographie, prise à l'observatoire Yerkes, montre la lumière cendrée sur la face de la Lune opposée au Soleil.

donc plus dire que la Terre n'est pas un objet brillant comme les planètes. Et si la Terre brille à la manière de la Lune, peut-être que les planètes brillent exactement de cette même manière, en réfléchissant la lumière du Soleil. Souvenons-nous qu'en 1609, on se demandait encore si les planètes brillaient d'une lumière propre, comme le Soleil et les étoiles, ou d'une lumière réfléchie, comme la Lune. Nous allons le voir, l'une des plus grandes découvertes de Galilée fut d'avoir perçu que l'éclat variable des planètes sur leurs orbites provenait de la réflexion de la lumière solaire.

Des étoiles à foison

Avant de traiter ce sujet, voyons brièvement quelques autres découvertes de Galilée. En regardant les étoiles fixes à la lunette, Galilée trouva que, comme les planètes, « elles ne se montrent pas agrandies dans la même proportion que les autres objets et que la Lune elle-même ». En outre, Galilée attira l'attention sur « la différence d'aspect qui existe entre les Planètes et les Étoiles fixes. Les Planètes se présentent sous forme de petits globes ronds, aux contours bien délimités, sortes de petites lunes uniformément éclairées et d'apparence circulaire ; au contraire, les Étoiles fixes n'ont pas de contour défini et circulaire, ce sont comme des flammes ; elles rayonnent, vibrent et scintillent ». C'est là le fondement de l'un des grands arguments que Galilée opposa aux détracteurs de Copernic. Les étoiles se situent manifestement à d'énormes distances de la Terre, bien supérieures à celles des planètes, puisque la lunette peut agrandir les planètes jusqu'à leur donner la forme d'un disque, mais ne peut en faire autant pour les étoiles fixes.

Galilée a relaté combien il fut impressionné par la multitude des étoiles qu'il découvrait : « C'est qu'en effet, il y en a plus de 500 disséminées autour de celles qui étaient connues, et cela dans un espace compris entre 1 ou 2 degrés. » Aux trois étoiles déjà connues dans le baudrier d'Orion et aux six autres dans l'épée (*fig. 17*), il en ajouta quatre-vingts nouvelles. Plusieurs dessins sur lesquels il présenta le résultat de ses observations montrent un grand nombre d'étoiles nouvel-

Fig. 17. Le baudrier et l'épée d'Orion, vus dans la lunette de Galilée, contenaient quatre-vingts étoiles de plus (les plus petites) qu'on ne peut en discerner à l'œil nu.

lement découvertes disposées parmi les plus anciennes. Bien que Galilée ne le dise pas explicitement, cela impliquait que l'on pouvait difficilement faire confiance aux anciens auteurs, dans la mesure où ils n'avaient pas vu la plupart des étoiles et avaient formé leur opinion sur des informations malheureusement incomplètes. Galilée a exposé l'une des faiblesses de l'observation à l'œil nu en traitant de « l'essence ou mieux de la matière dont est constituée la Voie Lactée ». La lunette, écrit-il, a permis d'examiner si minutieusement la Voie Lactée que « toutes les discussions qui, pendant tant de siècles, ont partagé les philosophes, prennent fin devant la certitude qui s'offre à notre vue, et grâce à quoi nous sommes libérés des disputes verbeuses ». Vue dans la lunette, la Voie Lactée « n'est autre, en effet, qu'un amas d'innombrables Étoiles disséminées en petits tas ; quelle que soit la région sur laquelle on dirige la lunette, aussitôt se présente à la vue un nombre considérable d'étoiles ». Et cela est vrai non seulement de la Voie Lactée, mais aussi de « ce que les astronomes ont appelé jusqu'ici Nébuleuses » et qui « sont des agrégats de petites Étoiles, admirablement disséminées ». Et maintenant, la grande nouvelle :

> Nous avons décrit brièvement ce que nous avons observé jusqu'à présent sur la Lune, les Étoiles fixes et la Galaxie. Reste maintenant ce que nous considérons comme la plus importante partie de cet exposé : révéler [l'existence] de quatre Planètes, qui ne furent jamais observées depuis l'origine des temps, faire connaître les circonstances dans lesquelles nous les avons découvertes et étudiées, déterminer leur position et décrire les observations pendant ces deux derniers mois relatives à leur déplacement et à leur mutation ; nous invitons tous les astronomes à rechercher et à définir leurs périodes, tâche qu'il ne nous a pas été possible d'accomplir jusqu'ici, par suite du temps restreint dont nous disposions.
>
> De nouveau, cependant, nous les prévenons, afin qu'ils n'entreprennent pas d'inutiles recherches, qu'ils doivent au préalable se munir d'une lunette précise, et telle qu'elle a été décrite au début de cet exposé.

Il est intéressant d'observer que Galilée baptisa ces objets nouvellement découverts « étoiles » médicéennes, alors que nous les appelons lunes, ou satellites, de Jupiter *. N'oublions pas qu'à l'époque de Galilée, presque tous les objets célestes étaient appelés « étoiles » – mot qui désignait autant les étoiles fixes que les étoiles « errantes » (ou planètes). C'est pourquoi ces nouveaux objets, qui étaient « errants », et par conséquent des sortes de planètes, pouvaient aussi être appelés « étoiles ». La plus grande partie du livre de Galilée est, en fait, consacrée à ses observations méthodiques de Jupiter et des « étoiles » proches de lui. Si elles étaient vues tantôt à l'est tantôt à l'ouest de Jupiter, elles ne s'en éloignaient jamais. Elles l'accompagnaient « aussi bien dans son mouvement rétrograde que dans son mouvement direct », de telle sorte qu'il était évident qu'elles lui étaient liées par un mécanisme encore inconnu.

Le témoignage de Jupiter

Ayant observé que ces nouveaux objets escortaient Jupiter dans son mouvement, Galilée écarta son idée première, à savoir qu'ils étaient simplement de nouvelles étoiles au voisinage desquelles on voyait Jupiter (voir l'annexe 2). Il put également montrer que les diamètres de leurs orbites respectives autour de Jupiter, ainsi que leurs périodes de révolution, étaient différents. Laissons Galilée nous dire lui-même les conclusions qu'il tira de ses observations :

> Voilà donc un argument solide et excellent qui dissipera les doutes de ceux qui, tout en acceptant tranquillement dans le système de Copernic la révolution des Planètes autour du Soleil, sont profondément troublés par le mouvement de la Lune, seule à tourner autour de la Terre – toutes deux du reste accomplissant chaque année leur révolution autour du Soleil ; [ils en sont troublés] à tel point qu'ils se croient obligés de rejeter comme impossible une telle structure de l'Univers.
> Ce n'est plus une seule Planète qui tourne autour d'une autre tandis que toutes deux parcourent une grande orbite autour

* Le mot « satellite », au sens où nous l'entendons aujourd'hui, n'a été intégré à la terminologie scientifique qu'après que Newton l'eut utilisé avec cette signification dans ses *Principia* (1687).

> du Soleil : l'expérience sensible nous montre maintenant que quatre Étoiles errantes tournent autour de Jupiter, comme la Lune autour de la Terre, et toutes ensemble, avec Jupiter, en une période de 12 années, autour du Soleil, dans une grande révolution.

Ainsi Jupiter, modèle réduit du système de Copernic, et dans lequel quatre petits objets tournent autour de la planète, à l'image des planètes tournant autour du brillant Soleil, répond à l'une des objections capitales opposées au système de Copernic. Mais Galilée ne put alors expliquer comment Jupiter pouvait se déplacer sur son orbite sans perdre ses quatre suivants, pas plus d'ailleurs qu'il n'expliqua pourquoi la Terre pouvait circuler dans l'espace sans perdre son unique Lune. Quoi qu'il en fût, il était parfaitement clair que dans tous les systèmes du monde qui avaient été conçus jusqu'alors Jupiter se déplaçait sur une orbite ; et s'il pouvait le faire sans perdre ses quatre lunes, pourquoi la Terre ne pouvait-elle en faire autant sans perdre son unique Lune ? En outre, si Jupiter possède quatre lunes, la Terre, qui en a une aussi, n'est plus à cet égard un objet unique dans l'Univers. Et avoir quatre lunes est certainement plus impressionnant que d'en avoir une seule.

Bien que le système de Jupiter et de ses lunes nous semble aujourd'hui une preuve évidente du système copernicien, dans lequel les objets les plus légers (les planètes) tournent autour de l'objet central brillant (le Soleil), nous n'avons aucune certitude que cette idée ait été aussi immédiate pour Galilée qu'elle l'est pour nous.

Bien que son livre s'achève sur la description des satellites de Jupiter, il me semble préférable, avant d'étudier les implications de ses recherches, d'examiner trois autres découvertes que Galilée fit avec sa lunette. La première fut celle des phases de Vénus. Pour bon nombre de raisons, Galilée fut transporté de joie quand il s'aperçut que Vénus présentait des phases. D'abord, cela prouvait que la lumière de Vénus est une lumière réfléchie et non une lumière propre, ce qui signifiait que Vénus est, sous ce rapport, semblable à la Lune et aussi à la Terre (dont Galilée avait déjà montré qu'elle brillait en réfléchissant la lumière du Soleil). C'était là une autre similitude entre les planètes et la Terre, qui rabaissait l'antique barrière philosophique érigée entre la Terre et les objets « célestes ». De plus, comme on peut le voir sur la figure 18A, si Vénus décrit une orbite autour du Soleil, non seulement elle passera par un cycle complet de phases, mais aussi, observées sous un grossissement constant de la lunette, ces diverses phases apparaîtront de dimensions différentes selon la distance de Vénus à la Terre. Par exemple, quand Vénus occupe une position où elle nous apparaît comme un disque circulaire complet, ou presque complet (ce qui correspond à la pleine lune), elle se trouve, par rapport à la Terre, sur le côté opposé de son orbite autour du Soleil et sa distance à la Terre est la plus grande possible. Quand elle apparaît comme un demi-cercle (ce qui correspond à un quartier de Lune), elle est moins éloignée de la Terre. Enfin, quand on ne voit d'elle qu'un fin croissant, elle se trouve à son point le plus proche de la Terre. Ainsi donc, on doit s'attendre à trouver que Vénus est « grande » quand elle a la forme d'un fin croissant, « moins grande » quand elle apparaît comme un quartier de Lune, et « plus petite » quand elle a la forme d'un cercle parfait.

Selon le système de Ptolémée, Vénus (comme Mercure) n'est jamais loin du Soleil et, par conséquent, ne peut être observée que comme étoile du matin ou étoile du soir, près de l'endroit où le Soleil se lève ou se couche. Le centre de l'épicycle de son orbite se trouve toujours sur la ligne droite joignant le centre de la Terre à celui du Soleil, et tourne autour de la Terre en une année, exactement comme le fait le Soleil. Mais il est parfaitement clair, ainsi que le montre la figure 18B, que, dans de telles circonstances, on ne peut jamais voir la série complète des phases observées par Galilée – et que nous pouvons nous-mêmes observer. C'est ainsi que l'on ne peut voir Vénus sous forme d'un disque complet que si elle se trouve plus loin de la Terre que le Soleil, ce qui n'arrive jamais dans le système de Ptolémée. C'était là un coup décisif porté contre ce système.

Nous ne nous étendrons pas sur deux autres découvertes télescopiques de Galilée, car elles ont moins de portée que les précédentes. La première, c'est la découverte que Saturne semble parfois posséder une paire d'« oreilles », qui changent

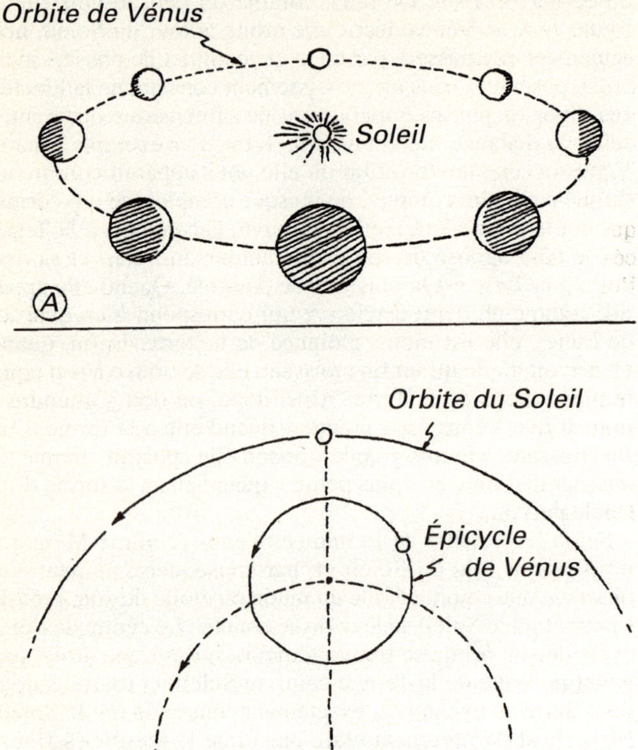

Fig. 18. Les phases de Vénus, observées pour la première fois par Galilée, furent un argument puissant contre l'ancienne astronomie. En A, on peut voir comment l'existence de phases s'accorde avec le système de Copernic et comment le changement du diamètre apparent de Vénus confirme la conception d'une orbite solaire pour cette planète. En B, on peut voir pourquoi ce phénomène serait impossible dans le système de Ptolémée.

parfois de forme et même disparaissent pendant un certain temps. Galilée ne put jamais expliquer cet étrange attribut, car sa lunette ne pouvait résoudre les anneaux de Saturne. Du moins, cela lui fournit un témoignage pour montrer combien il était erroné de parler d'objets célestes « parfaits » à propos des planètes, alors qu'elles pouvaient avoir des formes si bizarres. L'une de ses plus intéressantes découvertes fut celle des taches solaires, qu'il a décrite dans son livre intitulé *Histoire et Démonstrations concernant les taches solaires et leurs phénomènes* (1613). L'existence de ces taches prouvait que même le Soleil n'était pas non plus le parfait objet céleste décrit par les anciens ; Galilée montra, en outre, que l'observation de ces taches permettait de montrer que non seulement le Soleil tourne sur lui-même, mais aussi de calculer sa période de rotation. Bien que la rotation du Soleil devînt un phénomène très important dans la mécanique conçue par Galilée, elle n'impliquait pas une révolution annuelle de la Terre autour du Soleil.

Un monde nouveau

On peut l'imaginer, l'excitation provoquée par ces nouvelles découvertes se communiqua rapidement, et la renommée de Galilée grandit. En nommant « étoiles médicéennes » les satellites de Jupiter, Galilée avait espéré obtenir le poste de mathématicien du grand duc Cosme de Médicis, et revenir ainsi dans sa Florence adorée. La découverte de ces nouvelles planètes fut saluée comme celle d'un monde nouveau, et Galilée fut proclamé l'égal de Christophe Colomb. Non seulement les hommes de science et les philosophes, mais tous les hommes d'esprit, les érudits, les poètes, les courtisans et les peintres s'exaltèrent pareillement. Un tableau du peintre Cigoli, destiné à une chapelle de Rome, représente les découvertes télescopiques de Galilée relatives à la Lune. Dans un de ses poèmes, Johannes Faber fait de Galilée l'éloge suivant :

> Vespucci, Colomb, inclinez-vous ! Chacun de vos voyages,
> Frayèrent, il est vrai, un chemin à travers les mers inconnues...

Mais toi seul, Galilée, as fait don à l'humanité de l'ordonnance
[des étoiles,
De nouvelles constellations dans les cieux !

Le cardinal Maffeo Barberini, qui plus tard devint le pape Urbain VIII et traduisit Galilée devant le tribunal de l'Inquisition, faisant dans un poème l'éloge des découvertes de Galilée, lui confia qu'il voulait ajouter de l'éclat à sa poésie en y associant le nom de Galilée. Ben Jonson écrivit un masque où l'on trouve une allusion aux découvertes astronomiques de Galilée et qu'il intitula : *Nouvelles du Nouveau Monde* – non pas celui d'Amérique, mais celui de la Lune, dont on pouvait avoir des nouvelles grâce à la lunette (c'est-à-dire, ici, grâce à la poésie). Pour se faire une idée de la manière dont ces nouvelles se répandaient, voici un extrait d'une lettre écrite le 13 mars 1610 par l'ambassadeur d'Angleterre à Venise, le jour même de la parution, et dans cette même ville, du *Sidereus nuncius* de Galilée :

> Concernant maintenant les événements présents, j'adresse à Votre Majesté, avec cette lettre, la plus étrange nouvelle (je ne pourrais mieux dire) qu'elle ait jamais reçue d'aucune région du monde ; il s'agit du livre ci-joint (arrivé de l'étranger aujourd'hui même) du professeur de mathématiques de Padoue, qui, grâce à un instrument d'optique (qui agrandit et rapproche à la fois les objets), inventé d'abord en Flandres et perfectionné par lui-même, a découvert quatre nouvelles planètes tournant autour de la sphère de Jupiter, et aussi beaucoup d'autres étoiles fixes inconnues ; également, la véritable cause, si longtemps cherchée, de la *Via Lactea* [Voie Lactée] ; et enfin, que la Lune n'est pas sphérique, mais dotée de nombreuses proéminences et, ce qui est le plus étrange de tout, qu'elle est illuminée par la lumière du Soleil réfléchie par la Terre, comme il semble le dire. Et pour être complet, il a, premièrement, renversé toute l'ancienne astronomie – car il nous faut une nouvelle sphère pour sauver les phénomènes –, puis toute l'astrologie. Car si les propriétés de ces nouvelles planètes modifient nécessairement le domaine objectif, pourquoi leur influence ne s'étendrait-elle pas ailleurs ? Je me suis permis de discourir de ces sujets auprès de Votre Majesté car ils font ici l'objet de toutes les conversations. Leur auteur risque d'être extrêmement célèbre ou extrêmement ridicule. Par le prochain bateau, Votre Majesté recevra

> de moi l'un des instruments dont j'ai parlé plus haut, tel qu'il a été perfectionné par cet homme.

Lorsque Kepler mentionna les découvertes de Galilée dans la préface de sa *Dioptrique,* il le fit plus en poète qu'en homme de science : « Et maintenant, cher lecteur, qu'allons-nous faire de notre lunette ? En ferons-nous une baguette magique pour franchir le liquide éther, et, comme Lucien, attirés par la douceur de l'endroit, conduire une colonie dans la déserte étoile du soir ? Ou en ferons-nous une flèche de Cupidon, qui, entrant par nos yeux, a percé le tréfonds de notre esprit et nous a enflammé d'amour pour Vénus ?... » Porté au ravissement, Kepler écrivit encore : « Ô lunette ! instrument de grand savoir, plus précieux qu'aucun sceptre ! Celui qui te tient en ses mains ne devient-il pas roi et seigneur de l'œuvre de Dieu ? »

En 1615, James Stephens appela sa maîtresse « ma longue-vue, à travers laquelle je vois la vanité du monde ». Et Andrew Marvell écrivit, à propos de la découverte des taches solaires par Galilée :

> Ainsi, tournant son Tube intrépide vers le Soleil,
> L'Homme découvrit des taches inconnues sur l'Étoile brillante ;
> Il montra qu'elles l'assombrissent, car si, très proches, elles
> [séduisent
> Et semblent ses Courtisanes, elles sont en fait sa maladie.
> Grâce au Tube Optique, la Planète semble l'avoir compris,
> Qui, depuis, les rejette dans sa Course.

John Milton connaissait bien les découvertes de Galilée. Nous avons déjà, au chapitre 3, cité sa vision des épicycles. Quand il se rendit en Italie, il alla rendre visite au « fameux Galilée, devenu vieux, qui était prisonnier de l'Inquisition ». Dans *Le Paradis perdu,* il évoque plus d'une fois le « verre de Galilée », le « verre optique » de « l'artiste toscan », et les découvertes faites avec cet instrument. Parlant des principaux phénomènes découverts par Galilée sur la Lune, Milton cite « les continents, les rivières et les montagnes nouvellement apparus sur son globe tacheté » ; et la découverte des satellites de Jupiter lui suggère que d'autres planètes peuvent aussi avoir des compagnons : « Peut-être découvriras-tu d'autres Soleils accompagnés par leurs Lunes. » Mais, à part ces références spécifiques aux découvertes astronomiques de Galilée, ce qui impressionna le plus Milton fut l'immensité de l'Univers et les étoiles innombrables décrites par Galilée :

> D'une étendue presque immense, ce Ciel a de nombreuses
> Étoiles, et chaque étoile est peut-être un monde
> Destiné à être habité.

Ces vers traduisent un sentiment de frayeur face à l'immensité de l'espace et le fait que, dans cet espace, la Terre n'y est qu'une minuscule pointe d'aiguille sans position fixe.

Quelques années après sa publication, une réaction sensible au livre de Galilée apparut dans les ouvrages du poète John Donne. Les recherches et les découvertes de Galilée reviennent à maintes reprises dans les écrits de Donne ; *Le Message céleste* est en particulier l'objet d'une discussion dans son ouvrage intitulé *Ignatius, his Conclave,* où Galilée est présenté comme celui « qui a sommé les autres mondes, les Étoiles, de se rapprocher de lui et de lui expliquer ce qu'ils sont ». Plus loin, Donne évoque « Galilée, le Florentin..., qui aujourd'hui connaît entièrement les monts, les bois et les cités du nouveau monde qu'est la Lune. Et il fit tant avec ses premiers Verres, qu'il vit la Lune suffisamment proche pour en examiner avec satisfaction toutes les parties, même les moindres. Aujourd'hui qu'il perfectionne son Art, il fabriquera de nouveaux Verres, et... pourra attirer la Lune, comme un bateau flottant sur l'eau, aussi près de la Terre qu'il voudra ».

Avant 1609, le système de Copernic semblait être une pure spéculation mathématique, une proposition faite pour « sauver les phénomènes ». L'hypothèse fondamentale que la Terre était « simplement une autre planète » était si contraire à tous les enseignements de l'expérience, de la philosophie, de la théologie et du sens commun que très peu d'hommes avaient osé affronter les impressionnantes conséquences du système héliostatique. Mais après 1609, quand les hommes découvrirent, par les yeux de Galilée, ce qu'était l'Univers, ils durent accepter le fait, révélé par la lunette, que l'Univers n'était pas celui de Ptolémée, ni celui d'Aristote, et que l'unicité attribuée à la Terre (et la physique qui se fondait sur cette prétendue unicité) ne correspondait pas aux faits. Restaient seulement deux possibilités : la première consistait à refuser de regarder dans la lunette, ou à refuser d'accepter ce que l'on y voyait ; la deuxième consistait à rejeter la physique d'Aristote et l'ancienne astronomie géocentrique de Ptolémée.

Dans le présent livre, nous nous intéresserons davantage au rejet de la physique aristotélicienne qu'à celui de l'astronomie de Ptolémée, sauf que l'un alla avec l'autre. La physique d'Aristote, nous l'avons vu, se fondait sur deux postulats qui ne purent résister à l'assaut de Copernic ; l'un était l'immobilité de la Terre, l'autre était la distinction entre la physique des quatre éléments terrestres et la physique du cinquième élément céleste. On comprend ainsi qu'après 1610 il devint de plus en plus clair qu'il fallait renoncer à l'ancienne physique et en établir une nouvelle – une physique tenant compte du mouvement de la Terre exigé par le système de Copernic *.

Mais la préoccupation de la plupart des penseurs, dans les décennies qui suivirent les découvertes de Galilée, n'était pas tant le besoin d'une nouvelle physique que celui d'un nouveau système du monde.

Le concept d'une Terre immobile au centre de l'Univers était définitivement abandonné ; on la concevait désormais en mouvement, jamais à la même place en deux instants successifs. On avait aussi abandonné la pensée réconfortante de l'unicité de la Terre, c'est-à-dire d'un objet sans analogue dans l'Univers, l'unicité de l'homme exigeant celle du lieu de son habitation. D'autres problèmes apparurent bientôt,

* Les observations de Galilée sur les phases et les dimensions relatives de Vénus, et sur les phases gibbeuses de Mars, prouvaient que Vénus, et probablement les autres planètes, décrivaient des orbites autour du Soleil. Il n'existe aucune observation planétaire par laquelle nous pourrions, sur Terre, prouver que la Terre est en orbite autour du Soleil. Ainsi, toutes les découvertes que Galilée fit avec la lunette sont compatibles avec le système inventé par Tycho Brahé juste avant que Galilée ne commençât ses observations célestes. Dans ce système, Mercure, Vénus, Mars, Jupiter et Saturne circulent sur des orbites autour du Soleil, tandis que le Soleil tourne autour de la Terre en un an. En outre, la rotation quotidienne des cieux entraîne le Soleil et les planètes, de sorte que la Terre ne tourne ni autour du Soleil, ni sur elle-même. Le système de Tycho Brahé séduisit ceux qui cherchaient à sauver l'immobilité de la Terre tout en acceptant quelques-unes des innovations de Copernic.

dont celui de la dimension de l'Univers. Pour les anciens, l'Univers était fini, chacune des sphères célestes, y compris celle des étoiles fixes, étant de dimension finie et tournant dans son mouvement diurne de sorte que chacune de ses parties avait une vitesse finie. Si les étoiles se trouvaient à une distance infinie, elles ne pouvaient pas tourner chaque jour autour de la Terre avec une vitesse finie, car la trajectoire d'un objet situé à une distance infinie est infiniment longue et le temps requis pour parcourir une distance infinie ne peut être fini. Ainsi, dans le système géostatique, les étoiles fixes ne pouvaient être infiniment lointaines. Par contre, dans le système de Copernic, où les étoiles n'étaient pas seulement fixes les unes par rapport aux autres, mais étaient bel et bien fixes dans l'espace, il n'y avait aucune limite à leur distance.

Tous les coperniciens ne considéraient pas l'Univers infini, et Copernic lui-même, comme Galilée, pensait certainement qu'il était fini. Mais d'autres virent dans les découvertes de Galilée une indication de l'existence d'un nombre infini d'étoiles, situées à des distances infinies, et d'une Terre réduite à la dimension d'un grain de poussière. Cette rupture entre « ce petit monde humain » et ce que l'on a appelé « la prise de conscience de l'insignifiance du rôle joué par ce monde dans un Univers de plus en plus vaste » apparaît de façon éclatante dans ces vers de John Donne :

> La nouvelle Philosophie met tout en doute,
> L'élément Feu est totalement exclu ;
> Le Soleil est perdu, et la Terre aussi, et nulle intelligence
> [humaine
> Ne sait orienter l'homme pour les retrouver.
> Les hommes reconnaissent à l'envi que ce monde est fini,
> Lorsque, recherchant constamment la nouveauté
> Dans les Planètes et le Firmament, ils découvrent qu'elle
> Se désagrège et retourne à ses Atomes.
> Tout est éclaté, toute cohérence disparaît ;
> Tout n'est que quantité, et tout est Relation.

5. Vers une physique de l'inertie

Après la seconde décennie du XVIIe siècle, la réalité du système de Copernic ne fut plus considérée comme une vaine spéculation. Copernic lui-même, conscient de la nature de ses arguments, avait explicitement déclaré, dans la préface au *De revolutionibus,* que « les choses mathématiques s'écrivent pour les mathématiciens ». Une autre préface, non signée, soulignait ce reniement. Insérée dans ce livre par Osiander, un pasteur allemand qui avait été chargé de l'impression, cette seconde préface expliquait que le système de Copernic n'était pas présenté pour qu'on en débatte la vérité ou la fausseté, mais simplement comme un autre outil de calcul. Tout cela alla très bien jusqu'à ce que Galilée, armé de sa lunette, fasse ses découvertes. Il devint alors urgent de résoudre le problème de la physique d'une Terre en mouvement. Galilée y consacra une grande partie de son énergie intellectuelle, et avec succès car il posa les fondements de la science moderne. Il essaya de résoudre deux problèmes distincts : premièrement, expliquer pourquoi les corps semblent tomber pareillement sur une Terre en mouvement ou sur une Terre immobile ; deuxièmement, établir de nouveaux principes de la chute des corps en général.

Le mouvement rectiligne uniforme

Considérons tout d'abord un problème restreint : celui du mouvement rectiligne uniforme. On entend par là un mouvement s'effectuant en ligne droite tel que les distances parcourues pendant deux intervalles de temps égaux quelconques sont égales. C'est cette définition que Galilée a donnée dans son dernier livre – et peut-être le plus important – *Discours et Démonstrations concernant deux sciences nouvelles,* publié en 1638, après son procès et sa condamnation par l'Inquisition romaine *. Dans ce livre, Galilée présente ses idées les plus mûries sur la nouvelle science du mouvement qu'il avait fondée. Il insiste particulièrement sur l'importance, dans la définition du mouvement uniforme, de la présence du mot « quelconque », faute de quoi, dit-il, la définition n'aurait aucun sens. C'était certainement là une critique adressée à certains de ses contemporains et de ses prédécesseurs.

Supposons qu'un tel mouvement existe dans la nature ; nous pouvons nous demander, avec Galilée, quelle expérience imaginer pour le mettre en évidence ? Si nous nous trouvons sur un bateau, ou dans une voiture, se déplaçant uniformément en ligne droite, que se passe-t-il si nous laissons tomber un poids librement ? L'expérience montre que la chute se fait alors en ligne droite, par rapport au système de référence (disons la cabine du bateau ou l'intérieur de la voiture), et il en est ainsi, que ce système de référence soit au repos par rapport à l'environnement extérieur ou en mouvement rectiligne à vitesse constante. Autrement dit, nous pouvons énoncer cette conclusion générale : aucune expérience réalisée à l'intérieur d'une pièce entièrement close se déplaçant en ligne droite à vitesse constante ne vous apprendra si vous êtes immobile ou en mouvement. En réalité, nous pouvons souvent dire que nous sommes ou non en mouvement en regardant par une fenêtre s'il y a mouvement relatif entre la Terre et nous. Si la pièce n'est pas hermétiquement close, nous pouvons également sentir un courant d'air. Nous pouvons aussi ressentir les vibrations produites par le mouvement du véhicule – automobile ou wagon de chemin de fer –, ou entendre le bruit de ses roues. Nous avons ici une forme de relativité, d'ailleurs très clairement énoncée par Copernic : il était en effet essentiel pour sa thèse d'établir que, lorsque deux objets tels que le Soleil et la Terre se déplacent l'un par

* Cet ouvrage fut publié à Leyde. A l'évidence, Galilée n'approuva pas son titre (donné par l'éditeur), qu'il jugea « vulgaire, pour ne pas dire plébéien ».

rapport à l'autre, il est impossible de savoir lequel est au repos et lequel est en mouvement. Copernic donna l'exemple de deux bateaux dans un port s'écartant l'un de l'autre. Un homme sur l'un des bateaux demande lequel des deux est à l'ancre et lequel s'en va avec la marée ? La seule façon de le savoir consiste à regarder la terre ferme, ou un troisième bateau à l'ancre. De nos jours, on utilise plus facilement l'exemple de deux trains orientés en sens inverse sur des voies parallèles. Nombre d'entre nous ont déjà vécu cette expérience où, regardant l'autre train, on se croit en mouvement jusqu'à ce qu'on réalise, l'autre train ayant quitté la gare, que l'on est tout le temps resté au repos.

Une locomotive et un bateau

Envisageons maintenant l'expérience suivante. Considérons un train miniature posé sur des rails rectilignes et animé d'un mouvement très proche d'un mouvement uniforme. La cheminée de la locomotive contient un petit canon actionné par un ressort, agencé de telle manière qu'il puisse lancer une bille verticalement en l'air. Quand le canon est chargé et le ressort tendu, un dispositif placé sous la locomotive actionne une petite détente. Dans la première partie de l'expérience, le train reste immobile sur la voie. On arme le ressort, on place la bille dans le petit canon, puis on appuie sur la détente. La planche VI A (p. 131) montre une vue stroboscopique des positions de la bille à des intervalles de temps successifs et égaux. Observez que la bille s'élève à la verticale, atteint un maximum, puis retombe sur la locomotive, presque au point d'où elle était partie. Dans la deuxième partie de l'expérience, le train est animé d'un mouvement uniforme et la bille est de nouveau lancée. La planche VI B montre ce qui se passe. Notons en passant qu'une simple comparaison des deux photographies permet de se convaincre que les composantes verticales des mouvements sont dans les deux cas identiques et indépendantes du fait que la locomotive soit ou non en mouvement. Nous reviendrons sur ce point plus loin dans ce chapitre ; pour le moment, intéressons-nous seulement au fait que la bille a continué de se déplacer vers l'avant avec le train et est retombée sur la locomotive, exactement comme lorsque le train était immobile. Manifestement, cette expérience – du moins si l'on admet que la bille retombe chaque fois dans la cheminée – ne nous apprendra jamais si le train est immobile ou s'il se déplace en ligne droite avec une vitesse constante.

Même ceux qui ne peuvent expliquer cette expérience peuvent en tirer une conclusion importante. L'impuissance de Galilée à expliquer comment Jupiter pouvait se mouvoir sans perdre ses satellites n'enlevait rien à la valeur de ce phénomène en tant que réponse à ceux qui demandaient pourquoi la Terre pouvait se déplacer sans perdre sa Lune. De la même manière, notre expérience avec le train – même si elle est inexplicable – fournit une réponse suffisante à l'argument affirmant l'immobilité de la Terre, car, dans le cas contraire, une balle abandonnée à elle-même ne chuterait pas verticalement pour frapper le sol à l'endroit situé juste au-dessous du point d'où elle a été lâchée, et un boulet de canon tiré à la verticale ne retomberait jamais dans le canon.

Il faut observer, et ceci est un point important sur lequel nous reviendrons dans un prochain chapitre, que l'expérience que nous venons de décrire ne correspond pas exactement à la situation réelle du mouvement de la Terre, car, au cours de sa rotation quotidienne, chaque point de sa surface se déplace selon un cercle, et elle-même décrit une *ellipse* gigantesque dans sa révolution annuelle autour du Soleil. Il est néanmoins exact que, pour des expériences ordinaires, dans lesquelles le mouvement de chute dure seulement quelques secondes ou, au plus, quelques minutes, l'écart entre la trajectoire d'un point quelconque de la Terre et une ligne droite est suffisamment faible pour être négligé.

Galilée eût approuvé notre expérience. Si, à son époque, elle fit l'objet de débats, elle fut rarement effectuée. (Pour les expériences de Galilée sur l'inertie, voir l'annexe 9, p. 236.) Le système de référence habituel était un bateau en mouvement. C'était alors un problème traditionnel, que Galilée introduisit dans son célèbre *Dialogue sur les deux grands systèmes du monde,* pour réfuter les idées aristotéliciennes. Au cours de cette discussion, Simplicio, le personnage du dialogue représentant l'aristotélicien traditionnel, prétend qu'un objet lâché du haut du mât d'un navire en mouvement retombera sur le pont du navire en un point situé en arrière du mât. Dès la première question, Simplicio reconnaît qu'il n'a jamais effectué cette expérience, mais se dit persuadé qu'Aristote, ou l'un de ses disciples, l'a réalisée, sinon elle ne nous aurait pas été rapportée. Ah ! non, répond Galilée, c'est certainement là une supposition infondée, car il est évident qu'Aristote et ses disciples n'ont jamais fait cette expérience. Comment Galilée peut-il en être si sûr ? demande Simplicio. Galilée répond : la preuve que l'expérience n'a jamais été effectuée, c'est qu'elle a donné un résultat erroné. Galilée, lui, a donné le bon résultat : l'objet tombe au pied du mât, que le navire soit en mouvement ou au repos. Entre parenthèses, si Galilée a affirmé ailleurs avoir réalisé cette expérience, il n'en dit rien dans son traité ; au contraire, assure-t-il : « Moi, sans faire l'expérience, je sais que le résultat doit être ainsi que je le dis, car il ne peut en être autrement. »

Pourquoi un objet lâché du haut du mât d'un navire tombe-t-il au même endroit sur le pont, que le navire soit immobile ou se déplace en ligne droite avec une vitesse constante ? Pour Galilée, il ne suffisait pas qu'il en fût ainsi ; il fallait trouver un principe fondateur d'une physique qui rendrait compte des phénomènes observés sur une Terre en mouvement.

La science du mouvement de Galilée

Notre expérience du train-jouet, sur laquelle nous reviendrons au dernier chapitre, illustre trois aspects essentiels des travaux de Galilée sur le mouvement. Il y a tout d'abord le principe d'inertie, que Galilée s'efforça de trouver, mais qui, nous le verrons au dernier chapitre, devait attendre le génie d'Isaac Newton pour connaître sa formulation définitive et actuelle. Ensuite, les photographies des distances parcourues par la bille dans sa descente, prises à des intervalles de temps successifs et égaux, illustrent ses principes sur le mouvement uniformément accéléré. Enfin, le fait que la vitesse de descente lors du mouvement vers l'avant soit identique à la vitesse de descente en l'absence de ce mouvement est un exemple de son fameux principe sur l'indépendance et la composition des vitesses vectorielles.

Nous allons examiner ces trois principes en commençant par les études de Galilée sur le mouvement accéléré en général, puis ses travaux sur l'inertie et, enfin, son analyse des mouvements complexes.

Pour étudier le mouvement de la chute des corps, Galilée, nous le savons, fit des expériences en lâchant des objets de diverses hauteurs – notamment au temps de sa jeunesse, à Pise – depuis une tour. Nous ne savons pas si celle-ci fut la fameuse « tour penchée de Pise » ; ses comptes rendus parlent seulement d'une tour, sans autre précision. Plus tard, son biographe, Viviani, qui connut Galilée pendant les dernières années de sa vie, rapporta une histoire fascinante qui fait depuis partie de la légende galiléenne. Selon Viviani, Galilée, désirant réfuter Aristote, monta sur la tour penchée de Pise « en présence de tous les autres professeurs et philosophes et de tous les étudiants », et, « par des expériences répétées », démontra que « les vitesses de corps de même composition, de poids inégaux, chutant dans le même milieu, ne sont pas en proportion de leurs poids, comme le prétendait Aristote, car ces corps se déplacent avec des vitesses égales... ». Comme il n'y a aucun autre compte rendu de cette démonstration publique, les savants ont eu tendance à la mettre en doute, d'autant que ses diverses redites la rendaient chaque fois un peu plus fantaisiste. Peut-être Viviani l'a-t-il inventée, peut-être Galilée la lui a-t-il racontée sur ses vieux jours et ne s'est-il pas exactement souvenu, après si longtemps, de ce qui s'était passé réellement. Personne ne sait. Mais, quoi qu'il en soit, ces résultats ne concordent pas avec ceux donnés par Galilée lui-même, puisque, ainsi que nous l'avons mentionné dans un chapitre précédent, Galilée a fait soigneusement remarquer que des corps de poids inégaux n'atteignent pas tout à fait la même vitesse, le plus lourd heurtant le sol un peu avant le plus léger.

Une telle expérience, si elle a été effectuée, prouvait uniquement qu'Aristote avait tort. Or, au temps de Galilée, ce n'était guère un grand exploit que de prouver qu'Aristote avait tort sur seulement un point. Pierre de La Ramée (ou Ramus) avait fait savoir, plusieurs dizaines d'années auparavant, que tout ce qu'avait écrit Aristote en physique était dépourvu de caractère scientifique. Les insuffisances de la loi aristotélicienne du mouvement étaient évidentes depuis au moins quatre siècles et, pendant tout ce temps, de nombreuses critiques s'étaient accumulées. Bien qu'elles aient porté un nouveau coup à la physique d'Aristote, les expériences de la tour – qu'il s'agisse ou non de la tour penchée – n'ont assurément pas révélé à Galilée une expression nouvelle et correcte de la loi de la chute des corps. Pourtant, la formulation de cette loi fut l'un de ses plus grandioses accomplissements (voir l'annexe 4).

Pour apprécier la vraie nature des découvertes de Galilée, il faut comprendre l'importance qu'avait pour lui la pensée abstraite, et l'utilisation qu'il en fit en tant qu'instrument qui, porté à sa plus haute perfection, fut scientifiquement beaucoup plus révolutionnaire que le télescope ! Galilée a montré comment lier le raisonnement abstrait au monde de l'expérience, comment, en réfléchissant sur « la nature des choses », on peut en déduire des lois liées à l'observation directe. Pour voir comment il y parvint, soulignons les phases principales du processus de sa pensée, tel qu'il nous l'a fait connaître dans ses *Deux Sciences nouvelles :*

Galilée dit :

> Il n'est peut-être rien dans la nature d'antérieur au mouvement, et les traités que lui ont consacrés les philosophes ne sont petits ni par le nombre ni par le volume ; pourtant, parmi ses propriétés, nombreuses et dignes d'être connues sont celles qui, à ma connaissance, n'ont encore été ni observées ni démontrées.

Galilée reconnaît que d'autres avant lui avaient observé que le mouvement naturel des corps pesants en chute libre est continuellement accéléré. Mais, dit-il, c'est à lui que revient d'avoir établi « selon quelle proportion [...] se produit cette accélération ». Il fut fier d'avoir été le premier à trouver que « les espaces parcourus en des temps égaux par un mobile partant du repos ont entre eux même rapport que les nombres impairs successifs à partir de l'unité ». Il montra aussi que la trajectoire décrite par « les corps lancés, ou projectiles », n'est pas une courbe quelconque, mais une parabole.

Deux alternatives très différentes s'offrent à l'analyse des idées de Galilée sur le mouvement. La première consiste à reconstituer l'évolution de sa pensée à travers la lecture de ses manuscrits, de sa correspondance et autres documents ; l'autre est de résumer la présentation qu'il donna au public dans ses *Discours et Démonstrations mathématiques concernant deux sciences nouvelles*. La première ne peut avoir de caractère définitif, car elle dépend partiellement de l'interprétation de certaines pages manuscrites contenant des données numériques et des diagrammes livrés sans autres commentaires ou explications (voir l'annexe 4, p. 219) ; leur déchiffrage n'a été entrepris que dans les années soixante-dix. La seconde voie, le document public, est la présentation que Galilée voulait que nous étudions, et qui a de fait conditionné le progrès de la science dans le domaine du mouvement, depuis la nouvelle cinématique révolutionnaire de Galilée jusqu'à la science moderne de la dynamique. Je dis cinématique, car dans ses travaux sur les mouvements uniforme et accéléré, Galilée s'intéressa peu aux forces, tandis que la dynamique vise à repérer les forces agissant sur les corps pour engendrer ou modifier leur mouvement, et à établir les lois reliant ces forces aux variations de mouvement dont elles sont la cause. Bien qu'il sût qu'une accélération a pour origine l'action d'une force (par exemple, l'accélération de la chute libre provient du poids des corps), Galilée ne se concentra pas sur cet aspect du problème. A la rigueur peut-on parler – dans la mesure où, dans certains cas particuliers mais importants, Galilée considéra en même temps forces et mouvements – d'une cinématique teintée de dynamique. Newton était persuadé que Galilée avait connu et utilisé les deux premiers de ses trois « axiomes ou lois de mouvement » exposant les principes les plus fondamentaux de la dynamique.

Après avoir étudié le mouvement uniforme, dans lequel la distance parcourue est proportionnelle au temps et la vitesse, par conséquent, constante, Galilée aborde le mouvement accéléré. « Il convient en premier lieu de trouver et d'expliquer une définition qui se rapporte avec précision à ce mouvement tel que la nature l'utilise. Rien en effet ne s'oppose à ce que l'on imagine un type arbitraire de mouvement », écrit-il. Mais « puisque la nature se sert d'une forme déterminée d'accélération dans la chute des graves », il décide « de [la] discuter, si toutefois notre définition du mouvement accéléré rejoint bien l'essence du mouvement naturellement accéléré ». Il ajoute : « Dans cette étude du mouvement naturellement accéléré, nous avons été conduits comme par la main en observant la règle que suit habituellement la nature dans toutes ses autres opérations où elle a coutume d'agir en employant les moyens les plus ordinaires, les plus simples, les plus faciles. » C'est là une invocation d'un célèbre principe remontant en fait à Aristote, selon lequel la nature agit toujours de la façon la plus simple possible, de la manière la plus économique. En effet, explique Galilée :

> Quand [...] j'observe une pierre tombant d'une certaine hauteur à partir du repos et recevant continuellement de nouveaux accroissements de vitesse, pourquoi ne croirais-je pas que ces additions ont lieu selon la proportion la plus simple et la plus évidente ? Or, tout bien considéré, nous ne trouverons aucune addition, aucun accroissement plus simple que celui qui toujours se répète de la même façon.

Se fondant donc sur ce principe que la nature est simple, de sorte que le changement le plus simple est celui dans lequel le changement lui-même est constant, Galilée affirme qu'un accroissement de vitesse égal lors de chaque intervalle de temps successif correspond manifestement au plus simple des mouvements accélérés. Poursuivant le dialogue, Simplicio (l'aristotélicien) répond qu'il s'en tient à une conviction différente, à savoir que le corps qui tombe a « sa vitesse [qui] croît proportionnellement à l'espace ». En tant que lecteurs critiques, nous devons reconnaître que cette définition du mouvement accéléré apparaît assurément aussi « simple » que celle de Galilée ! Des deux possibilités :

$$V \propto T \qquad [1]$$

et

$$V \propto D \qquad [2]$$

laquelle est la plus simple ? N'y a-t-il pas, dans les deux cas, un accroissement « qui toujours se répète de la même façon », soit le même accroissement en des *temps* égaux, soit le même accroissement en des *espaces* égaux ? Ces deux possibilités sont également simples, étant toutes deux représentées par des équations du premier degré, toutes deux exemples d'une simple proportionnalité. L'une comme l'autre sont donc plus simples que chacune des six possibilités suivantes :

$$V \propto \frac{1}{T} \quad [3]$$

$$V \propto \frac{1}{T^2} \quad [4]$$

$$V \propto T^2 \quad [5]$$

$$V \propto \frac{1}{D} \quad [6]$$

$$V \propto \frac{1}{D^2} \quad [7]$$

$$V \propto D^2 \quad [8]$$

Pour quelle raison pouvons-nous rejeter la relation suggérée par Simplicio et donnée par l'équation [2] ? Chacune des équations [1] et [2] étant formellement aussi simple que l'autre, Galilée est obligé, pour justifier son choix, d'introduire un autre critère. Il affirme que la possibilité [2] – la vitesse augmente en proportion de la distance parcourue – entraîne une contradiction logique, tandis qu'il n'en va pas de même avec l'équation [1]. Ainsi, il semblerait que, puisque l'une seulement des suppositions les plus « simples » conduit à une contradiction, la seule possibilité est que les corps qui tombent aient des vitesses qui augmentent en proportion du temps de chute.

Cette conclusion, telle qu'elle est exposée dans le dernier – et le plus achevé – ouvrage de Galilée, présente un intérêt particulier pour l'historien dans la mesure où l'argument sur lequel se fonde Galilée pour « prouver » que l'équation [2] conduit à une contradiction logique contient une erreur. Il n'y a en effet pas de contradiction « logique » ; le problème est simplement que cette relation est incompatible avec l'hypothèse d'un corps partant du repos. Il est aussi intéressant pour l'historien de savoir que, longtemps auparavant, Galilée avait écrit à son ami Fra Paolo Sarpi sur le même sujet, mais d'une façon bien différente. Dans cette lettre, Galilée était persuadé que la vitesse des corps en chute libre croissait en proportion directe avec la distance de chute. Il avait alors cru pouvoir déduire de cette hypothèse que la distance parcourue était proportionnelle au carré du temps ; autrement dit que l'équation [2] conduit à l'équation

$$D \propto T^2 \qquad [9]$$

Puis Galilée continuait en disant que la proportionnalité de la distance au carré du temps est « bien connue ». Entre l'époque où il écrivit cette lettre à Sarpi et celle où furent publiées les *Deux Sciences nouvelles,* Galilée avait corrigé cette erreur manifeste (voir l'annexe 5, p. 229). Toujours est-il que dans les *Deux Sciences nouvelles,* Galilée démontre que la relation [9] découle de la relation [1]. Il utilise pour cela le théorème auxiliaire suivant :

> Théorème I. Proposition I. Le temps pendant lequel un espace quelconque est parcouru par un mobile partant du repos, avec un mouvement uniformément accéléré, est égal au temps pendant lequel le même espace serait franchi par le même mobile avec un mouvement uniforme dont le degré de vitesse serait la moitié du plus grand et dernier degré de vitesse atteint au cours du mouvement uniformément accéléré.

En combinant ce théorème avec ceux sur le mouvement uniforme, Galilée aboutit au :

> Théorème II. Proposition II. Si un mobile, partant du repos, tombe avec un mouvement uniformément accéléré, les espaces parcourus en des temps quelconques par ce même mobile sont entre eux en raison double des temps, c'est-à-dire comme les carrés de ces mêmes temps.

C'est le résultat exprimé par la relation [9] et il amène le corollaire I. Dans ce corollaire, Galilée montre que, si un corps tombe en partant du repos avec un mouvement uniformément accéléré, les espaces D_1, D_2, D_3,... parcourus durant des intervalles de temps successifs et égaux, « seront entre eux [dans le même rapport que] les nombres impairs à partir de l'unité, soit 1, 3, 5, 7... ». Galilée remarque aussitôt que cette suite de nombres impairs résulte du fait que les distances parcourues durant le premier intervalle de temps, durant les deux premiers intervalles de temps, les trois premiers intervalles de temps, etc., sont comme les carrés 1, 4, 9, 25..., et les différences entre eux sont égales aux nombres impairs successifs. Cette conclusion est particulièrement intéressante. En effet, selon la tradition platonicienne, les vérités fondamentales de la nature se trouvaient dans les relations entre figures géométriques régulières et celles existant entre les nombres. Plus haut dans son livre, Galilée avait exprimé son adhésion à ce point de vue. Il fait dire à Simplicio : « Croyez bien que si j'avais à reprendre mes études, je suivrais le conseil de Platon et commencerais par les mathématiques, dont je constate la démarche si scrupuleuse non moins que le refus de recevoir pour vrai ce qui n'a pas été démontré de façon concluante. » Pour Galilée, la justesse de sa discussion sur la chute des corps se signale manifestement par le fait qu'il puisse conclure : « Alors donc que les degrés de vitesse augmentent en ces temps égaux comme la simple série des nombres, les accroissements que subissent les espaces franchis pendant les mêmes intervalles de temps sont comme la série des nombres impairs *ab unitate**. »

* On peut facilement transcrire dans un langage algébrique élémentaire les étapes qui, dans ses *Deux Sciences nouvelles,* ont mené Galilée de la définition du mouvement uniformément accéléré

$$V \propto T$$

à la loi du mouvement accéléré ou loi de la chute libre (la loi en T^2)

$$D \propto T^2$$

Parti du repos, un corps acquiert à un temps T_0 une vitesse V_0. La vitesse moyenne est $\frac{1}{2} V_0$. La distance parcourue durant le temps T_0 sous l'action de l'accélération est égale à celle dont aurait voyagé le corps durant ce même temps s'il avait été animé d'une vitesse constante égale à cette vitesse moyenne. La distance D_0 parcourue à la vitesse constante $\frac{1}{2} V_0$ est

$$D_0 = \frac{1}{2} V_0 T_0$$

La relation

$$V_0 \propto T_0$$

donne alors

Bien que la partie numérique de cette recherche satisfasse Salviati – le personnage qui, dans les *Deux Sciences nouvelles,* représente Galilée – et Sagredo – l'homme cultivé et de bonne volonté qui habituellement soutient Galilée –, Galilée reconnaît que ce point de vue platonicien peut difficilement satisfaire un aristotélicien. Il fait donc dire à Simplicio :

> Je suis bien convaincu que les choses doivent se passer ainsi, une fois énoncée et acceptée la définition du mouvement uniformément accéléré. Mais que l'accélération dont se sert la nature dans le mouvement de chute des graves soit bien telle, je persiste à en douter ; il serait donc opportun, me semble-t-il, pour m'éclairer et aussi tous ceux qui pensent comme moi, de rapporter maintenant l'une de ces nombreuses expériences qui, avez-vous dit, concordent de différentes manières avec les conclusions obtenues.

Galilée reconnaît que Simplicio parle comme « un véritable homme de science » et qu'il vient de faire une « demande [...] tout à fait raisonnable ». Voici, de la bouche même de Galilée, la description d'une célèbre expérience :

$$D_0 = \frac{1}{2} V_0 T_0 \propto T^2$$

Voyons maintenant comment la loi de distance en T^2 entraîne la suite numérique indiquée par Galilée. Soient T, $2T$, $3T$, $4T$, $5T$..., les intervalles de temps. Les distances seront alors comme T^2,$4T^2$, $9T^2$, $16T^2$, $25T^2$, ..., soit comme 1, 4, 9, 16, 25, ... Les distances parcourues durant le premier, le deuxième, le troisième, le quatrième, le cinquième, ... intervalle temporel seront alors comme les différences entre les éléments successifs de cette série, soit comme 1, 3, 5, 7, 9, ... Si on désigne par A la constante d'accélération, on a $V = AT$ et la dernière équation devient (pour D_0, V_0, T_0)

$$D_0 = \frac{1}{2} V_0 T_0 = \frac{1}{2} (AT_0) T_0 = \frac{1}{2} AT_0^2$$

soit d'une manière générale,

$$D_0 = \frac{1}{2} AT^2$$

ce qui est l'expression familière de la loi T^2 de Galilée telle qu'on la trouve dans les manuels. Dans le cas particulier de la chute libre, on désigne la constante d'accélération par la lettre g (parfois appelée « accélération de la gravitation ») ; l'équation devient alors

$$D = \frac{1}{2} g T^2$$

La valeur numérique de g vaut environ 9,80 m/s ^{2}.

> Dans une règle, ou plus exactement un chevron de bois, long d'environ 12 coudées, large d'une demi-coudée et épais de 3 doigts, nous creusions un petit canal d'une largeur à peine supérieure à un doigt, et parfaitement rectiligne ; après l'avoir garni d'une feuille de parchemin bien lustrée pour le rendre aussi lisse que possible, nous y laissions rouler une boule de bronze très dure, parfaitement ronde et polie. Plaçant alors l'appareil dans une position inclinée, en élevant l'une de ses extrémités d'une coudée ou deux au-dessus de l'horizon, nous laissions, comme je l'ai dit, rouler la boule dans le canal, en notant, selon une manière que j'exposerai plus loin, le temps nécessaire à une descente complète ; l'expérience était recommencée plusieurs fois afin de déterminer exactement la durée du temps, mais sans que nous découvrîmes jamais de différence supérieure au dixième d'un battement de pouls.

Simplicio répondit alors :

> J'aurais vraiment aimé assister à ces expériences ; mais, comme je suis sûr du soin avec lequel vous les avez faites, et la fidélité avec laquelle vous les rapportez, je me déclare satisfait et les accepte pour vraies et certaines.

Le protocole de Galilée, tel que nous l'avons décrit, diffère radicalement de celle communément présentée dans les manuels élémentaires comme étant « *la* méthode scientifique ». Car, selon ces manuels, la première étape consiste à « collecter toutes les informations pertinentes », etc. La façon habituelle de procéder, nous dit-on, consiste donc à réunir un grand nombre d'observations, ou d'effectuer une série d'expériences, puis de classer les résultats, de les généraliser, de chercher une relation mathématique, puis finalement de trouver une loi. Mais Galilée est différent : il médite, crée des idées et travaille habituellement avec un crayon et du papier.

Bien sûr, Galilée n'était pas un simple philosophe en chambre, un pur spéculateur. Nous savons aujourd'hui qu'il effectua des expériences et que sa pensée créatrice se caractérisa par une constante interaction entre l'abstraction et la réalité, entre les idées théoriques et les données expérimentales. Toutefois, dans ses *Deux Sciences nouvelles*, il met l'accent sur ce puissant principe général : la nature est simple. Il donne ainsi l'image d'un expérimentateur aux idées gouvernées par des abstractions puisées dans la nature, en quête des relations les plus simples, du premier degré plutôt que d'un degré supérieur, n'aboutissant pas à une contradiction. Mais une fois arrivé à l'exposé final, il présente le plan incliné comme une confirmation de ses conclusions, et non, même si cette expérience fut un guide primordial pour le développement de sa pensée, comme un outil de recherche pour y parvenir. C'est d'ailleurs Simplicio, le porte-parole de la doctrine critiquée par Galilée, qui réclame cette expérience. Galilée fait alors précéder sa présentation d'un paragraphe liminaire qui en explicite soigneusement le but. Ce paragraphe vaut d'être examiné. C'est Salviati qui parle :

> Votre demande, qui est d'un véritable homme de science, est tout à fait raisonnable ; car c'est ainsi qu'il convient de procéder dans les sciences appliquant à l'analyse de la nature les démonstrations mathématiques, telles la perspective, l'astronomie, la mécanique, la musique, et d'autres encore, qui toutes confirment par des expériences judicieuses les principes devant supporter l'édifice ultérieur. Je ne voudrais donc pas que cela semble du temps perdu [*superfluo*] si nous consacrons une longue discussion à ce premier principe essentiel sur lequel s'appuie un nombre infini de conclusions, dont notre Auteur au reste n'a donné qu'un petit nombre dans ce livre où il aura tant contribué à ouvrir une voie jusqu'ici fermée aux esprits spéculatifs. Quant aux expériences, il n'a nullement négligé de les faire ; soucieux moi-même de m'assurer que l'accélération des graves en chute libre s'opère bien selon la proportion que nous avons décrite, j'en ai plus d'une fois recherché la preuve expérimentale, en sa compagnie [...].

On voit clairement dans cette déclaration que le but de ces expériences sur le plan incliné n'était pas de parvenir à la découverte même de la loi, mais de s'assurer que ces accélérations, telles que Galilée les analysait, pouvaient en fait apparaître dans la nature. On fut véritablement étonné d'apprendre que Galilée avait en fait abouti à sa découverte des lois du mouvement selon un cheminement différant totalement de la relation donnée dans son dernier traité, *Deux Sciences nouvelles*. Son secret fut bien gardé, durant trois siècles et demi, jusqu'à ce que Stillman Drake exhume ses feuillets, qui semblent incontestablement concerner des expériences réalisées sur les corps en mouvement et, d'une manière ou d'une autre, liées aux lois du mouvement qu'il a trouvées. C'est là une des grandes découvertes de l'histoire des sciences contemporaines, même s'il n'y a pas unanimité à l'égard d'une interprétation des étapes suivies par la pensée de Galilée. (Sur ce sujet, voir l'annexe 4, ainsi que la référence aux travaux de Winifred L. Wisan et R. H. Naylor ; voir aussi l'article de M. Segre à la rubrique « Pour en savoir plus », p. 268.) L'expérience décrite dans les *Deux Sciences nouvelles* est cependant différente. Mais, observez que cette série d'expériences démontre en fait non pas la proportionnalité de la vitesse par rapport au temps, mais uniquement la proportionnalité de la distance par rapport au carré du temps. Comme ce résultat est *impliqué* par la proportionnalité de la vitesse par rapport au temps, Galilée admet que l'expérience justifie aussi le principe que la vitesse est proportionnelle au temps (voir l'annexe 6, p. 231).

Il faut également noter que lorsque Salviati présente ces expériences, il précise qu'il les a lui-même effectuées en compagnie de Galilée pour, dit-il, « m'assurer que l'accélération des graves en chute libre s'opère bien selon la proportion que nous avons décrite ». Or ces expériences de boules roulant le long de plans inclinés n'ont apparemment rien à voir avec l'accélération de corps tombant en chute libre. Dans la chute libre, rien, excepté la petite résistance de l'air, ne s'oppose au mouvement des corps. Or ici, le mouvement est loin d'être libre, car le corps est astreint à se déplacer sur la surface du plan. Mais, dans les deux cas, l'accélération résulte de la gravité. Dans les expériences de plans inclinés, une fraction se trouve en quelque sorte « diluée ». Ces expériences montrent que, quelle que soit l'inclinaison du plan – même extrêmement raide –, la distance parcourue est proportionnelle au carré du temps. Leur lien avec la chute libre réside dans le fait que l'on admet, dans le cas limite où le plan est vertical, la validité de cette relation entre la distance et le temps. Or, dans ce cas limite de la chute libre, la boule ne roule pas, contrairement à ce qu'elle fait sur le plan incliné – un point que Galilée ne mentionne nulle part. Pourtant, c'est une condition très importante : nous savons en effet aujourd'hui, grâce à la mécanique rationnelle, que c'est un facteur qui rend impossible l'obtention de valeurs numériques précises pour l'accélération de la chute libre. On ne peut en effet utiliser la méthode des composantes pour obtenir l'accélération de la chute libre à partir de l'accélération le long du plan incliné : dans un cas, la descente s'accompagne d'un roulement, tandis que, dans l'autre, ce roulement est absent. Il était ainsi loin d'être évident pour un sceptique impitoyable que l'expérience du plan incliné prouvait que la chute libre est uniformément accélérée, voire qu'elle est compatible avec la loi de la distance proportionnelle au carré du temps, bien que l'expérience montre effectivement que cette loi se rencontre dans la nature, et donc qu'il existe des mouvements uniformément accélérés dans la nature.

Plusieurs chercheurs ont aujourd'hui reproduit l'expérience de Galilée sur le plan incliné ; le premier d'entre eux fut Thomas B. Settle. Ses résultats concordent parfaitement avec le récit de Galilée lorsqu'il dit :

> Dans ces expériences répétées une bonne centaine de fois, nous avons toujours trouvé que les espaces parcourus [pour diverses longueurs] étaient entre eux comme les carrés des temps, et cela quelle que soit l'inclinaison du plan, c'est-à-dire du canal, dans lequel on laissait descendre la boule. Nous avons aussi observé que les temps de descente, pour les différentes inclinaisons du plan, avaient exactement entre eux la même proportion que l'Auteur, comme nous le verrons plus loin, avait prédite et démontrée.

Personne aujourd'hui ne conteste Galilée lorsqu'il écrit qu'« aucune discordance significative n'apparut jamais entre les expériences maintes et maintes fois répétées », et que leur précision fut telle que la différence entre deux observations ne dépassa jamais « le dixième d'un battement de pouls ».

Galilée n'accorda pas une grande importance à la mesure des temps de descente pour un corps en chute libre verticale. Il supposa que ces données pouvaient s'obtenir à partir d'expériences de boules roulant le long d'un plan incliné, sans relever la différence existant entre le glissement libre sur le plan et le roulement. Les écrits qu'il publia sur le mouvement ne contiennent aucun calcul de l'accélération d'un corps en chute libre comme cas limite du mouvement sur un plan incliné. Toutefois, dans une lettre à Baliani, Galilée indiqua un moyen d'utiliser l'expérience du plan incliné pour déterminer la vitesse (et donc l'accélération) du mouvement de chute libre verticale.

Dans la « deuxième journée » de son *Dialogue sur les deux grands systèmes du monde*, Galilée calcule le temps que mettrait un boulet de canon pour tomber de la Lune sur la Terre. Lors d'« expériences répétées », écrit-il, une boule de fer pesant 50 kilogrammes « chute d'une hauteur de 100 coudées en 5 secondes ». Il dit exactement (*Dialogue sur les deux grands systèmes du monde*, « deuxième journée », traductionde Stillman Drake, p. 223) : « [...] supposons que nous voulions faire les calculs pour une boule de fer de 50 kilogrammes qui, lors d'expériences répétées, chute d'une hauteur de 100 coudées en 5 secondes. » Utilisant la loi familière $D=\frac{1}{2}gT^2$, Drake a trouvé que ces « expériences répétées » donnaient, pour l'accélération de la chute libre (*g*), une valeur de 4,67 m/s^2 au lieu des 9,80 m/s^2 réels. (Voir, en outre, l'analyse de Drake, p. 480 de sa traduction.) Lors de discussions que nous avons eues sur ce sujet, Drake m'a informé qu'« une feuille de notes de Galilée, encore non publiée, contient un calcul donnant un temps de 3,11 secondes pour une chute de 45,25 mètres, alors que le véritable temps est égal à 3,04 secondes ».

Galilée discuta lui-même ces données dans sa lettre à Baliani du 1er août 1639 (traduite dans *Galileo at Work* de Drake). En 1632, Baliani lui avait demandé comment il savait qu'un corps pesant tombe de 100 coudées en 5 secondes, ajoutant qu'il n'y avait à Gênes aucune tour de cette hauteur permettant de vérifier l'expérience ; en outre, il s'interrogeait sur les 4 coudées parcourues lors de la première seconde de chute, distance extrêmement difficile à contrôler. Lorsque Galilée répondit, quelques années plus tard, il reconnut que si Baliani avait tenté de vérifier par l'« expérience si ce que j'ai écrit sur les 100 coudées en 5 secondes est vrai », il aurait « trouvé que c'est faux ». Galilée expliqua que cet argument avait pour but de réfuter le père Scheiner, qui avait publié un écrit sur le temps mis par un boulet de canon pour tomber de la Lune sur la Terre ; pour le calcul que Galilée fit de ce temps de chute, « peu importait que les 5 secondes pour 100 coudées fussent ou non exactes ». Ce qui est plus important pour nous, c'est que Galilée supposa à tort que le boulet de canon tombant de la Lune sur la Terre conserverait une accélération constante *.

La phrase écrite par Galilée dans le *Dialogue* semble dire que « lors d'expériences répétées », la boule de fer de 50 kilogrammes a été observée chutant d'une hauteur de 100 coudées en 5 secondes. Se pourrait-il, toutefois, que Galilée ait uniquement supposé que l'on pouvait, « lors d'expériences répétées », obtenir ce résultat, sans imaginer que ses lecteurs voudraient effectuer le calcul ? S'il écrivait simplement *ex suppositione,* il aurait alors dit « *admettons* que l'expérience ait montré qu'une chute de 100 coudées

* La méthode employée par Galilée pour calculer le temps de chute libre consiste à déduire cette valeur du mouvement sur un plan incliné. Ainsi qu'il l'expliqua à Baliani en 1639 (*Galileo at Work*, p. 399-400), « [...] la descente de cette boule que je fais rouler dans un canal, arbitrairement incliné, nous donnera tous les temps – non seulement pour 100 coudées, mais pour toute autre hauteur de chute verticale – dans la mesure où (ainsi que vous l'avez vous-même démontré) la longueur dudit canal, appelons-le plutôt plan incliné, est une moyenne proportionnelle entre la hauteur verticale dudit plan et la longueur de toute la distance verticale qui serait franchie dans le même temps par le mobile en chute libre. Ainsi, par exemple, supposant que ledit canal a 12 coudées de long et que sa hauteur verticale vaut une demi-coudée, une coudée, ou deux, la distance franchie verticalement sera, à l'évidence, 288, 114 ou 72 coudées. Reste maintenant à déterminer le temps mis pour descendre le canal. Il s'obtient par la merveilleuse propriété du pendule, qui est d'accomplir toutes ses oscillations, grandes ou petites, en des temps égaux. » Pour ramener le mouvement d'un pendule donné à des secondes, explique plus loin Galilée, il faut le calibrer en comptant le nombre d'oscillations effectuées en 24 heures, tel que le déterminerait un groupe de « deux, trois ou quatre amis curieux et patients ». Ceux-ci définiraient l'écoulement de 24 heures comme la durée entre l'instant où une "étoile fixe" « se trouve devant un repère donné » et « le retour de cette "étoile fixe" au point initial ». Si, dans sa lettre à Baliani, Galilée suggère que cette méthode permet de calculer la distance parcourue en chute libre durant un temps donné, il ne dit pas explicitement qu'il a lui-même effectué ces expériences quantitatives. Cela signifie peut-être, contrairement à ce que suggère l'interprétation au premier degré du *Dialogue* – avec l'expression « lors d'expériences répétées » – adoptée entre autres par Mersenne, que Galilée n'introduisait des valeurs numériques qu'à titre d'exemple.

prenne 5 secondes », et non « des expériences répétées ont montré ceci ». Sa phrase est syntaxiquement ambiguë.

Il y eut au moins un contemporain de Galilée, le père Marin Mersenne, qui, lisant ce texte au premier degré, conclut que Galilée prétendait avoir trouvé, « lors d'expériences répétées », les résultats qu'il présentait. Galilée « suppose [écrit-il le 15 janvier 1635 à Nicolas Claude Fabri de Peiresc], que le boulet tombe de 100 coudées dans 5 secondes, d'où il s'ensuit qu'il ne tombera que de 4 coudées dans une seconde, quoique je sois assuré qu'il tombe de plus haut ». Dans son *Harmonie universelle* (Paris, 1636, vol. 1, p. 86), Mersenne s'étend longuement sur la différence entre les résultats numériques obtenus à Paris et dans ses environs, et ceux rapportés par Galilée en Italie. Il regretta d'avoir pu paraître reprocher à « un si grand homme le peu de soin de ses expériences ». On se demande encore pourquoi un expérimentateur méticuleux comme Galilée aurait donné une si mauvaise valeur numérique. Peut-être proposa-t-il un « nombre rond » pour rendre le calcul plus facile, mais dans ce cas, pourquoi écrire « lors d'expériences répétées » ?

Il est maintenant pour nous évident que Galilée n'a introduit l'expérience du plan incliné dans ses *Deux Sciences nouvelles* que pour vérifier si les principes qu'il avait établis de manière abstraite et mathématique s'appliquaient effectivement au monde réel. Son lecteur devait se convaincre de la validité de sa loi sur la chute des corps non par une série d'expériences et d'observations, mais par la justesse de sa logique et de ses définitions, et parce que cette loi était une illustration tant de la simplicité de la nature que des relations unissant les nombres entiers. Galilée opta probablement ici pour la même attitude que celle qu'il avait adoptée lors de sa discussion de la chute d'un objet depuis le sommet du mât d'un bateau où, là encore, l'ordre des choses et des relations nécessaires comptaient davantage qu'un ensemble d'expériences donné. Selon Galilée, le résultat correct doit être maintenu, même contre l'évidence des sens (sous la forme d'observations ou d'expériences). Nulle part Galilée n'a exprimé ce point de vue avec autant de force que dans sa discussion sur l'opposition existant entre le témoignage des sens et le mouvement de la Terre.

> Car les arguments contre le tournoiement de la Terre que nous avons déjà examinés sont très plausibles, ainsi que nous l'avons vu [écrit Galilée], et le fait que Ptolémée, Aristote et tous leurs disciples les aient considérés comme définitifs est en vérité un puissant argument en faveur de leur bien-fondé. Mais les expériences qui contredisent ouvertement le mouvement annuel ont vraiment une force apparente tellement plus grande que, je le répète, mon étonnement est sans limite quand je pense qu'Aristarque et Copernic furent capables de faire triompher la raison sur les sens au point que, au mépris de ces derniers, elle devint la maîtresse de leur conviction (*Dialogue sur les deux grands systèmes du monde*).

Récapitulons : Galilée démontra mathématiquement qu'un mouvement partant du repos, dans lequel la vitesse subit la même variation durant des intervalles de temps égaux (mouvement dit *uniformément accéléré*), équivaut à parcourir des distances proportionnelles aux carrés des durées écoulées. Puis, Galilée montra expérimentalement que cette loi est illustrée par le mouvement sur un plan incliné. De ces deux résultats, Galilée conclut que le mouvement de chute libre est un exemple de mouvement uniformément accéléré. En l'absence de résistance de l'air, l'accélération d'un corps en chute libre obéit toujours à cette loi.

Lorsque, quelque trente années plus tard, Robert Boyle parvint à faire le vide dans un cylindre, il montra que tous les corps, quelle que soit leur forme, tombent dans le vide avec la même vitesse. Ainsi fut démontrée l'assertion de Galilée – extrapolation à partir de l'expérience – selon laquelle en l'absence de résistance de l'air, tous les corps tombent à la même vitesse, avec la même accélération. Donc, si l'on excepte le facteur négligeable de la résistance de l'air, la vitesse d'un corps en chute libre dépend uniquement de la durée de la chute et non de son poids, de la force qui le fait se mouvoir, comme le croyait Aristote. On sait aujourd'hui que la valeur correcte de l'accélération de la chute libre, l'« accélération de la gravitation », correspond à une variation de vitesse égale chaque seconde à environ 9,80 mètres par seconde.

L'accomplissement suprême de Galilée ne fut pas simplement d'avoir démontré l'erreur d'Aristote et découvert que tous les corps, si l'on néglige la résistance de l'air, tombent à la même vitesse en dépit de leur différence de poids – d'autres avaient avant lui observé ce phénomène. Non, ce qui chez lui fut original et révolutionnaire dans ses implications, c'est sa découverte des lois de chute des corps et l'introduction d'une méthode associant déduction logique, analyse mathématique et expérience.

Les prédécesseurs de Galilée

Nous ne pouvons prendre conscience de la véritable stature de Galilée qu'en le comparant à ses contemporains et ses prédécesseurs. Au dernier chapitre, nous comprendrons un peu mieux sa place dans l'histoire en examinant la dette de Newton envers lui. Mais, pour l'instant, nous allons considérer son importance exacte en évaluant l'originalité de ses contributions avec plus de réalisme que la plupart des manuels et tant de récits historiques.

Rappelons que l'une des caractéristiques de la physique grecque de la fin de l'Antiquité (à Alexandrie et à Byzance) fut de critiquer Aristote plutôt que d'accepter ses affirmations comme des vérités absolues. Le même esprit critique marqua la pensée scientifique islamique et les écrits de l'Occident latin médiéval. Ainsi Dante, dont l'œuvre est souvent considérée comme l'apogée de la culture européenne du Moyen Age, critiqua Aristote pour avoir cru qu'« il n'y avait pas plus de huit cieux [sphères] » et que « le ciel [la sphère] du Soleil venait juste après celui de la Lune, soit le second à partir de nous ».

Les savants firent subir à la loi aristotélicienne du mouvement diverses corrections, essentiellement caractérisées par : 1) une attention particulière portée sur les stades progressifs de la variation du mouvement, c'est-à-dire, sur l'accélération ; 2) une prise de conscience que, lors de la description d'un mouvement variable, on ne peut parler que de vitesse à un instant donné ; 3) une définition précise du mouvement uniforme – figurant dans un résumé datant de 1369 (dû à Jean de Hollande) selon laquelle « le corps franchit un espace égal durant des intervalles de temps égaux » (*in omni parte equali temporis)* (ce qui contredit Galilée quand il affirme avoir été le premier à donner cette définition du mouvement uniforme) ; 4) une prise de conscience que le mouvement accéléré peut être soit uniforme, soit non uniforme, comme on le voit sur le schéma suivant :

Mouvement	mouvement uniforme ou non uniforme (accéléré)	mouvement uniformément accéléré ou mouvement non uniformément accéléré

Dans son exposé, Galilée fait exactement le même type d'analyse. Le mouvement le plus simple, dit-il, est uniforme (il le définit de la même manière que les scolastiques du XIVe siècle) ; puis vient le mouvement accéléré, qui peut être uniformément accéléré ou non uniformément accéléré. Il choisit alors le plus simple et cherche ensuite si l'accélération est uniforme par rapport au temps ou par rapport à la distance.

Lors de leurs recherches sur les variations uniformes de vitesses, les scolastiques du XIVe siècle démontrèrent ce que l'on appelle parfois « la règle de la vitesse moyenne ». Cette règle dit que l'effet (la distance parcourue) d'un mouvement uniformément accéléré durant un intervalle de temps quelconque est exactement le même que si, pendant cet intervalle de temps, le corps en mouvement avait été animé d'un mouvement uniforme qui serait la moyenne du mouvement accéléré. Exprimons maintenant cette règle de manière symbolique. Supposons qu'un corps, pendant un temps T, soit uniformément accéléré d'une vitesse initiale V_1 à une vitesse finale V_2. Quelle distance D parcourt-il ? La réponse à cette question s'obtient en déterminant d'abord la vitesse moyenne $\overline{V}$ correspondant à l'intervalle de temps T, puis en disant que la distance D est égale à celle qu'aurait parcourue le corps s'il s'était déplacé avec la vitesse constante $\overline{V}$ pendant le temps T, soit $D = \overline{V}T$. En outre, puisque le mouvement est uniformément accéléré, la vitesse moyenne $\overline{V}$ correspondant au temps T est la moyenne entre la vitesse initiale V_1 et la vitesse finale V_2 :

$$\overline{V} = \frac{V_1 + V_2}{2}.$$

C'est pratiquement le théorème utilisé par Galilée pour démontrer sa propre loi reliant le temps et la distance dans le mouvement accéléré. Comment les hommes du XIVe siècle l'ont-ils démontré ? Les premières démonstrations furent données au Merton College d'Oxford, à l'aide d'une espèce d'« algèbre de mots », mais c'est Nicole Oresme, à Paris, qui démontra ce théorème géométriquement en utilisant un diagramme (*fig. 19*) très semblable à celui figurant dans les *Deux Sciences nouvelles* de Galilée *.

La différence principale entre la présentation de Galilée et celle d'Oresme est que ce dernier la formula en termes d'une « qualité » variable pouvant être quantifiée – il y avait des « qualités » physiques, comme la vitesse, le déplacement, la température, la blancheur, la lourdeur, etc., mais aussi des « qualités » non physiques, telles que l'amour, la charité et la grâce. Mais il n'existe aucun exemple montrant que ces hommes du XIVe siècle aient, comme Galilée, contrôlé expérimentalement leurs résultats pour voir s'ils s'appliquaient bien au monde réel. Pour ces hommes, l'exercice logique constitué par la démonstration de « la règle de la vitesse moyenne » était, en lui-même, une expérience satisfaisante. C'est ainsi que, pour autant que l'on sache, ils n'ont jamais même envisagé la possibilité que deux objets de poids diffé-

* Si la vitesse initiale V_1 est nulle – ce qui correspond à un mouvement partant du repos –, il s'ensuit que, quelle que soit la vitesse V acquise au temps T, la vitesse moyenne $\overline{V}$ s'écrit : $\overline{V} = \frac{1}{2}(O+V)=\frac{1}{2}V$. La substitution de ce résultat dans l'équation $D = \overline{V}T$ donne $D=\frac{1}{2}VT$. Le mouvement uniformément accéléré étant par définition un mouvement dans lequel la vitesse est proportionnelle au temps, soit $V \propto T$, la relation $D=\frac{1}{2}VT$ donne $D \propto T^2$. C'est le résultat de Galilée : dans un mouvement uniformément accéléré partant du repos, la distance parcourue est proportionnelle au carré du temps écoulé. Si on désigne par A la constante de proportionnalité (« l'accélération »), on a $V = AT$. L'équation $D=\frac{1}{2}VT$ devient $D=\frac{1}{2}(AT)T$, soit $D=\frac{1}{2}AT^2$. Voir également l'annexe 10.

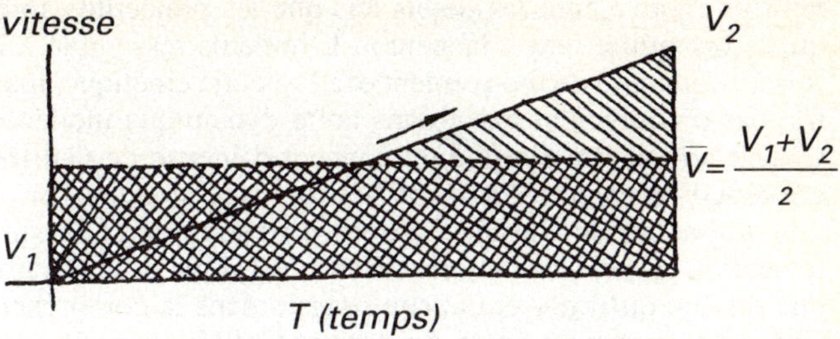

Fig. 19. Nicole Oresme utilisa la géométrie pour démontrer qu'un corps uniformément accéléré d'une vitesse V_1 *à une vitesse finale* V_2 *parcourt dans le temps* T *la même distance* D *que s'il avait été animé d'une vitesse constante* $\overline{V}$*, moyenne de* V_1*, et* V_2*. Il admit que l'aire de la surface située sous le graphe de la vitesse en fonction du temps est égale à la distance* D*. La droite inclinée représente le graphe du mouvement uniformément accéléré, et la droite horizontale correspond au graphe du mouvement uniforme. L'aire de la surface située sous le premier graphe est celle d'un triangle, soit ici* $\frac{1}{2}T \times V_2$*; l'aire de la surface située sous le second graphe est celle d'un rectangle, soit ici* $T \times \frac{1}{2}V_2$*. La hauteur du triangle valant deux fois la largeur du rectangle, les aires, et donc les distances, sont égales.*

rents tombent pratiquement ensemble. Et ces scolastiques, qui découvrirent la « règle de la vitesse moyenne », n'appliquèrent pas à la chute des corps le concept d'accélération uniforme dans le temps. Cette application attendit l'un de leurs successeurs du XVIe siècle. A l'époque de Galilée, l'énoncé affirmant que la vitesse des corps en chute libre croît continûment avec le temps figurait, avec la « règle de la vitesse moyenne », dans un livre de l'Espagnol Domingo de Soto. Mais cet énoncé avait un caractère marginal et n'était pas présenté comme un théorème majeur de la nature. Il se trouvait virtuellement enfoui sous des tonnes de théologie et de philosophie aristotélicienne.

Une autre notion médiévale importante pour la compréhension de la pensée scientifique de Galilée est le concept de l'« impetus ». C'était une propriété qui était supposée maintenir en mouvement les objets tels que les projectiles après qu'ils ont quitté leur « lanceur ». L'impetus ressemble à la fois à la quantité de mouvement et à l'énergie cinétique, mais n'a pas d'équivalent exact dans notre dynamique moderne. C'était un ancêtre éloigné du concept d'inertie de Galilée, concept d'où émergea la vision newtonienne moderne *.

L'originalité de Galilée est donc différente de celle qu'il revendiquait avec forfanterie. Rien n'est donc plus absurde que de dire qu'il n'y eut aucun progrès dans la compréhension du mouvement entre Aristote et Galilée, et nous pouvons rejeter tous les récits qui veulent nous faire croire que Galilée inventa la science moderne du mouvement en complète ignorance des travaux de ses prédécesseurs du Moyen Age ou de l'Antiquité.

Ce point de vue, encouragé par Galilée lui-même, est aujourd'hui moins légitimement défendable qu'il y a une centaine d'années. L'un des domaines les plus fructueux de la recherche en histoire des sciences au cours des soixante-quinze dernières années – inauguré par le scientifique et érudit français Pierre Duhem – est celui des « sciences exactes » au Moyen Age. Les recherches ont révélé une tradition de critique envers Aristote qui prépara le chemin aux propres découvertes de Galilée. En définissant exactement les progrès accomplis par Galilée sur ses prédécesseurs, nous précisons sa propre gloire. En outre, cela contribue à la véracité du récit de la vie de Galilée dans la mesure où l'on sait bien qu'en matière de progrès scientifique, chaque homme construit sur les travaux de ses prédécesseurs. Jamais cet aspect de l'entreprise scientifique n'a été mieux exprimé que dans les lignes suivantes de Lord Rutherford (1871-1937), l'un des fondateurs de la physique nucléaire :

> ... Il n'est pas dans la nature des choses qu'un homme seul fasse soudainement une découverte fulgurante ; la science

* Stillman Drake a prétendu qu'« en adoptant la théorie de l'impetus pour formuler leur loi de la chute des corps, les philosophes de la nature du Moyen Age s'interdirent la possibilité de considérer la chute libre comme un cas de mouvement uniformément variable ». Cela explique ingénieusement « pourquoi personne ne s'est jamais explicitement demandé si la vitesse variait avec le temps ou avec la distance ».

> progresse petit à petit et chaque homme dépend des travaux de ses prédécesseurs. Quand vous entendez parler d'une découverte soudaine et inattendue – comme un coup de tonnerre dans un ciel bleu –, vous pouvez toujours être certain qu'elle s'est développée à travers l'influence d'un homme sur un autre homme, et c'est à cette influence mutuelle que l'on doit l'énorme possibilité du progrès scientifique. Les hommes de science ne dépendent pas des idées d'un homme seul, mais du savoir combiné de milliers d'hommes, réfléchissant tous sur le même problème, chacun apportant sa petite contribution à la grande construction de la connaissance qui s'élève graduellement.

Galilée et Rutherford sont assurément tous deux caractéristiques de l'esprit scientifique.

Cependant, c'est Galilée qui, pour la première fois, montra comment résoudre le mouvement complexe d'un projectile en deux mouvements composants distincts et différents – l'un uniforme et l'autre accéléré – et c'est lui qui, le premier, soumit les lois du mouvement à l'épreuve d'une rigoureuse expérimentation et démontra qu'elles s'appliquaient au monde réel. Si cela peut paraître un résultat modeste, souvenons-nous que si les principes que Galilée précisa et utilisa en tant que principes de physique plutôt que de logique étaient connus depuis le milieu du XIVe siècle, personne, pendant cet intervalle de 300 ans, ne perçut comment rattacher de telles abstractions au monde de la nature. Peut-être est-ce là la meilleure expression de la qualité particulière de son génie, combinant la vision mathématique du monde avec la vision empirique tirée de l'observation, l'expérience critique et la véritable expérimentation (voir les annexes 9 et 10, p. 236, 238).

La formulation de la loi de l'inertie

Voyons maintenant de plus près la contribution de Galilée à la méthodologie scientifique à travers l'insistance avec laquelle il affirmait l'existence d'un rapport exact entre les abstractions mathématiques et le monde de l'expérience. Par exemple, la plupart des lois du mouvement, telles que Galilée les a énoncées, ne sont vraies que dans le vide, là où il n'y a pas de résistance de l'air. Mais dans le monde réel, on a affaire à des corps se déplaçant dans divers types de milieux, qui opposent une résistance au mouvement. Par conséquent, si Galilée voulait appliquer ses lois au monde réel qui l'entourait, il lui fallait connaître exactement l'effet produit sur le mouvement par la résistance du milieu. Il montra en particulier que l'effet de l'air était négligeable sur des corps pesants dont les formes n'offraient pas une énorme résistance au mouvement dans l'air. C'est ce petit facteur de la résistance de l'air qui était responsable de la légère différence dans les temps de chute entre des objets légers et des objets lourds tombant d'une même hauteur. Cette différence était importante, en ce qu'elle indiquait que l'air exerce une certaine résistance, mais sa petitesse montrait combien sont insignifiants les effets de cette résistance.

Galilée a démontré que la trajectoire d'un projectile est une parabole, parce que le mouvement du projectile est une combinaison de deux mouvements indépendants : un mouvement uniforme vers l'avant, selon l'horizontale, et un mouvement uniformément accéléré vers le bas, selon la verticale.

Commentant ce résultat, Galilée, par la voix de Simplicio, dit fort correctement :

> Il est à mon avis impossible de supprimer la résistance du milieu, au point qu'elle n'altère plus l'uniformité du mouvement transversal et la loi de l'accélération dans la chute libre. Toutes ces difficultés rendent ainsi très improbable que des résultats établis sur des suppositions aussi fragiles puissent dans la pratique se révéler exacts.

Salviati répond alors :

> Les difficultés et les objections que vous venez de mettre en avant sont si bien fondées qu'il me paraît impossible de les écarter; je les accepte donc toutes, pour ma part, comme notre Auteur lui-même, je le crois, les accepterait. J'accorde que les conclusions établies dans l'abstrait se modifient dans la réalité, et se montrent à ce point inexactes que ni le mouvement transversal ne peut être uniforme, ni l'accélération naturelle s'effectuer selon la proportion admise, ni la trajectoire d'un projectile avoir la forme d'une parabole.

Galilée démontre ensuite que pour

> les projectiles que nous utilisons, qu'ils soient d'une matière pesante et de forme arrondie, ou d'une matière moins pesante et de forme cylindrique, comme les traits qu'on lance avec une fronde ou un arc, l'écart entre leur mouvement et la forme exactement parabolique sera tout à fait insignifiant. Maintenant, en prenant un peu plus de liberté, je peux vous montrer, au moyen de deux expériences, que la faiblesse de nos moyens techniques rend très peu sensibles ces résistances externes et accidentelles.

Dans l'une de ces expériences, Galilée employa deux boules, l'une pesant 10 ou 12 fois plus que l'autre, « l'une étant, par exemple, en plomb, et l'autre en bois de chêne, et qui tombent toutes deux d'une hauteur de 150 ou 200 coudées ». Selon Galilée

> [l'expérience montre qu'elles] touchent terre avec des vitesses très peu différentes ; ainsi sommes-nous assurés que la résistance et le ralentissement imputables à l'air dans les deux cas sont peu de chose, car si la boule de plomb, en partant au même moment que la boule de bois, était peu ralentie, et celle-ci fortement, elle devrait, en atteignant le sol, posséder une avance considérable, étant dix fois plus pesante. En fait rien de tel ne se produit, et l'avance gagnée ne représentera même pas la centième partie de la distance parcourue, entre une boule de plomb et une boule de pierre, deux ou trois fois moins pesante, la différence séparant les temps d'arrivée à terre serait à peine observable.

Galilée montre alors que, indépendamment du poids,

> la résistance opposée par l'air à un même mobile, quand il se meut très vite, n'est pas très supérieure à celle qui lui est opposée lorsqu'il se meut lentement.

Il suppose que la résistance que l'air oppose aux mouvements étudiés par lui « les perturbe tous et d'une infinité de manières, selon que les formes, les poids et les vitesses des mobiles varient eux-mêmes d'une infinité de manières ». Il précise ensuite :

> Pour ce qui est de la vitesse, par exemple, plus elle sera élevée, plus grand sera l'obstacle constitué par l'air ; et d'autant plus gênant que la gravité des mobiles sera plus faible : ainsi, et en dépit du fait que la vitesse d'un mobile lorsqu'il descend devrait croître proportionnellement au temps que dure son mouvement, la résistance de l'air lorsqu'il vient d'une grande hauteur, et cela quelle que soit sa gravité, sera telle qu'elle l'empêchera d'augmenter sa vitesse, et pour finir réduira son mouvement à l'uniformité ; ce qui se produira d'autant plus vite, et après une descente d'autant plus courte, que le mobile sera moins pesant.

Dans cette très intéressante conclusion, Galilée dit que si un corps tombe pendant suffisamment longtemps, la résistance de l'air augmente proportionnellement à la vitesse jusqu'à égaler et compenser le poids qui attire ce corps vers la Terre. Si deux corps ont la même dimension et offrent la même résistance parce qu'ils ont aussi une forme identique, le plus lourd restera en mouvement accéléré plus longtemps que le plus léger. Il continuera à accélérer jusqu'à ce que la résistance (proportionnelle à la vitesse, elle-même proportionnelle au temps) soit égale au poids. Ce qui nous intéresse ici n'est pas tant ce résultat important que la conclusion générale qu'en tire Galilée : quand la résistance devient égale au poids du corps qui tombe, elle s'oppose à tout accroissement de vitesse et rend le mouvement uniforme. Cela signifie que si toutes les forces agissant sur un corps (ici, la force du poids, dirigée vers le bas, et la force de résistance, dirigée vers le haut) s'équilibrent, de sorte que leur somme est égale à zéro, le corps continue cependant de se déplacer et ce déplacement se fait selon un mouvement uniforme. Ceci est anti-aristotélicien – Aristote soutenait en effet que l'égalité de la force motrice et de la résistance entraînait la nullité de la vitesse – et exprime, sous une forme restreinte, la première loi du mouvement de Newton ou principe de l'inertie. Selon ce principe, en l'absence de toute force extérieure, un corps soit se meut en ligne droite avec une vitesse constante, soit reste immobile. Ce principe établit ainsi une équivalence entre le mouvement rectiligne uniforme et l'état de repos, et peut être considéré comme l'un des fondements essentiels de la physique moderne newtonienne (voir l'annexe 8, p. 234).

Mais le principe de Galilée était-il véritablement identique à celui de Newton ? Remarquons que l'énoncé de Galilée ne fait aucune référence à une loi générale de l'inertie, et ne concerne que le cas particulier de la chute des corps. Or, ce mouvement est limité, puisqu'il prend fin quand le corps touche le sol. Il est impossible, par exemple, qu'un tel mouvement se poursuive uniformément et éternellement en ligne droite, contrairement à ce que l'on peut déduire du principe plus général de Newton.

Dans ses *Deux Sciences nouvelles,* Galilée n'a pratiquement abordé le problème de l'inertie que dans son étude de la trajectoire d'un projectile, dont il voulait démontrer la nature parabolique (*fig. 20*). Galilée considère un corps lancé horizontalement ; son mouvement admet alors deux composantes distinctes et indépendantes. La première est un mouvement horizontal à vitesse constante – à un petit ralentissement près dû à la résistance de l'air –, et la seconde, un mouvement vertical accéléré vers le bas, à l'instar d'un corps en chute libre. La combinaison de ces deux mouvements rend la trajectoire parabolique. Si Galilée n'a donné aucune démonstration expérimentale de l'identité de la composante verticale et d'un mouvement de chute libre, il en a toutefois suggéré une en indiquant qu'une boule projetée horizontalement sur un plan incliné (*fig. 21*) décrit une parabole (voir l'annexe 9).

Aujourd'hui, nous pouvons faire cette démonstration de la façon suivante : on lance une bille horizontalement, pendant que, du même endroit et en même temps, on laisse tomber une deuxième bille. On prend des instantanés stroboscopiques à divers instants et on s'aperçoit que, bien qu'une des billes ait été lancée horizontalement alors que l'autre tombe verticalement, les distances verticales parcourues dans les mêmes temps sont égales. Nous avons la même situation dans le cas d'une balle lâchée à l'intérieur d'un train se déplaçant à vitesse constante sur une voie rectiligne. Seconde après seconde, elle tombe verticalement comme si le train était immobile. Mais, puisqu'elle se meut aussi horizontalement avec la même vitesse uniforme que le train, sa trajectoire réelle par rapport au sol est une parabole. Un autre exemple contemporain est celui d'un avion volant horizontalement avec une vitesse constante et larguant une bombe ou

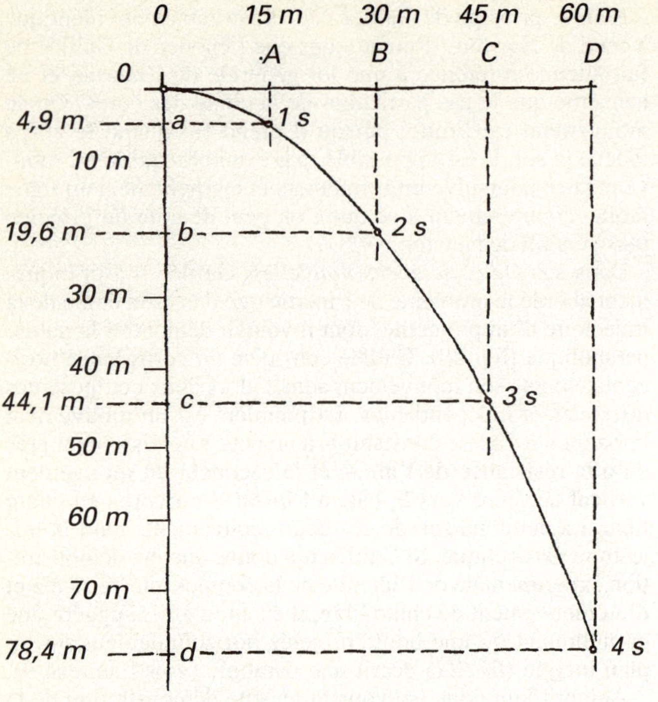

Fig. 20. Pour voir comment Galilée analyse le mouvement d'un projectile, considérons un boulet lancé horizontalement par un canon du sommet d'une falaise, avec une vitesse de 15 m à la seconde. Les points A, B, C, D *sont ceux où se trouverait le boulet après 1, 2, 3 et 4 secondes s'il n'y avait pas de résistance de l'air et aucune composante verticale dirigée vers le bas ; dans un tel cas, le mouvement serait horizontal et uniforme à raison de 15 m à la seconde. Les points* a, b, c, d *sont ceux où se trouverait le boulet s'il tombait en l'absence de résistance de l'air et de mouvement horizontal. Les distances de chute sont données par la loi :*

$$D = \frac{1}{2} g T^2$$

où l'accélération g est de 9,8 m/s². Les distances parcourues après 1, 2, 3 et 4 secondes sont données dans le tableau ci-dessous :

une torpille. La chute selon la verticale est la même que si la bombe, ou la torpille, avait été lâchée de la même hauteur depuis un objet immobile, disons un ballon captif par temps calme. En tombant de l'avion, la bombe, ou la torpille, continue son mouvement horizontal avec la vitesse uniforme de l'avion et, si on néglige la résistance de l'air, reste à la verticale de l'avion. Mais pour un observateur immobile au sol, elle décrira une parabole.

Considérons enfin une pierre tombant d'une tour. Par rapport à la Terre (pour une chute si courte le mouvement de la Terre peut être considéré comme rectiligne et uniforme), elle tombe en droite ligne. Mais par rapport à l'espace rapporté aux étoiles fixes, elle conserve le mouvement qu'elle partageait avec la Terre au moment où elle a été lâchée et sa trajectoire est une parabole.

Ces analyses de trajectoires paraboliques sont toutes basées

T	T^2	$\frac{1}{2} g T^2$	D
1 s	1 s^2	4,9m/s^2 x 1 s^2	4,9 m
2 s	4 s^2	4,9m/s^2 x 4 s^2	19,6 m
3 s	9 s^2	4,9m/s^2 x 9 s^2	44,1 m
4 s	16 s^2	4,9m/s^2 x 16 s^2	78,4 m

Si, par a, b, c *et* d, *on trace des lignes horizontales et par* A, B, C, D *des lignes verticales, les points de rencontre sont les points où se trouve réellement le boulet, et la courbe qui les joint est la trajectoire suivie par le projectile.*

Pour les lecteurs qu'un peu d'algèbre n'effraie pas, voici l'équation de cette courbe : soit x la distance horizontale, y la distance verticale, et v la vitesse horizontale du projectile. On a $x = vT$ *et* $y = \frac{1}{2} g T^2$. *Alors* $x^2 = v^2T^2$, *soit*

$$\frac{x^2}{v^2} = T^2$$

$$\frac{2y}{g} = T^2$$

d'où il suit que $\frac{x^2}{v^2} = \frac{2y}{g}$, *soit* $y = \frac{g}{2v^2}x^2$ *; c'est de la forme* $y = kx^2$, *avec* k *constante : c'est l'équation classique de la parabole.*

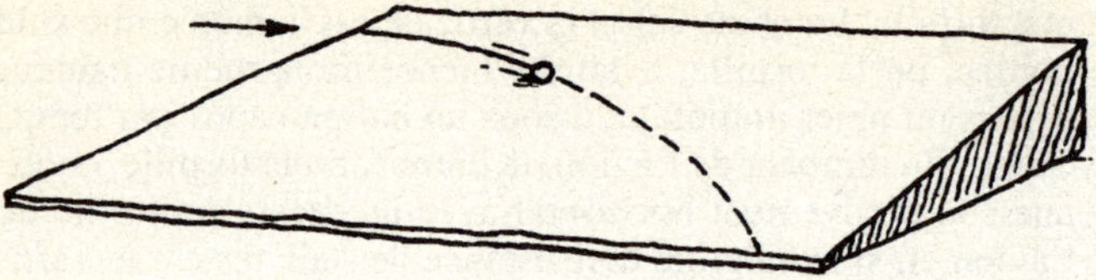

Fig. 21. Pour mettre en évidence la trajectoire d'un projectile, Galilée utilisa un plan incliné. Une bille lancée horizontalement en haut du plan se déplace vers le bas en décrivant une parabole.

sur le principe de Galilée décomposant un mouvement complexe en deux mouvements (ou composantes) perpendiculaires. C'est certainement une preuve de son génie d'avoir vu qu'un corps pouvait avoir simultanément une composante de vitesse horizontale et uniforme, non accélérée, et une composante verticale accélérée mutuellement indépendantes. Dans chaque cas, la composante horizontale montre qu'un corps se déplaçant en ligne droite avec une vitesse constante a tendance à poursuivre ce même mouvement, même s'il perd contact avec la source originelle de ce mouvement uniforme. On peut décrire cela comme étant la propriété de tout corps à s'opposer à tout changement de son état de mouvement, propriété connue depuis Newton sous le nom d'inertie du corps. Cette notion d'inertie étant manifestement très importante pour la compréhension du mouvement, nous allons analyser un peu plus en profondeur les idées de Galilée – non pas tant pour en faire voir les limites que pour mesurer les obstacles qui s'opposèrent à la formulation de la loi générale de l'inertie et au renoncement aux derniers vestiges de l'ancienne physique.

On peut tout d'abord remarquer que dans son analyse de la trajectoire parabolique, Galilée s'est écarté de la stricte cinématique pour introduire quelques considérations de dynamique. La présence de l'accélération dans la composante verticale du mouvement, et son absence dans la composante horizontale, s'explique par le fait que la gravité agit verticalement et non horizontalement. Galilée ne concevait pas les forces comme des abstractions ; il ne généralisa pas les prin-

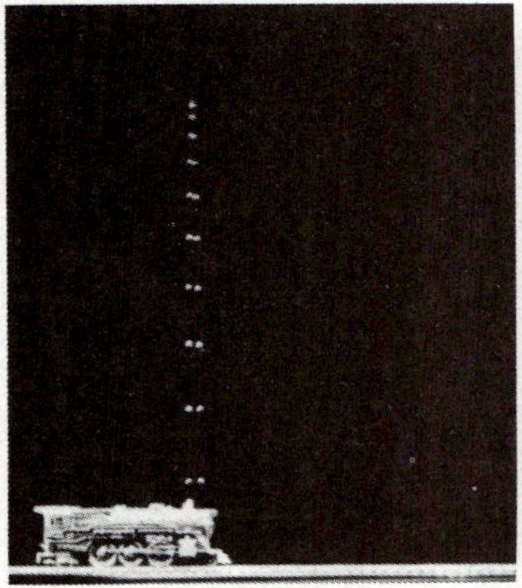

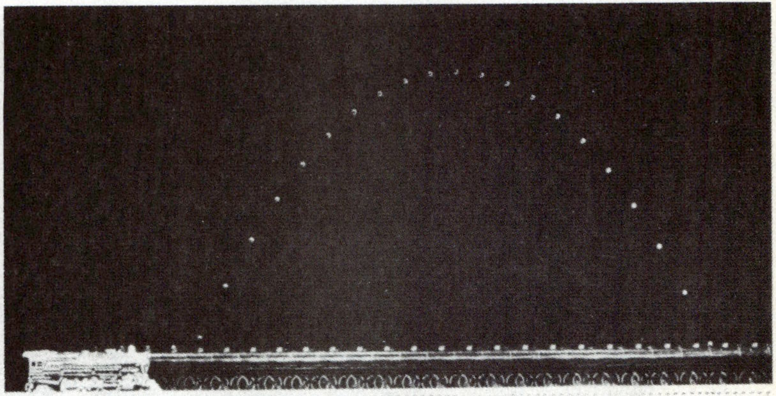

PLANCHE VI. Une bille tirée par un pistolet à ressort placé dans la cheminée d'une locomotive miniature se déplaçant à vitesse constante décrit une parabole puis retombe sur la locomotive ; cette trajectoire est tout à fait différente de la montée et de la descente verticales survenant si la locomotive est au repos. Ces vues stroboscopiques, prises à des intervalles d'un trentième de seconde, illustrent de manière éclatante l'un des arguments de Galilée sur le comportement des corps en chute libre et clôt le vieux débat sur les corps lâchés du sommet des mâts de navires en mouvement. Si la vitesse de la locomotive était absolument uniforme et si la bille ne rencontrait aucune résistance de la part de l'air, elle atterrirait dans la cheminée. (En fait, malgré les conditions sommaires de l'expérience, elle heurte la cheminée plus souvent qu'elle ne la manque.) Remarquez qu'elle atteint la même hauteur, que la locomotive soit en mouvement ou au repos. Notez également que, sur la photographie où la locomotive reste immobile, les distances qu'elle parcourt entre les expositions successives se correspondent presque parfaitement. Lors de la montée, la gravitation ralentit la bille ; lors de la descente, elle l'accélère. Photographies de Berenice Abbott.

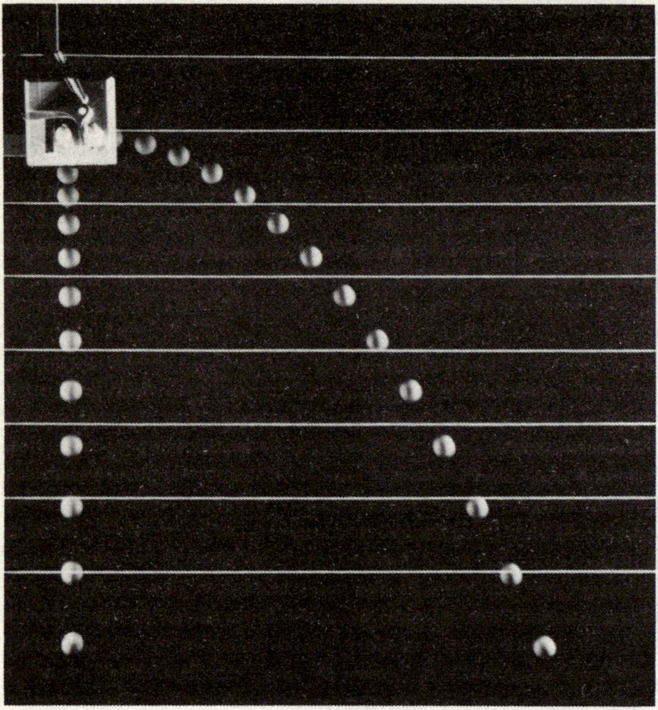

PLANCHE VII. Cette photographie stroboscopique illustre l'indépendance des composantes verticale et horizontale du mouvement d'un projectile en chute libre. Durant des intervalles d'un trentième de seconde, la balle décrivant la parabole descend de la même distance que la balle tombant verticalement. Photographie de Berenice Abbott.

PLANCHE VIII.

cipes qu'il utilisa dans ses analyses du mouvement des projectiles, et ne put donc découvrir une version qualitative de la deuxième loi de Newton. Mais les scientifiques virent plus tard dans ses travaux le germe de la dynamique. (Pour un résumé des résultats obtenus par Galilée en science du mouvement, voir l'annexe 10, p. 238.)

Difficultés et accomplissements galiléens : la loi de l'inertie

Vers la fin de ses *Deux Sciences nouvelles*, Galilée introduit l'étude du mouvement des projectiles comme suit :

> J'imagine qu'un mobile a été lancé sur un plan horizontal d'où l'on a écarté tout obstacle : il est déjà certain, d'après ce qu'on a dit ailleurs plus longuement, que son mouvement se poursuivra uniformément et éternellement sur ce même plan, pourvu qu'on le prolonge à l'infini.

Mais existe-t-il, dans le monde réel où vit Galilée, un plan d'extension infinie ? Certainement non. Ainsi que le reconnaît d'ailleurs Galilée par la voix de Simplicio :

> Nous supposons en effet, et c'est l'une des difficultés, qu'un plan horizontal, qui n'incline ni vers le haut ni vers le bas, est une ligne droite, comme si une telle ligne était, en toutes ses parties, équidistante du centre de la Terre ; or il n'en est rien, car si partant de son milieu on va vers ses extrémités, on s'éloignera de plus en plus du centre, s'élevant ainsi constamment.

Ainsi, si une boule roule sur un immense plan tangent à la Terre, dès son départ elle ne peut que s'élever, ce qui détruit l'uniformité de son mouvement. Mais dans le monde réel de l'expérience, il en va différemment, ainsi que le souligne Galilée :

> Nos instruments et les longueurs mises en cause sont si petits en comparaison de la distance considérable qui nous sépare du centre du globe, que nous pouvons, à bon droit, assimiler une minute de degré prise sur un très grand cercle à une ligne droite, et deux perpendiculaires, abaissées par ses extrémités, à deux parallèles.

Galilée explique ce que signifie assimiler un arc à une ligne droite :

> J'ajoute d'ailleurs qu'Archimède et les autres supposaient dans leurs recherches qu'ils étaient infiniment éloignés du centre, auquel cas leurs conventions étaient exactes et leurs démonstrations parfaitement concluantes. Quand donc nous voulons appliquer, dans le cadre de distances finies, des conclusions établies dans l'hypothèse de distances immensément grandes, nous devons retrancher de la vérité démontrée une quantité correspondante au fait que notre éloignement du centre n'est pas vraiment infini, mais seulement tel qu'on peut l'appeler immense, comparé à la faiblesse de nos moyens techniques.

Comme dans sa discussion sur la résistance de l'air, Galilée désire ici simplement savoir quel peut être l'effet d'un facteur qu'il souhaite ignorer. Quelle erreur commet-on en assimilant une petite surface de la Terre à un plan ? Une très faible erreur, pour la plupart des problèmes.

Plus haut, lors de la présentation des idées de Galilée sur les vitesses en phases de mouvement terminales, nous avons vu qu'il considérait l'accroissement de la résistance de l'air comme une certaine fonction de la vitesse. Il en résulte qu'après un temps de chute suffisamment long, un corps rencontre une résistance de l'air égale à son poids et perd donc son accélération. La résultante des forces extérieures agissant sur le corps étant nulle, le corps se déplacera alors en ligne droite avec une vitesse constante. Le mouvement vertical de chute libre vers la Terre fournit ainsi une illustration évidente du principe de l'inertie. Il semblait pareillement que la composante horizontale du mouvement du projectile – sa composante de vitesse parallèle à la Terre – était elle aussi une illustration du principe de l'inertie. Mais voici qu'on nous dit qu'un mouvement horizontal étant un mouvement sur un plan tangent à la Terre, il ne peut pas être d'inertie dans la mesure où quelle que soit la direction dans laquelle il s'éloigne du point de tangence, le corps, bien que restant sur ce plan, ira en montant ! Évidemment, pour qu'un tel mouvement soit inertiel et se poursuive à vitesse constante *sans l'intervention d'aucune force extérieure,* le « plan » sur lequel se déplace le corps ne peut être un vrai plan géométrique, mais une portion de la surface terrestre, portion qu'on ne peut assimiler à un plan qu'en raison de la dimension relativement énorme du rayon de la Terre. Il semblerait que pour Galilée le principe de l'inertie ait eu une validité limitée ; il était restreint aux objets se déplaçant soit vers le bas, suivant des droites verticales s'achevant à la surface de la Terre, soit sur de petits domaines de la surface terrestre elle-même. Ce dernier mouvement ne s'effectuant pas rigoureusement en ligne droite, le concept de Galilée est parfois qualifié d'« inertie circulaire ». C'est injustifié, car on attribue ainsi à Galilée un principe erroné : il n'existe en effet aucune forme d'inertie qui, d'elle-même et sans l'intervention d'aucun autre agent, puisse déplacer un corps selon un mouvement circulaire constant.

La lecture du *Dialogue sur les deux grands systèmes du monde* nous éclaire sur le point de vue de Galilée. Dans cet ouvrage, il parle sans ambiguïté d'un mouvement que nous dirions d'inertie, mais d'inertie circulaire plutôt que rectiligne. Comme dans *Deux Sciences nouvelles,* il étudie un mouvement composé de deux mouvements distincts et indépendants, l'un circulaire uniforme, et l'autre rectiligne accéléré et dirigé vers le centre de la Terre. Galilée a apparemment recouru à ce type d'inertie non rectiligne pour expliquer pourquoi, sur une Terre en rotation, un corps en chute libre tombe verticalement comme si la Terre était immobile. A l'évidence, la chute rectiligne d'un corps pesant sur une Terre en rotation signifiait pour Galilée que le corps tourne avec la Terre. Ainsi, selon lui, une boule tombant du haut d'une tour décrit des arcs de cercles égaux en des temps égaux (comme tout point de la Terre), tout en descendant en direction du centre de la Terre selon un mouvement uniformément accéléré.

Il y a dans le *Dialogue* un passage où Galilée semble avoir été très près de formuler le principe de l'inertie. Salviati demande en effet à Simplicio ce qui arriverait à une bille placée sur un plan incliné. Simplicio convient qu'elle s'accélérerait spontanément vers le bas, de même qu'il faudrait l'action d'une force pour « la faire monter ou simplement la maintenir immobile ». Qu'arriverait-il si une telle bille était « posée sur une surface sans pente ni vers le bas ni vers le haut ? ». Simplicio dit qu'il n'y aurait ni « tendance naturelle au mouvement » ni « résistance au mouvement ». Par conséquent, le corps resterait au repos. Salviati reconnaît que ce serait le cas si la bille était posée en douceur ; mais qu'arriverait-il si on lui imprimait une petite impulsion dans une direction quelconque ? Simplicio répond qu'elle se déplacerait dans cette direction et qu'il n'y aurait pas de « cause pour une accélération ou décélération, puisque n'existerait aucune pente, ni ascendante ni descendante ». Il n'y a aucune cause qui pourrait « ralentir la bille » ou « l'amener au repos ». Salviati demande alors jusqu'où se déplacerait la bille dans de telles circonstances. La réponse est : « aussi loin que la surface s'étendrait sans monter ou sans descendre ». Salviati demande ensuite : « Maintenant, si un tel espace était sans limite, le mouvement serait-il pareillement illimité, c'est-à-dire perpétuel ? » Simplicio reconnaît qu'il en serait ainsi.

Arrivé à ce point, il semble que Galilée ait postulé le principe de l'inertie sous sa forme moderne : un corps lancé sur un plan infini se déplace éternellement d'un mouvement uniforme. Et ceci ressort encore mieux lorsque Simplicio déclare que ce mouvement serait « perpétuel » si « le corps était fait d'un matériau impérissable ». Mais, lui demande ensuite Salviati, « d'où vient que la bille descend spontanément le plan incliné, tandis qu'elle ne peut le remonter sans l'intervention d'une force ? ». Simplicio répond que « la tendance des corps pesants est de se mouvoir vers le centre de la Terre et de ne s'élever que contraints de sa circonférence » subissant alors un mouvement violent. Salviati poursuit : « Alors, pour qu'une surface ne s'abaisse ni ne s'élève, il faut que toutes ses parties soient à égale distance du centre. Existe-t-il de telles surfaces dans le monde ? » Simplicio répond : « Il y en a beaucoup ; telle serait la surface de notre globe terrestre s'il était lisse et non accidenté et montagneux. Telle est la surface de l'eau, quand elle est calme et tranquille. » Salviati dit qu'alors « un bateau voguant sur une mer calme correspond à un mobile se déplaçant sur une surface qui n'est inclinée ni vers le haut ni vers le bas, et serait, si tous les obstacles extérieurs et accidentels étaient supprimés, disposé à se mouvoir sans cesse et uniformément, une fois reçue une impulsion ». Simplicio approuve : « Il semble qu'il devrait en être ainsi. »

Il est alors évident que ce qui paraissait être, au début, un plan infini, s'est réduit dans la discussion à une portion de la surface sphérique de la Terre. Et ce mouvement, censé être « perpétuel » et uniforme sur un plan infini, est devenu celui d'un bateau glissant sur une mer calme, ou de n'importe quel autre objet se déplaçant sur une sphère lisse comme la Terre. Et c'est précisément ce point que Galilée désirait démontrer, parce qu'il peut alors expliquer pourquoi une pierre qu'on laisse tomber d'un bateau se déplace autour de la Terre avec le bateau, et ainsi tombera du haut du mât à son pied. « Maintenant, voyons cette pierre qui est au sommet du mât. Ne se déplace-t-elle pas, emportée par le bateau, tous deux allant le long de la circonférence du cercle autour du centre ? Et, en conséquence, n'y a-t-il pas là un mouvement inévitable, tous les obstacles extérieurs ayant été supprimés ? Et ce mouvement n'est-il pas aussi rapide que celui du bateau ? » Simplicio est alors autorisé à tirer sa propre conclusion : « Vous voulez dire que la pierre, se déplaçant avec le mouvement indestructible qui lui a été imprimé, ne quitte pas le bateau [en mouvement], mais le suivra et, finalement, tombera au même endroit où elle serait tombée si le bateau était resté immobile. »

Une des raisons pour lesquelles Galilée aurait jugé inadmissible le principe de l'inertie, dans sa formulation newtonienne, est qu'il implique un Univers infini. Le principe newtonien de l'inertie dit qu'un corps en mouvement, s'il n'est soumis à aucune force, se meut éternellement en ligne droite et à vitesse constante ; mais s'il est animé d'un tel mouvement éternel, il doit nécessairement se déplacer dans un espace infini. Or, dans son *Dialogue sur les deux grands systèmes du monde*, Galilée affirme que « tout corps se trouvant dans un état de repos, mais naturellement capable de mouvement, ne se déplacera, une fois libéré, que s'il a une tendance naturelle vers un lieu particulier ». Ainsi, un corps ne peut *s'éloigner* d'un lieu ; il ne peut que *se diriger vers* un lieu. Galilée déclare également sans équivoque :

> En outre, le mouvement rectiligne étant par nature infini (puisqu'une ligne droite est infinie et indéterminée), aucune chose ne peut, par nature, posséder le principe du mouvement en ligne droite, autrement dit, vers un lieu où il est impossible d'arriver, puisqu'il n'y a là aucune fin. Car la nature, ainsi qu'Aristote lui-même l'a fort bien dit, n'entreprend jamais de faire ce qui ne peut être fait, ni ne s'efforce de mouvoir vers un lieu où il est impossible d'arriver.

Il est donc évident que, lorsque Galilée parle de mouvement rectiligne, il entend un mouvement se faisant le long d'une portion limitée de ligne droite, ou, pour parler techniquement, le long d'un segment de droite. Pour Galilée, comme pour ses prédécesseurs médiévaux, mouvement signifie encore « mouvement local », transfert d'un lieu à un autre, mouvement vers une destination fixée et non mouvement éternel se poursuivant simplement dans une direction déterminée – sauf pour les mouvements circulaires.

La première allusion de Galilée à une forme d'inertie se trouve dans son célèbre ouvrage *Histoire et Démonstrations concernant les taches solaires et leurs phénomènes,* paru à Rome en 1613, quatre ans après qu'il eut commencé ses observations avec son télescope. Parlant de la rotation des taches solaires, il énonce un principe d'inertie restreinte disant qu'un objet lancé sur une trajectoire circulaire parcourra cette orbite avec une vitesse constante aussi longtemps qu'il ne subit pas l'action d'une force extérieure. Voici ce qu'il dit :

> Car il me semble avoir observé que les corps physiques ont une inclination physique vers un certain mouvement (par exemple vers le bas pour les corps pesants), mouvement dont ils sont animés sous l'action d'une propriété intrinsèque, sans qu'il soit besoin d'un moteur particulier extérieur, et toutes les fois qu'ils n'en sont pas empêchés par quelque obstacle. Et ils répugnent à certain autre mouvement (par exemple vers le haut pour les corps pesants), et ne se déplacent donc jamais de cette manière, sauf s'ils sont lancés violemment par un agent extérieur.
>
> Enfin, ils sont indifférents à certains mouvements comme le sont les corps pesants au mouvement horizontal, pour lequel ils n'ont ni inclination (puisqu'il n'est pas dirigé vers le

> centre de la Terre), ni répugnance (puisqu'il ne les éloigne pas de ce centre). Par conséquent, tout obstacle étant écarté, un corps pesant situé sur une surface sphérique concentrique à la Terre sera indifférent au repos et aux mouvements vers n'importe quel point de l'horizon. Et il se maintiendra dans cet état une fois qu'il y aura été placé ; c'est-à-dire que, s'il a été placé dans un état de repos, il restera immobile, et s'il a été mis en mouvement vers l'ouest (par exemple), il persévérera dans ce même mouvement. Ainsi, un navire, par exemple, ayant reçu une fois une impulsion sur une mer tranquille, glisserait continuellement autour du globe sans jamais s'arrêter ; et, placé au repos, il y resterait éternellement, si, dans le premier cas, tous les obstacles extérieurs pouvaient être supprimés, et, dans le second cas, si aucune cause extérieure de mouvement n'était ajoutée.

Notons ici que le mouvement continu analysé par Galilée n'est pas circulaire au sens général, mais seulement circulaire dans la mesure où il décrit un cercle sur la surface de la Terre, ou sur une grande surface concentrique à la Terre. Nous avons vu que Galilée considérait qu'un petit arc de cercle terrestre ne différait pas notablement d'un segment de droite. Mais ce qui est encore plus important, c'est la présentation qu'il donne (au second paragraphe de l'extrait ci-dessus *) du concept d'« état » – de mouvement ou de repos –, concept qui (voir l'annexe 8) devait jouer un rôle central dans les nouvelles physiques inertielles de Descartes et de Newton. Le problème est rendu plus compliqué par le fait que Galilée subissait à l'évidence l'influence générale de son temps qui accordait une place particulière aux mouvements circulaires. Ce fut le cas non seulement de la physique aristotélicienne, mais aussi de l'approche copernicienne de l'Univers. Reprenant une idée néo-platonicienne, Copernic avait dit que l'Univers est sphérique,

> soit parce que cette forme est la plus parfaite de toutes [...] soit parce qu'elle est la forme ayant la capacité la plus grande

* Pour une analyse des idées de Galilée sur le mouvement inertiel, voir Winifred L. Wisan, *The New Science of Motion*, 1974, p. 261-263 ; on y trouvera également une précieuse présentation du principe « proto-inertiel » de quelques prédécesseurs de Galilée tels Cardan et Benedetti (p. 149-150, 205, 236-237).

> [à aires égales, la sphère est de tous les solides celui qui possède le plus grand volume], qui convient le mieux à tout contenir et tout embrasser ; soit aussi parce que toutes les parties séparées du monde, je veux dire le Soleil, la Lune et les étoiles sont vus sous cette forme ; soit parce que toutes les choses tendent à se limiter ainsi comme il apparaît dans les gouttes d'eau et d'autres corps liquides, lorsqu'ils tendent à se limiter par eux-mêmes.

Puisque la Terre est sphérique, demande Copernic, « pourquoi donc hésiterons-nous plus longtemps à lui attribuer une mobilité s'accordant par sa nature avec sa forme, plutôt que d'ébranler le monde entier, dont on ignore et ne peut connaître les limites ? ». On peut voir, dans l'accent mis par Galilée sur les cercles et les mouvements circulaires, un élément de son plaidoyer en faveur du système de Copernic.

Si Galilée est un homme de son temps, encore prisonnier, en physique, des principes de la circularité, on mesure ici combien les schémas de pensée généraux d'une époque peuvent limiter le génie des plus grands hommes. Dans le cas de Galilée, les conséquences de ce fait sont particulièrement intéressantes dans le contexte du présent livre. Nous nous arrêterons sur deux d'entre elles, qui seront discutées dans le prochain chapitre. Premièrement, l'attachement de Galilée aux cercles pour représenter les orbites planétaires, qui l'empêcha d'accepter le concept d'orbites planétaires elliptiques, remarquable découverte de son contemporain Kepler, publiée en 1609, juste au moment où Galilée pointait sa lunette vers les cieux. Deuxièmement, pour avoir restreint le principe d'inertie tel qu'il le concevait aux corps en rotation et aux corps pesants se déplaçant librement sur des sphères lisses concentriques à la Terre (avec l'exception d'objets terrestres décrivant des segments de droites), Galilée n'a jamais abouti à une véritable mécanique céleste. Apparemment, il n'a pas tenté d'expliquer le mouvement des planètes par l'action d'un principe d'inertie circulaire, et, comme l'a dit Stillman Drake, le grand spécialiste américain de Galilée : si Galilée « n'a avancé aucune explication sur l'origine du mouvement planétaire, il a néanmoins suggéré qu'une fois connue la nature de la gravitation, on pourrait alors découvrir cette origine ». Cette découverte était réservée à Newton.

Nous verrons que Newton a inventé une physique de l'inertie fournissant une dynamique des corps aussi bien célestes que terrestres ne contenant qu'une *inertie rectiligne*, et dépourvue de toute forme d'inertie circulaire. En fait, ce n'est pas la moindre part du génie de Newton qui apparaît dans son analyse du mouvement orbital planétaire où, suivant une idée empruntée à Hooke, il scinde le mouvement curviligne en une composante inertielle *rectiligne* alliée à une chute continue s'écartant de la ligne droite pour ramener sur la trajectoire orbitale. Ainsi, contrairement à Galilée, Newton démontra que le mouvement circulaire n'est pas inertiel. Avec son contemporain Christian Huygens, il montra que le mouvement circulaire uniforme présentait une accélération non uniforme, donc étrangère aux conceptions de Galilée.

Quelques historiens ont identifié toute la carrière scientifique de Galilée à une campagne en faveur du système de Copernic. Sans doute, par ses attaques contre Aristote et Ptolémée, eut-il l'intention de détruire à la fois le concept d'un Univers géostatique et la physique qui en résultait. La lunette lui permit d'ébranler les fondements de l'astronomie de Ptolémée, et ses recherches en dynamique le conduisirent à un nouveau point de vue selon lequel les événements survenant sur une Terre en mouvement ont même apparence que sur une Terre immobile. Si Galilée n'a pas réellement expliqué l'origine du mouvement de la Terre, il a réussi à montrer pourquoi des expériences terrestres, telles celles sur la chute des corps pesants, ne pouvaient ni confirmer ni infirmer le mouvement de la Terre.

L'unité de la vie scientifique de Galilée, combinant observation astronomique et physique mathématique, découle de son entière adhésion à un Univers centré sur le Soleil – adhésion que confortèrent pratiquement toutes les découvertes majeures qu'il réalisa en physique ou en astronomie. Ayant été celui par qui les aspects glorieux de la Création dans les cieux furent pour la première fois révélés à un mortel, Galilée dut certainement ressentir l'urgence qu'il y avait à convertir tous ses semblables au vrai système de l'Univers – à savoir celui de Copernic. Son conflit avec l'Église catholique romaine provint de ce que, au fond de son cœur, Galilée était un vrai croyant. Il n'y avait pour lui aucune voie de compromis, aucun moyen de séparer les cosmologies profane et théologique. Si, comme il le croyait, le système de Copernic était vrai, que pouvait-il faire d'autre que de combattre, avec toutes les armes de son arsenal de logique, de rhétorique, d'observation scientifique, de théorie mathématique et de fine perspicacité, afin que son Église accepte un nouveau système d'Univers ? Malheureusement pour Galilée, l'Église ne pouvait accepter un tel changement – c'est du moins ce qui semblait alors, juste après la tenue du concile de Trente, qui avait insisté sur l'interprétation littérale des Écritures. Le conflit ne put être évité et ses conséquences font aujourd'hui encore l'objet de travaux sans cesse controversés. On sent déjà, dans le contraste entre l'attitude héroïque de Galilée, lorsqu'il tenta de réformer les fondements cosmologiques de la théologie orthodoxe, et son humble reddition, lorsqu'à genoux, il désavoua le système de Copernic, les forces énormes présentes à la naissance de la science moderne. Et l'on peut entrevoir l'état d'esprit de ce grand homme en l'imaginant après son jugement et sa condamnation, vivant – ainsi que le rencontra Milton à Arcetri – en résidence surveillée et achevant son grand-œuvre scientifique : *Discours et Démonstrations concernant deux sciences nouvelles*. C'est à partir de ce livre que la génération scientifique suivante devait commencer la grande exploration des principes dynamiques d'un Univers centré sur le Soleil.

6. La musique céleste de Kepler

Depuis l'Antiquité grecque, les hommes de science ont insisté sur la simplicité de la nature. Un aphorisme classique d'Aristote dit : « La nature ne fait rien en vain, rien n'est superflu. » On trouve une autre expression de cette philosophie dans les idées du moine et savant anglais du XIVe siècle Guillaume d'Occam, dont le « principe d'économie », également appelé « rasoir d'Occam » (probablement pour son impitoyable élimination du superflu), affirme qu'« il ne faut pas multiplier les entités au-delà du nécessaire », ce que l'on pourrait résumer en disant : pourquoi faire avec plus ce qu'on peut faire avec moins. Ainsi que l'écrit Newton dans ses *Principia,* « la nature ne fait rien en vain, et se fait en vain ce qui se fait par plusieurs causes et qui peut se faire par moins de causes. En effet, la nature est simple et n'est pas prodigue en causes superflues des choses ».

Nous l'avons vu, Galilée supposa un principe de simplicité dans son approche du problème du mouvement accéléré, et la littérature de la physique moderne abonde elle aussi en exemples de ce genre. Mais en vérité, la physique d'aujourd'hui est en détresse, ou tout au moins mal à l'aise, car les « particules fondamentales nucléaires » récemment découvertes s'obstinent à ne pas obéir à des lois simples. Il y a seulement quelques décennies, les physiciens présumèrent avec suffisance que le proton et l'électron étaient les seules « particules fondamentales » dont ils avaient besoin pour expliquer l'atome. Mais tant d'autres sont depuis venues grossir les rangs qu'il semble qu'elles soient aussi nombreuses que les éléments chimiques. Face à une telle multitude, le physicien moyen est tenté de faire écho à Alphonse le

Sage et de se lamenter de ne pas avoir été consulté en premier.

Quiconque examine la figure 14, page 58, verra immédiatement que ni le système de Ptolémée ni celui de Copernic n'étaient « simples » – et ce, en aucun sens du terme. Aujourd'hui, nous savons pourquoi ces systèmes manquaient de simplicité : en restreignant les mouvements célestes à des cercles, ils introduisaient quantités de courbes et de centres de mouvement inutiles. Si les astronomes avaient utilisé d'autres courbes, notamment l'ellipse, ils auraient réalisé qu'un nombre bien moins grand aurait mieux fait l'affaire. L'une des grandes contributions de Kepler à l'astronomie fut d'avoir découvert cette vérité.

L'ellipse et l'Univers keplerien

L'ellipse permet de centrer le système solaire sur le Soleil réel plutôt que, comme le fit Copernic, sur un « soleil moyen » centre de l'orbite terrestre. Ainsi, le système keplerien propose un Univers d'étoiles fixes dans l'espace, un Soleil fixe, une ellipse *unique* pour l'orbite de chaque planète, plus une autre pour la Lune. En fait, excepté l'orbite de Mercure, la plupart de ces ellipses sont si proches de cercles qu'au premier regard, le système de Kepler ressemble au système copernicien simplifié représenté à la page 48 du chapitre 3 : un cercle pour chaque planète dans son mouvement autour du Soleil, et un autre pour la Lune.

Une ellipse, on le voit à la figure 22, n'est pas une courbe aussi « simple » que le cercle. Pour tracer une ellipse (*fig. 22 A*), piquez deux épingles, ou punaises, dans une planche et attachez-y les extrémités d'un fil. Placez un crayon dans la boucle du fil et tracez la courbe en veillant à ce que le fil reste toujours tendu. Cette méthode de traçage met en évidence la propriété caractéristique de l'ellipse : tout point P lui appartenant est tel que la somme de ses distances à deux autres points F_1 et F_2, appelés *foyers*, est constante – et égale à la longueur du fil. Ainsi, une ellipse peut avoir plus ou moins la forme d'un œuf, d'un cigare, d'une aiguille, ou être presque aussi ronde qu'un cercle (*fig. 22 B*). Mais, à

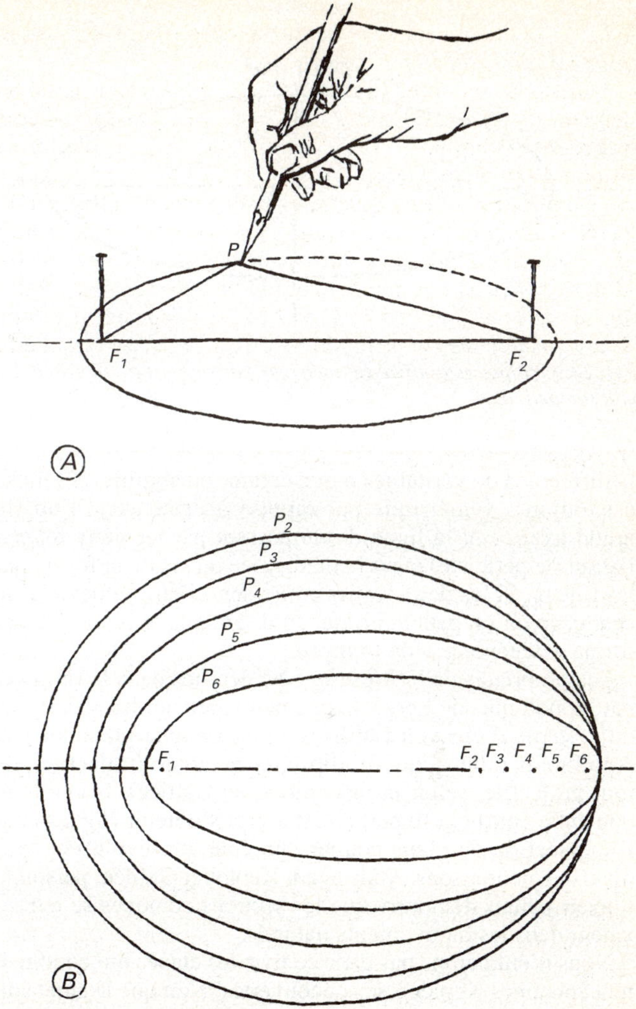

Fig. 22. Si l'on trace l'ellipse à l'aide de la méthode utilisée en (A), on peut, en conservant le même fil mais en variant la distance entre les épingles – $F_1 F_2$, $F_1 F_3$, $F_1 F_4$, etc. – lui donner les formes représentées en (B).

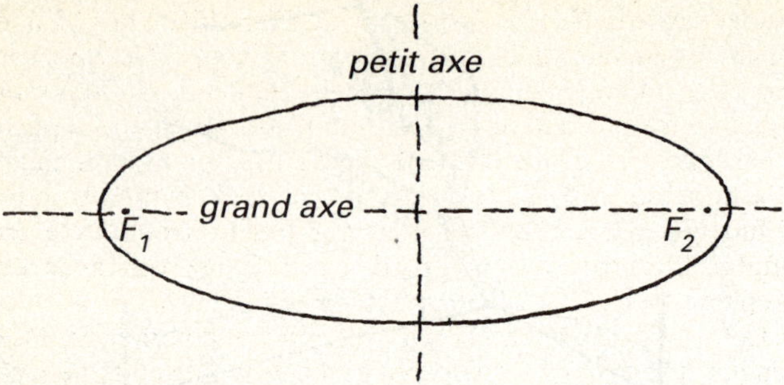

Fig. 23. L'ellipse est toujours symétrique par rapport à son grand axe et à son petit axe.

la différence de véritables œufs, cigares ou aiguilles, l'ellipse est toujours symétrique par rapport à deux axes, l'un (le grand axe) étant la ligne droite passant par les deux foyers, l'autre (le petit axe) étant la médiatrice du segment formé par les foyers. Si les deux foyers coïncident, l'ellipse devient un cercle, ce qu'on peut exprimer en disant que le cercle est une forme « dégénérée » de l'ellipse.

Les propriétés de l'ellipse ont été décrites dans l'Antiquité par Appolonius de Perga, le géomètre grec qui fut à l'origine du système d'épicycles utilisés en astronomie ptoléméenne. Apollonius montra que l'ellipse, la parabole (trajectoire de tout projectile, selon la mécanique de Galilée), le cercle et une autre courbe, l'hyperbole, peuvent s'obtenir (*fig. 24*) par l'intersection de plans coupant un cône de révolution sous diverses inclinaisons. Mais avant Kepler et Galilée, personne n'avait jamais démontré que les sections coniques se retrouvaient dans les mouvements naturels.

Nous n'étudierons pas dans ce livre les étapes qui conduisirent Johannes Kepler à ses découvertes. Non que le sujet soit dépourvu d'intérêt, bien au contraire. Mais nous nous intéressons ici à l'apparition d'une nouvelle physique dans sa relation aux écrits de l'Antiquité, du Moyen Age, de la Renaissance et du XVIIe siècle. On lut énormément Aristote, Galilée et Newton. On étudia soigneusement l'*Almageste* de

Ptolémée et le *De revolutionibus* de Copernic. Mais, d'une manière générale, on lut peu les écrits de Kepler. Newton, par exemple, connaissait les travaux de Galilée, mais ignorait apparemment l'œuvre astronomique de Kepler. Il apprit l'existence des lois de Kepler indirectement, en lisant le traité d'astronomie de T. Streete et le manuel de V. Wing. Aujourd'hui encore, il n'existe aucune traduction complète en anglais, français ou italien, des principaux ouvrages de Kepler.

Cette négligence n'est pas difficile à comprendre. La langue et le style de Kepler sont d'une difficulté et d'une pro-

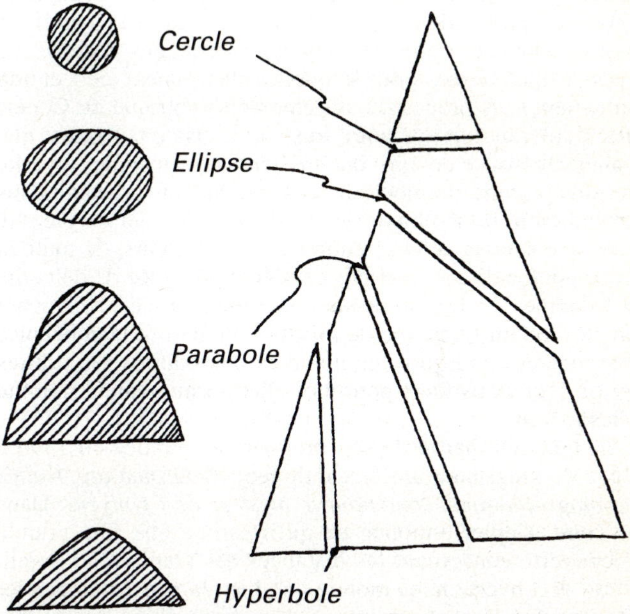

Fig. 24. On obtient les sections coniques en coupant un cône comme on le voit sur la figure. Remarquez que le cercle s'obtient en coupant le cône par un plan parallèle à sa base et la parabole par un plan parallèle au côté.

lixité inimaginables et, contrairement à la clarté et à la vigueur de chaque mot de Galilée, mettent à rude épreuve la patience du lecteur. Ceci n'a rien de surprenant, car les écrits reflètent la personnalité de leur auteur. Kepler était un mystique à l'esprit torturé, qui tomba sur ses grandes découvertes en suivant d'étranges tâtonnements, ce qui amena l'un de ses biographes * à le qualifier de « somnambule ».

Essayant de prouver une chose, il en découvrait une autre, et fit dans ses calculs d'importantes erreurs qui se compensèrent mutuellement ! Il fut en ce sens tout à fait différent de Galilée et Newton ; jamais leur recherche déterminée de la vérité ne put être assimilée à du somnambulisme. Kepler, qui a laissé quelques autoportraits littéraires, dit qu'il devint copernicien quand il était étudiant et qu'« il y avait trois choses en particulier, à savoir le nombre, les distances et les mouvements des corps célestes, pour lesquelles je cherchais avec zèle les raisons pour lesquelles elles étaient ainsi et non autrement ». A propos du système héliocentrique de Copernic, Kepler écrivit une autre fois : « Je sais certainement que j'ai envers lui ce devoir : que m'étant convaincu de sa vérité au plus profond de mon âme et contemplant sa beauté dans un indicible ravissement, je me dois également de prendre publiquement sa défense auprès de mes lecteurs, de toute la force dont je dispose. » Mais ce n'était pas assez de défendre ce système ; il entreprit de consacrer toute sa vie à rechercher une loi, ou un ensemble de lois, qui montrerait la cohérence du système, pourquoi les planètes possédaient les orbites qu'on leur trouvait et pourquoi elles se mouvaient comme elles le font.

La première partie de son programme, publiée en 1596 à l'âge de vingt-cinq ans, est intitulée : *Prodrome aux traités cosmographiques, contenant le mystère de l'Univers*. Dans ce livre, Kepler annonce ce qu'il estime être une grande découverte concernant les distances des planètes au Soleil. Cette découverte nous montre combien la pensée de Kepler était profondément enracinée dans la tradition platonico-pythagoricienne, combien il voulut dégager des relations

* Arthur Koestler, *Les Somnambules*, trad. fr., Paris, Calmann-Lévy, 1960.

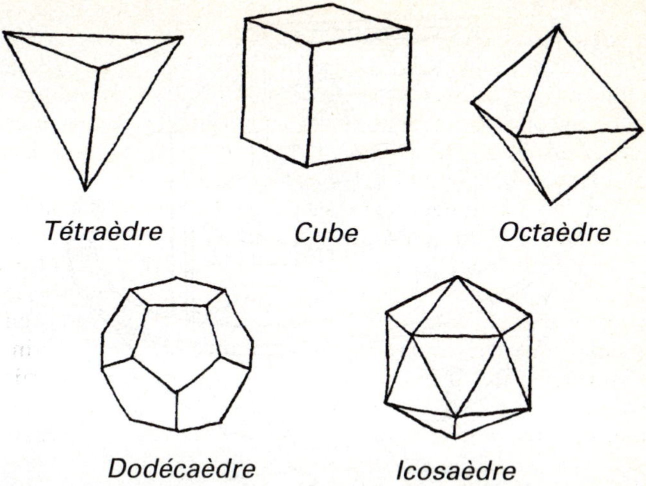

Fig. 25. Polyèdres « réguliers ». Le tétraèdre a quatre faces, qui sont des triangles équilatéraux ; le cube a six faces, qui sont des carrés ; l'octaèdre a huit faces, qui sont des triangles équilatéraux ; le dodécaèdre douze faces, qui sont des pentagones équilatéraux ; l'icosaèdre vingt faces, qui sont toutes des triangles équilatéraux.

entre les régularités de la nature et les régularités mathématiques. Les géomètres grecs avaient découvert l'existence des cinq « solides réguliers » présentés à la figure 25. Dans le système de Copernic, il y a six planètes : Mercure, Vénus, Terre, Mars, Jupiter et Saturne. Il vint alors à l'esprit de Kepler que cinq solides réguliers pouvaient séparer les orbites des six planètes.

Il commença par le plus simple de ces solides : le cube. Il n'existe qu'une et une seule sphère circonscrite à un cube donné, de même qu'il n'existe qu'une et une seule sphère inscrite dans un cube donné. On peut donc partir d'un cube circonscrit par la sphère n° 1 et contenant la sphère n° 2, sphère n° 2 qui contient justement le solide régulier suivant, le tétraèdre, qui à son tour contient la sphère n° 3. Cette sphère n° 3 contient le dodécaèdre contenant, lui, la sphère

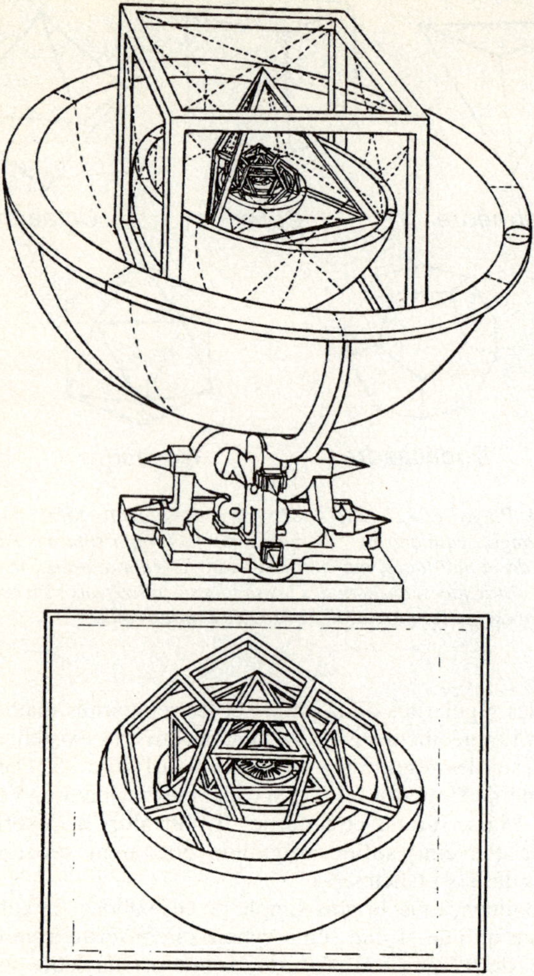

Fig. 26. Modèle d'Univers conçu par Kepler. Cette étrange machine, agencement des cinq polyèdres réguliers, lui était plus chère que les trois lois sur lesquelles repose sa renommée. (Extrait du Mystère de l'Univers.*)*

n° 4. Il se trouve que, dans cette construction, les rayons des sphères successives sont plus ou moins dans les mêmes rapports que les distances moyennes des planètes dans le système de Copernic, sauf pour Jupiter – ce qui n'est pas surprenant, dit Kepler, si l'on sait combien Jupiter est éloigné du Soleil. Ainsi, le premier agencement de Kepler fut celui-ci (*fig.* 26) :

sphère de Saturne
cube
sphère de Jupiter
tétraèdre
sphère de Mars
dodécaèdre
sphère de la Terre
icosaèdre
sphère de Vénus
octaèdre
sphère de Mercure

« J'entreprends, dit Kepler à son lecteur, de démontrer dans ce petit ouvrage que le Créateur Très Bon et Très Grand s'est référé pour la création de ce monde mobile et la disposition des cieux à ces cinq corps réguliers qui, depuis Pythagore et Platon jusqu'à nos jours, ont acquis une si grande célébrité, et qu'il a ordonné en fonction de leur nature le nombre des cieux, leur proportion et le rapport de leurs mouvements. » Même si ce livre n'obtint qu'un succès mitigé, il établit la réputation de Kepler en tant que mathématicien habile et véritable expert en astronomie, et Tycho Brahé, impressionné par cet ouvrage, offrit un emploi à Kepler.

Tycho Brahé (1546-1601) passe pour avoir été le réformateur de l'observation astronomique. Utilisant des instruments gigantesques et soigneusement construits, il obtint une telle précision dans la détermination à l'œil nu des coordonnées planétaires et des positions mutuelles des étoiles, qu'il devint évident que ni le système de Ptolémée ni celui de Copernic ne pouvaient prédire exactement les phénomènes célestes. De plus, contrairement aux astronomes avant lui, Tycho ne se borna pas à observer de temps en temps les planètes pour collecter des données afin de construire une théorie ou vérifier une telle théorie. Non. Il observa une planète chaque fois qu'elle était visible, nuit après nuit. Quand finalement Kepler devint son successeur, il hérita de la plus importante et la plus précise collection d'observations planétaires – notamment de la planète Mars – qui avait jamais été réunie. Tycho, rappelons-le, ne croyait ni dans le système de Ptolémée ni dans celui de Copernic, mais avait proposé un système géocentrique de sa propre invention. Fidèle à une promesse faite à Tycho Brahé, Kepler tenta d'intégrer les données de ce dernier sur la planète Mars au système thychonien. Il échoua et il ne réussit pas davantage à les intégrer au système de Copernic. Mais vingt-cinq ans de travail finirent par produire une théorie nouvelle et perfectionnée du système solaire.

Kepler présenta ses premiers principaux résultats dans un ouvrage intitulé *L'Astronomie nouvelle... exposée dans des commentaires sur les mouvements de Mars,* publié en 1609 *, l'année où Galilée pointa pour la première fois sa lunette vers le ciel. Kepler avait fait soixante-dix essais différents pour intégrer les données de Tycho dans les épicycles coperniciens et les cercles de Tycho, mais en vain. A l'évidence, il fallait soit renoncer aux méthodes de calcul admises pour les orbites planétaires, soit rejeter les observations de Tycho pour manque de précision. L'échec de Kepler n'était pourtant pas aussi lamentable qu'il semblait le croire. Après avoir ingénieusement combiné des excentriques, des épicycles et des équants, il put obtenir un accord entre les prédictions théoriques et les observations de Tycho à 8 minutes (8') d'angle près. Copernic lui-même n'avait jamais espéré atteindre une précision supérieure à 10', et les *Tables prussiennes,* calculées par Reinhold à partir des méthodes de Copernic, n'avaient une précision que de 5°. En 1609, avant l'utilisation de la lunette en astronomie, 8' d'angle était considéré comme une petite valeur angulaire ; c'est exactement deux fois la séparation minimale qu'un œil moyen peut, sans instrument, distinguer entre deux étoiles.

* Ce titre indique que l'ouvrage expose une *Astronomia nova*, une « nouvelle astronomie » dans la mesure où elle relie les mouvements planétaires à leurs causes de manière à constituer une « physique céleste ». Kepler échoua dans cette tentative – le premier livre moderne à révéler la relation entre les mouvements célestes et leurs causes physiques fut les *Principia* de Newton.

Mais Kepler n'était pas homme à se satisfaire d'une approximation. Il croyait au système héliocentrique de Copernic et dans la précision des observations de Tycho Brahé. Aussi, écrivit-il :

> Pour nous, puisque la divine bienveillance accorda le très consciencieux observateur Tycho Brahé, à partir des faits observés duquel l'erreur de ce calcul [...] de 8 minutes [...] est démontrée, il convient de reconnaître et d'honorer par une pensée reconnaissante ce bienfait de Dieu. [...] Car si j'ai pensé que 8 minutes de longitude sont à mépriser, dès lors j'ai suffisamment corrigé l'hypothèse trouvée au chapitre XVI [...]. Maintenant, parce qu'elles ne peuvent être dédaignées, ces seules 8 minutes prescrivent donc de réformer toute l'Astronomie, et les matériaux d'une grande partie de cet ouvrage sont élaborés.

Recommençant ses calculs, Kepler prit alors la décision révolutionnaire de rejeter tous les cercles, d'essayer une courbe ovale en forme d'œuf et, finalement, une ellipse. Pour apprécier combien cette démarche était révolutionnaire, rappelons qu'Aristote et Platon avaient insisté sur le fait que les orbites planétaires devaient résulter de combinaisons de cercles, et que ce principe était une caractéristique commune à l'*Almageste* de Ptolémée et au *De revolutionibus* de Copernic. Galilée, ami de Kepler, ignora poliment son étrange aberration. Mais c'est Kepler qui remporta la victoire finale. Non seulement il se débarrassa d'innombrables cercles, n'ayant plus besoin que d'une seule courbe ovale par planète, mais il rendit ainsi le système très précis et il trouva une relation inattendue et entièrement nouvelle entre la position d'une planète et sa vitesse orbitale.

Les trois lois

Le problème de Kepler n'était pas seulement de déterminer l'orbite de Mars, mais de trouver en même temps celle de la Terre. La raison en est que nos observations de Mars sont faites à partir de la Terre et celle-ci ne se déplace pas uniformément selon un cercle centré sur le Soleil. Par bonheur, cependant, l'orbite terrestre est pratiquement circulaire. Kepler renonça à l'idée copernicienne selon laquelle toutes les orbites planétaires devaient avoir leur centre confondu avec celui de l'orbite terrestre et découvrit, à la place, que l'*orbite de chaque planète a la forme d'une ellipse dont le Soleil occupe l'un des foyers.* Ce principe est connu sous le nom de première loi de Kepler*.

La deuxième loi de Kepler nous renseigne sur la vitesse avec laquelle une planète décrit son orbite. Cette loi dit *que la droite joignant la planète au Soleil balaie des aires égales en des temps égaux.* La figure 27 montre des aires égales balayées en trois régions d'une orbite planétaire. Les trois domaines hachurés ayant des aires égales, la planète se déplace plus vite quand elle est au plus près du Soleil et moins vite lorsqu'elle en est le plus éloignée. Cette deuxième loi nous dit immédiatement que l'apparente irrégularité de la vitesse d'une planète sur son orbite est la conséquence d'une condition géométrique élémentaire.

La première et la deuxième loi montrent clairement comment Kepler a modifié et simplifié le système de Copernic. Mais la troisième loi, appelée également « loi d'harmonie », est encore plus intéressante. Ce nom de loi d'harmonie lui vient de ce que son auteur pensait qu'elle démontrait les vraies harmonies célestes. C'est ainsi que Kepler intitula le livre où il énonce cette loi : *L'Harmonie du monde* (1619). Cette troisième loi donne une relation entre les périodes de révolution des planètes autour du Soleil et leurs distances moyennes au Soleil. Dressons le tableau des périodes T et des distances moyennes D (avec les valeurs actuellement reconnues). Dans ce tableau et dans la suite du texte, les distances sont données en unités astronomiques, l'unité astronomique (ua) étant, par définition, la distance moyenne de la Terre au Soleil.

* Dans son livre sur Mars, Kepler dériva d'abord une loi générale des aires indépendante de la forme de l'orbite. Ce n'est que plus tard, après des calculs extrêmement laborieux, qu'il parvint au concept d'orbite elliptique et découvrit que ce type d'orbite convenait aux observations faites sur Mars. Quelque quatre-vingts années plus tard, dans ses *Principia*, Newton traita d'abord de la loi des aires (propositions 1-3), puis seulement ensuite (proposition 13) de la loi des orbites elliptiques.

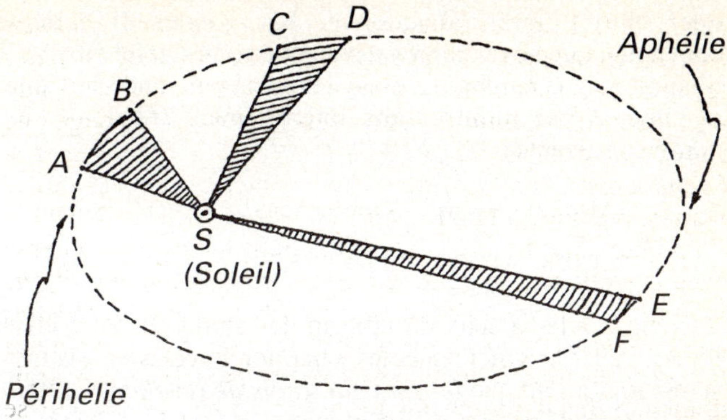

Fig. 27. La loi des aires de Kepler. La planète parcourant les arcs $\widehat{AB}$, $\widehat{CD}$ *et en des temps égaux (car les aires* SAB, SCD *et* SEF *sont égales), elle atteint son maximum de vitesse au périhélie, quand elle est au plus près du Soleil et son minimum de vitesse à l'aphélie, quand elle en est le plus loin. La forme de l'ellipse représentée ici est celle d'une orbite cométaire. Les ellipses planétaires sont pratiquement circulaires.*

	Mercure	Vénus	Terre	Mars	Jupiter	Saturne
Périodes *T* (en années)	0,24	0,615	1,00	1,88	11,86	29,457
Distances moy. *D* (en ua)	0,387	0,723	1,00	1,524	5,203	9,539

Ce tableau nous montre qu'il n'y a pas de relation simple entre *D* et *T*. Kepler essaya alors de voir ce qui se passait s'il prenait les carrés de D^2 et T^2. Le tableau devient :

	Mercure	Vénus	Terre	Mars	Jupiter	Saturne
T^2	0,058	0,378	1,00	3,54	141	868
D^2	0,150	0,523	1,00	2,323	27,071	90,993

Il n'y a toujours pas de relation visible entre *D* et T^2, ou entre D^2 et *T*, ou même entre D^2 et T^2. A ce point, n'importe quel mortel aurait abandonné. Pas Kepler. Il était si convaincu que ces nombres devaient être liés entre eux qu'il n'aurait jamais renoncé. Il essaya donc la puissance suivante, le cube. T^3 se montra sans intérêt, mais D^3 donna les nombres suivants :

	Mercure	Vénus	Terre	Mars	Jupiter	Saturne
D^3	0,058	0,378	1,00	3,54	141	868

Comparez-les à ceux du tableau des carrés. Ils sont identiques à T^2. Les voici donc, les « harmonies célestes » la troisième loi, qui dit que *le carré du temps de révolution autour du Soleil de n'importe quelle planète (y compris la Terre) est proportionnel au cube de sa distance moyenne au Soleil.*

En langage mathématique, on dit que T^2 est toujours proportionnel à D^3, soit :

$$\frac{D^3}{T^2} = K$$

où K est une constante. Si l'on choisit comme unité pour D et T l'unité astronomique et l'année, K est égal à 1. (Si les distances sont mesurées en kilomètres et les temps en secondes, K est bien sûr différent de 1.) Une autre façon d'exprimer cette troisième loi de Kepler est d'écrire :

$$\frac{D_1^3}{T_1^2} = \frac{D_2^3}{T_2^2} = \frac{D_3^3}{T_3^2} = \frac{D_4^3}{T_4^2} = \ldots = K$$

où D_1 et T_1, D_2 et T_2,... sont les distances et périodes de chaque planète du système solaire.

Pour voir comment on peut appliquer cette loi, supposons qu'on ait découvert une nouvelle planète à une distance moyenne de 4 ua du Soleil. Quelle est sa période de révolution ? La troisième loi de Kepler nous dit que le rapport $\frac{D^3}{T^2}$ pour cette nouvelle planète doit être le même que le rapport $\frac{D_T^3}{D_T^2}$ pour la Terre, soit :

$$\frac{D^3}{T^2} = \frac{(1ua)^3}{(1an)^2}$$

Puisque $D = 4$ ua,

$$\frac{(4ua)^3}{T^2} = \frac{(1ua)^3}{(1an)^2}$$

$$\frac{64}{T^2} = \frac{1}{(1an)^2}$$

$$T^2 = 64 \times (1\ an)^2$$

$$T = 8\ ans$$

On peut aussi résoudre le problème inverse : quelle est la distance au Soleil d'une planète ayant une période de révolution de 125 ans ?

$$\frac{D^3}{T^2} = \frac{(1ua)^3}{(1an)^2}$$

$$\frac{D^3}{(125ans)^2} = \frac{(1ua)^3}{(1an)^2}$$

$$\frac{D^3}{125 \times 125} = \frac{(1ua)^3}{1}$$

$$D^3 = 25 \times 25 \times 25 \times (1\text{ua})^3$$

$$D = 25\ ua$$

Des problèmes similaires peuvent être résolus pour tout système de satellites. L'importance de cette troisième loi réside dans le fait qu'elle est une loi de nécessité, à savoir qu'elle affirme que, quel que soit le système auquel il appartient, un satellite ne peut avoir n'importe quelle vitesse à n'importe quelle distance. Une fois la distance choisie, la vitesse est déterminée. Dans notre système solaire, cette loi implique que c'est la force exercée par le Soleil qui gouverne le mouvement des planètes. Il n'y a aucun autre moyen de rendre compte de la relation si précise existant entre la vitesse et la distance au Soleil. Kepler pensait que l'action du Soleil était, du moins en partie, d'origine magnétique. On savait à son époque qu'un aimant attire un autre aimant, même si une distance considérable les sépare l'un de l'autre. Le mouvement de l'un influence le mouvement de l'autre. Kepler savait qu'un médecin de la reine Élisabeth, William Gilbert (1544-1603), avait démontré que la Terre est un aimant immense. Si tous les objets du système solaire sont semblables, et non différents, ainsi que l'avait montré Galilée et qu'il découlait du système héliocentrique, pourquoi le Soleil et les autres planètes ne seraient-ils pas des aimants comme la Terre ?

La supposition de Kepler, pour tentante qu'elle soit, ne permet pas d'expliquer directement pourquoi les planètes suivent des orbites elliptiques et balaient des aires égales en des temps égaux. Elle ne nous explique pas davantage la relation entre les distances et les périodes. Elle ne semble pas non plus avoir le moindre lien avec des problèmes tels que la chute des corps – selon la loi de Galilée – sur une Terre immobile ou en mouvement, puisque, en général, les pierres et le bois ne sont pas magnétiques. Pourtant, nous verrons que Newton, qui répondit finalement à toutes ces questions, fonda ses découvertes sur les lois trouvées par Kepler et Galilée.

Kepler et les coperniciens

Pourquoi les beaux résultats obtenus par Kepler ne furent-ils pas universellement acceptés par les coperniciens ? Entre l'époque de leur publication (les deux premières en 1609, la troisième de 1619) et la parution des *Principia* de Newton en 1687, on trouve très peu d'ouvrages faisant référence aux trois lois de Kepler. Galilée, qui reçut des exemplaires des livres de Kepler et qui était certainement au courant de son introduction d'orbites elliptiques, ne fit jamais allusion aux lois de Kepler dans ses écrits scientifiques, que ce fût pour les approuver ou pour les critiquer. La réaction de Galilée fut certainement en partie celle d'un copernicien, s'en tenir à la vraie circularité, comme l'implique le titre même du livre de Copernic, *Traité sur les révolutions des mondes célestes*. Ce livre commençait par un théorème : 1. *Que le monde est sphérique,* suivi peu après par une discussion sur le thème « Que le mouvement des corps célestes est uniforme et circulaire, perpétuel ou composé de mouvements circulaires ». En voici le passage le plus important :

> La mobilité [propre] de la sphère est de tourner en rond ; par cet acte même, tandis qu'elle se meut uniformément en elle-même, elle exprime sa forme, celle du corps le plus simple où l'on ne peut trouver ni commencement ni fin, ni distinguer l'un de l'autre. [...]
> Il faut néanmoins reconnaître [en dépit d'irrégularités apparentes que l'on a observées, telles que le mouvement rétrograde des planètes] que leurs mouvements sont circulaires ou composés de plusieurs cercles parce qu'ils exécutent ces inégalités conformément à une loi certaine et se reproduisent périodiquement, ce qui ne pourrait se faire s'ils n'étaient pas circulaires. En effet, le Soleil, par son mouvement, composé de mouvements circulaires, nous ramène l'inégalité des jours et des nuits ainsi que les quatre saisons de l'année.

En ne supposant pas que les orbites planétaires étaient « circulaires » ou « composées de mouvements circulaires », Kepler s'opposait donc résolument aux coperniciens ; en outre, il était partiellement parvenu à ses conclusions en réintroduisant, à un stade de son raisonnement, l'un des concepts de l'astronomie ptoléméenne que Copernic avait le plus critiqué, l'*équant.* Avant d'aboutir à la loi des aires correcte, Kepler avait recouru à une approximation grossière en affirmant que la droite joignant une planète au foyer vide de son ellipse orbitale (*fig. 28*) avait un mouvement de rotation uniforme ou pratiquement uniforme. Ce foyer vide, point à partir duquel une telle droite balaie des angles égaux en des temps égaux, est justement l'*équant.* (Notons en passant que cette dernière « découverte » de Kepler est fausse.)

A nombre de points de vue, les ellipses paraissaient inacceptables. Quelle sorte de force pouvait guider une planète le long d'un chemin elliptique en lui communiquant exactement la variation de vitesse exigée par la loi des aires ? Plutôt que de reproduire la discussion de Kepler concernant

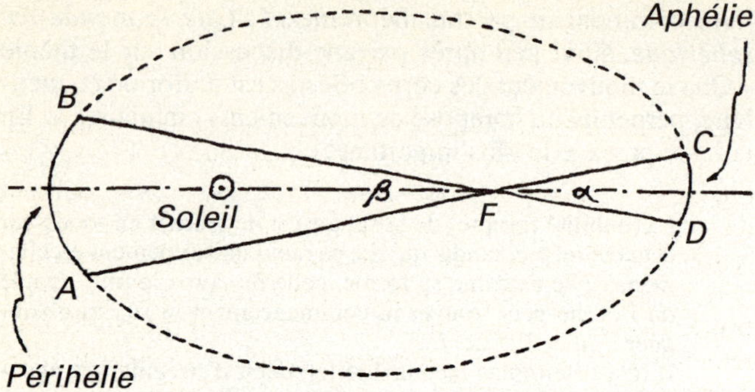

*Fig. 28. Loi de Kepler sur l'équant. Si une planète se déplace de manière à balayer, par rapport au foyer vide **F**, des angles égaux en des temps égaux, elle parcourra alors les arcs $\widehat{AB}$ et $\widehat{CD}$ dans le même temps parce que les angles α et β sont égaux. Selon cette loi, la planète se déplace plus rapidement le long de l'arc $\widehat{AB}$ (au périhélie) que le long de l'arc $\widehat{CD}$ (à l'aphélie), conformément à la loi des aires. Néanmoins, cette loi n'est qu'une grossière approximation. Mais au* XVIIe *siècle, on lui ajouta certains facteurs correctifs pour obtenir des résultats plus précis.*

cette question, nous nous limiterons à l'un de ses aspects. Kepler supposait qu'une certaine force, ou d'émanation, venant du Soleil, faisait mouvoir les planètes. Cette force – appelée parfois *anima motrix* – ne s'exerce pas dans toutes les directions à partir du Soleil. Pourquoi le ferait-elle ? Sa fonction n'est-elle pas de mouvoir les planètes, et celles-ci ne se trouvent-elles pas toutes dans pratiquement le même plan, celui de l'écliptique ? Kepler supposa donc que cette *anima motrix* s'exerçait uniquement dans le plan de l'écliptique. Il avait d'autre part découvert que la lumière, qui se propage dans toutes les directions à partir d'une source lumineuse, diminue d'intensité comme le carré inverse de la distance ; autrement dit, s'il règne une certaine intensité à 3 mètres d'une lampe, l'intensité à 6 mètres sera un quart plus faible, parce que 4 est le carré de 2 et que la nouvelle distance est le double de la première. On peut également écrire :

$$\text{intensité} \propto \frac{1}{(\text{distance})^2}$$

Mais Kepler soutint que, contrairement à la propagation de la lumière, la force solaire ne s'exerçait pas dans toutes les directions et selon la loi des carrés inverses, mais seulement dans le plan de l'écliptique, et selon une loi tout à fait différente. C'est de cette supposition doublement erronée qu'il déduisit sa loi des aires égales – et ce, *avant même* d'avoir trouvé que les orbites planétaires sont des ellipses ! Contrairement à ce que nous estimerions « logique », Kepler n'a *pas* d'abord déterminé la trajectoire de Mars autour du Soleil puis calculé sa vitesse en termes d'aires balayées par la droite joignant le Soleil à Mars. Ce n'est là qu'un exemple parmi d'autres de la difficulté qu'on éprouve à suivre Kepler dans son livre sur Mars.

L'œuvre de Kepler

Galilée répugnait particulièrement à l'idée que des émanations solaires, ou de mystérieuses forces agissant à distance, puissent affecter la Terre ou une quelconque de ses parties. Non seulement il rejetait la suggestion de Kepler qu'une force d'attraction émanant du Soleil puisse mouvoir la Terre et les planètes (sur quoi se fondaient les deux premières lois de Kepler), mais il niait tout spécialement l'hypothèse keplerienne selon laquelle une force, ou émanation, lunaire était la cause des marées. Ainsi écrivit-il :

> Mais parmi tous les grands hommes qui ont philosophé sur ce remarquable effet, celui qui m'étonne le plus est Kepler. Malgré son esprit ouvert et perspicace, et bien qu'il connaisse sur le bout des doigts les mouvements attribués à la Terre, il a néanmoins prêté l'oreille et donné son assentiment à la domination de la Lune sur les mers, à des propriétés occultes et bien d'autres puérilités.

Quant à la loi d'harmonie, la troisième loi de Kepler, nous pouvons nous demander, avec Galilée et ses contemporains, si c'est là de la science ou de la numérologie ? Kepler avait déjà publiquement déclaré sa conviction que la lunette révélerait non seulement les quatre satellites de Jupiter découverts par Galilée, mais aussi les deux satellites de Mars et les huit de Saturne. La raison de ces nombres particuliers était que le nombre de satellites par planète devait augmenter selon une progression géométrique régulière : 1 (pour la Terre), 2 (pour Mars), 4 (pour Jupiter), 8 (pour Saturne). La relation distance-période de Kepler ne tenait-elle pas davantage d'une pure jonglerie numérique que de la vraie science ? La nature globalement non scientifique de son livre ne trouve-t-elle d'ailleurs pas sa confirmation dans sa recherche, telle qu'elle est annoncée dans les entrées de la table du Livre Cinq de son *Harmonie du monde*, de concordances pour les caractéristiques numériques des positions et mouvements des planètes ?

1. Des cinq figures solides Régulières.
2. De la parenté des proportions Harmoniques avec elles.
3. L'ensemble de la doctrine Astronomique nécessaire pour la contemplation des Harmonies célestes.
4. Dans quelles choses aboutissant aux mouvements des Planètes seraient reproduites les Harmonies simples, et pourquoi toutes celles qui se trouvent dans le Chant seraient retrouvées dans le Ciel.
5. Les Clés de l'Échelle Musicale ou les lieux du Système, et les Genres des Harmonies, Majeur et Mineur, sont exprimés par des mouvements déterminés.
6. Les Tons ou les Modes Musicaux sont exprimés chacun d'une certaine façon par chaque Planète.
7. Les Contrepoints ou les Harmonies universelles de toutes les Planètes, et celles-ci diverses, à savoir l'une à partir de l'autre, peuvent exister.
8. Quatre espèces de voix, le Soprano, l'Alto, le Ténor, la Basse, sont exprimées dans les Planètes.
9. Démonstration que pour maintenir cette disposition harmonique ces Excentricités planétaires mêmes que chaque planète possède en propre et ne partage avec aucune autre, doivent être ce qu'elles sont.
10. Épilogue au sujet du Soleil à partir des conjectures très près de produire.

Voici les mélodies jouées par les planètes dans le schéma keplerien :

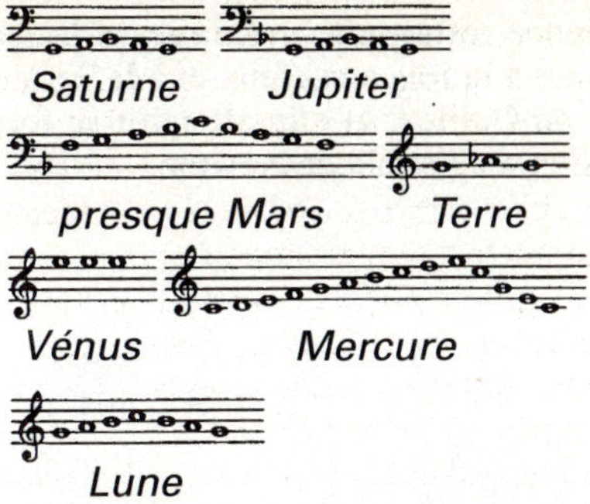

Fig. 29. La musique des planètes selon Kepler, tirée de son Harmonie du monde. *Il n'est pas étonnant qu'un homme de la trempe de Galilée ne se donnât jamais la peine de le lire !*

Un homme comme Galilée pouvait difficilement considérer un tel ouvrage comme une contribution sérieuse à la physique céleste.

Le dernier livre important de Kepler est un *Épitomé d'astronomie copernicienne,* publié neuf ans avant sa mort en 1630. Il y explique pourquoi il s'est écarté du système originel de Copernic. Mais le plus intéressant pour nous, c'est que dans ce livre, comme dans l'*Harmonie du monde* (1619), Kepler présente à nouveau fièrement sa découverte antérieure concernant les cinq solides réguliers et les six planètes. Elle expliquait, soutenait-il encore, la raison pour laquelle les planètes étaient au nombre de six.

Il fallut certainement presque autant d'efforts pour dégager les trois lois de Kepler du reste de ses écrits qu'il en aurait coûté pour refaire leur découverte. Kepler a le mérite d'avoir été le premier homme de science à comprendre que l'assimilation copernicienne de la Terre à une planète et les découvertes de Galilée exigeaient une seule et même physique, s'appliquant aussi bien aux corps célestes qu'aux objets ordinaires terrestres. Malheureusement, il était si imprégné de physique aristotélicienne que, lorsqu'il essaya de projeter une physique terrestre dans les cieux, il s'appuya essentiellement sur l'autorité d'Aristote. Ainsi, la grande ambition de la physique keplerienne resta-t-elle irréalisée, et la première physique convenant à la fois aux cieux et à la Terre vint, non de Kepler, mais de Galilée, et elle atteignit sa forme achevée sous l'impulsion magistrale de Newton *.

* Si Kepler fut le premier à introduire le mot « inertie » dans la physique du mouvement, le sens qu'il lui attribuait était très différent de celui qu'on lui reconnut plus tard (et qu'on lui reconnaît aujourd'hui) ; voir l'annexe 8.

7. Le grand dessein : une physique nouvelle

La publication des *Principia* d'Isaac Newton en 1687 fut l'un des événements les plus importants de toute l'histoire des sciences physiques. On peut considérer cet ouvrage comme l'aboutissement de milliers d'années d'efforts pour comprendre le système du monde, les principes de force et de mouvement et la physique des corps se déplaçant dans divers milieux. Ce n'est pas un mince témoignage de la vitalité du génie scientifique de Newton que de constater que, bien que la physique des *Principia* ait été modifiée, améliorée et même contestée, nous continuons pourtant à résoudre la plupart des problèmes de mécanique céleste et de physique des corps macroscopiques en procédant essentiellement comme le fit Newton, il y a 300 ans ! Les principes de la mécanique céleste newtonienne guident nos satellites artificiels, nos vaisseaux spatiaux et chacune des sondes que nous lançons pour explorer l'immensité de notre système solaire. Et si cela ne suffit pas pour convaincre de la grandeur de Newton, disons aussi qu'il fut un éminent mathématicien. Il inventa le calcul différentiel et intégral (conçu simultanément et indépendamment par le philosophe allemand Gottfried Wilhelm Leibniz), qui est aussi le langage de la physique. Il donna le développement du binôme, établit diverses propriétés des séries infinies et posa les fondements du calcul des variations. En optique, il inaugura l'étude expérimentale de l'analyse et de la composition de la lumière, montrant que la lumière blanche est un mélange de lumières de toutes les couleurs, chacune d'elles ayant un indice de réfraction caractéristique. Ces recherches ont ouvert la voie à la spectroscopie et aux méthodes d'analyse des couleurs. Newton inventa un télescope à miroir, montrant ainsi aux astronomes comment dépasser les limitations attachées à la lunette. Prise dans son ensemble, son œuvre est un accomplissement scientifique fantastique qui n'a jamais été égalé jusqu'ici, et ne le sera peut-être jamais dans l'avenir.

Nous traiterons exclusivement ici de la dynamique et de la gravitation newtoniennes, problèmes capitaux auxquels les chapitres précédents nous ont préparés. Si vous les avez lus attentivement, vous connaissez les principaux éléments, sauf un, nécessaires à la compréhension du système du monde newtonien. Mais, même si cet élément manquant – l'analyse du mouvement circulaire uniforme – vous était donné, vous auriez encore besoin d'être guidés par Newton pour assembler vos diverses connaissances. Il fallut, en effet, du génie pour arriver au nouveau concept de gravitation universelle. Voyons comment s'y prit Newton.

Tout d'abord, il faut bien comprendre que Galilée lui-même n'a jamais essayé d'exposer une dynamique qui rendrait compte du mouvement des planètes ou de leurs satellites. Quant à Copernic, son *De revolutionibus* ne contient aucun élément important laissant présager une mécanique céleste. Kepler a bien tenté de fonder une mécanique céleste, mais le résultat ne fut pas très heureux. Il soutenait qu'une *anima motrix* émanant du Soleil était la cause du mouvement circulaire des planètes autour du Soleil. Il supposa en outre qu'une interaction magnétique entre le Soleil et la planète transformait l'orbite circulaire de la planète en une orbite elliptique. D'autres auteurs qui étudièrent le mouvement planétaire proposèrent des dynamiques contenant certains caractères que l'on devait retrouver plus tard dans celle de Newton. L'un de ceux-ci fut Robert Hooke qui, de manière tout à fait compréhensible, estimait que, pour avoir anticipé certaines des lois de la dynamique et de la gravitation, il méritait de la part de Newton bien plus qu'une simple mention faite en passant.

Anticipations newtoniennes

Le chapitre essentiel dans la découverte de la mécanique de l'Univers commence par une petite anecdote. Dans la seconde moitié du XVIIe siècle, quelques hommes cultivés étaient devenus si désireux de faire progresser les nouvelles sciences mathématico-expérimentales qu'ils se groupèrent pour faire ensemble des expériences, se poser des problèmes les uns aux autres et, ainsi que l'attestent des échanges épistolaires, des livres et des brochures, rendre compte de leurs propres recherches et de celles des autres. C'est ainsi que Robert Hooke, Edmund Halley et Sir Christopher Wren, le plus grand architecte d'Angleterre, se réunirent pour discuter la question suivante : à quelle loi de force obéit une planète qui décrit une orbite elliptique ? D'après les lois de Kepler – et particulièrement la troisième (loi d'armonie) et la deuxième (loi des aires) –, il était clair que, d'une manière ou d'une autre, le Soleil devait régler ou du moins influencer le mouvement de la planète en fonction de sa distance par rapport au Soleil. Même si le mécanisme particulier proposé par Kepler *(anima motrix* et force magnétique) était inacceptable, il ne faisait aucun doute que le maintien de la planète sur son orbite était dû à une certaine interaction entre elle et le Soleil. De plus, un esprit plus pénétrant que celui de Kepler pressentait que toute force émanant du Soleil devait agir dans toutes les directions, et diminuer probablement en rapport inverse du carré de la distance au Soleil – comme l'intensité de la lumière. Mais dire tout cela est une chose, le *démontrer* mathématiquement en est une autre. Une telle démonstration exige en effet une physique achevée, avec ses méthodes mathématiques pour résoudre tous les problèmes, ceux déjà existants et ceux qu'elle révélera dans l'avenir. Lorsque Newton refusa de reconnaître le mérite d'auteurs qui s'étaient bornés à formuler des énoncés généraux sans pouvoir les démontrer mathématiquement ou les intégrer dans une dynamique cohérente, il put dire à bon droit, comme il le fit à propos des prétentions de Hooke : « N'est-ce pas amusant ? Les mathématiciens qui découvrent, résolvent et font tout le travail devraient se contenter de passer pour de stupides bêtes de calcul, tandis que celui qui ne fait rien qu'affecter de comprendre toutes choses recueille les mérites pour l'invention entière, ceux de ses successeurs comme ceux de ses prédécesseurs. » (Voir l'annexe 11, p. 242.)

En tout cas, Halley annonçait en janvier 1684 que la force

maintenant les planètes sur leurs orbites « décroissait réciproquement en raison du carré des distances » :

$$F \propto \frac{1}{D^2}$$

mais il ne parvint pas à déduire de cette hypothèse les mouvements observés pour les corps célestes. Lorsque Wren et Hooke se réunirent plus tard ce même mois, ils reconnurent le bien-fondé de l'hypothèse de Halley sur l'existence d'une force d'origine solaire. Hooke déclara, hâbleur, « que toutes les lois des mouvements célestes seraient [c'est-à-dire pouvaient être] démontrées, et que lui-même les avait démontrées ». Mais, bien qu'il en fût pressé avec insistance et que Wren proposât une récompense considérable, il ne présenta jamais de solution – et sans doute ne le pouvait-il pas. Six mois plus tard, en août 1684, Halley décida de se rendre à Cambridge pour consulter Isaac Newton. Dès son arrivée, il apprit la « bonne nouvelle » : Newton avait « mené cette démonstration à la perfection ». Voici le compte rendu presque contemporain que de Moivre donna de l'entrevue :

> Au bout d'un certain temps, le Dr [Halley] lui demanda quelle serait à son avis la courbe décrite par les planètes si la force d'attraction en direction du Soleil était la réciproque du carré de leur distance au Soleil. Sir Isaac répondit immédiatement que ce serait une ellipse. Surpris et ravi, le Docteur demanda comment il savait cela. Eh bien, dit-il, je l'ai calculé. Le Docteur Halley le pria aussitôt de lui montrer ses calculs. Sir Isaac fouilla dans ses papiers, mais ne put les retrouver ; il promit cependant de les refaire et de les lui envoyer. S'acquittant de sa promesse, Sir Isaac se remit au travail, mais ne put parvenir à la conclusion qu'il pensait avoir auparavant examinée avec soin. Il tenta alors un nouveau raisonnement qui, bien que plus long, le ramena à sa conclusion initiale. Analysant ensuite minutieusement la raison pour laquelle le calcul précédemment entrepris n'avait pas correctement abouti, il découvrit qu'en traçant grossièrement une ellipse à la main, il avait dessiné les deux axes de la courbe au lieu de deux diamètres légèrement inclinés l'un par rapport à l'autre, fixant probablement ainsi son imagination sur deux diamètres conjugués quelconques, ce qui constituait une exigence liminaire. Ayant réalisé cela, il put alors faire concorder ses deux calculs.

Stimulé par la visite de Halley, Newton reprit ses travaux sur un sujet qui avait accaparé son attention quand, âgé d'une vingtaine d'années, il avait jeté les bases de ses autres grandes découvertes scientifiques : la nature de la lumière blanche et de la couleur, et le calcul différentiel et intégral. Il ordonna alors ses recherches, accomplit de grands progrès et, lors du premier trimestre de cette même année, exposa ses travaux dans une série de conférences sur la dynamique qu'il donna à l'université de Cambridge dans le cadre de son enseignement. Finalement, encouragé par Halley, il transforma le premier jet de ces conférences, *De motu corporum,* en l'un des livres les plus grandioses et les plus influents jamais conçus par l'homme. Bien des savants ont éprouvé le sentiment exprimé par Halley dans l'ode qu'il écrivit en guise de préface aux *Principia* de Newton (ou, pour donner à ce chef-d'œuvre son titre entier, *Philosophiæ naturalis principia mathematica, Principes mathématiques de la philosophie naturelle,* Londres, 1687) :

> Ainsi, vous qui maintenant voyagez sur le nectar céleste,
> Venez chanter avec moi la renommée
> De Newton, chéri des Muses ; car il
> Révéla les trésors cachés de la Vérité,
> Tant Phébus illumina son esprit
> De l'éclat de sa propre divinité.
> Jamais aucun mortel n'approchera plus près les dieux

Les **Principia**

Les *Principia* se divisent en trois parties, ou « livres » ; nous allons examiner surtout le premier et le troisième. Dans le Livre I, Newton expose les principes généraux de la dynamique des corps en mouvement et, dans le Livre III, il applique ces principes au mécanisme de l'Univers. Le Livre II traite d'un aspect de la mécanique des fluides, de la théorie des vagues et d'autres parties de la physique.

Dans le Livre I, après la préface, une série de définitions et une analyse sur la nature du temps et de l'espace, Newton énonce les « Axiomes ou lois du mouvement » :

Loi I

Tout corps persévère en son état de repos ou de mouvement rectiligne uniforme, à moins que quelque force agissant sur lui ne le contraigne à changer d'état.

Loi II

Le changement de mouvement est proportionnel à la force motrice imprimée et s'effectue dans la direction de la droite d'action de cette force. [Voir la note p. 204.]

Observons que si un corps est animé d'un mouvement rectiligne uniforme, toute force s'exerçant à angle droit par rapport à la direction de ce mouvement n'affectera pas le mouvement uniforme vers l'avant. Cela vient de ce que l'accélération a toujours la même direction que la force qui la produit ; l'accélération, dans ce cas, est donc à angle droit avec la direction du mouvement. Ainsi, dans l'expérience du train miniature, au chapitre 5, la principale force agissante est celle de la gravitation qui, dirigée vers le bas, produit une accélération verticale. La bille, qu'elle se déplace vers l'avant ou qu'elle soit au repos, subit donc un ralentissement dans son mouvement vers le haut, s'arrête, puis redescend d'un mouvement accéléré.

Une comparaison des deux photographies (p. 131) montre que les mouvements verticaux vers le haut et vers le bas sont identiques, que le train soit immobile ou en mouvement uniforme. Agissant seulement vers le bas, le poids – ou gravité – n'a aucune action sur le mouvement de la bille vers l'avant. La seule force agissant dans la direction horizontale vers l'avant est la résistance de l'air, qui est presque négligeable ; on peut donc dire qu'aucune force n'agit dans la direction horizontale. Selon la première loi du mouvement de Newton, la bille continue de se mouvoir vers l'avant d'un mouvement rectiligne uniforme, comme le train – c'est évident sur la photographie. Elle reste au-dessus de la locomotive, que le train soit immobile ou en mouvement rectiligne uniforme. Cette loi du mouvement est parfois appelée *principe d'inertie* et la propriété d'un corps matériel de persévérer dans un état de repos ou de mouvement rectiligne uniforme est parfois désignée sous le nom d'*inertie* du corps*.

Newton illustra sa première loi en évoquant les projectiles qui persévèrent dans leurs mouvements vers l'avant, « à moins d'être retardés par la résistance de l'air, ou poussés vers la Terre par la force de la gravité », et « les planètes et les comètes qui ont une plus grande masse ». (Sur la nature inertielle du mouvement des corps de « plus grande masse » tels que « les planètes et les comètes », voir l'annexe 12.) Ainsi, du premier coup, Newton émettait un postulat opposé à la physique aristotélicienne. Selon celle-ci, aucun corps céleste ne pouvait se mouvoir uniformément en ligne droite en l'absence d'une force, car c'était là un mouvement « violent », tout à fait contraire à sa nature. De même, aucun objet terrestre, nous l'avons vu, ne pouvait se mouvoir le long de sa ligne droite « naturelle » sans l'intervention d'un agent extérieur ou d'une force motrice intérieure. Newton, en proposant une physique qui s'applique simultanément aux corps terrestres et aux corps célestes, déclarait qu'en l'absence de toute force les corps ne restaient pas nécessairement immobiles ou ne gagnaient pas forcément le repos, comme Aristote le supposait, mais pouvaient avoir un mouvement rectiligne à vitesse constante. Cette « indifférence » de tous les corps, en l'absence de force, à rester au repos ou à suivre le mouvement rectiligne uniforme, est manifestement un progrès par rapport à l'énoncé donné par Galilée dans son livre sur les taches solaires (p. 139-142) : dans cet ouvrage, Galilée traitait d'un mouvement uniforme sur une grande surface sphérique concentrique à la Terre.

* Le premier énoncé de cette loi figure dans un ouvrage non publié de Descartes. Il apparaît pour la première fois imprimé dans un livre de Pierre Gassendi. Mais avant les *Principia* de Newton, il n'existait aucune physique de l'inertie complètement achevée. Il est significatif que Descartes, après avoir bâti l'ouvrage en question sur le point de vue copernicien, en ait arrêté la publication en apprenant la condamnation de Galilée. Gassendi était lui aussi un copernicien. Il fit des expériences sur la chute des corps à partir de navires et de voitures en mouvement pour vérifier les conclusions de Galilée sur le mouvement inertiel. Descartes publia pour la première fois sa version de la loi de l'inertie dans ses *Principes de philosophie* (1644) ; l'énoncé qu'il en avait initialement donné figure dans son *Traité du monde* publié après sa mort en 1650. (Voir l'annexe 8.)

Newton disait des lois du mouvement qu'elles étaient « des principes reçus des mathématiciens, et confirmés par une multiplicité d'expériences. C'est au moyen des deux premières lois et des deux premiers corollaires que Galilée trouva que la chute des corps était en raison double du temps et que les projectiles décrivaient une parabole ; ce qui s'accorde avec l'expérience sauf en tant que la résistance de l'air retarde ces mouvements si peu que ce soit ». Les « deux corollaires » traitent des méthodes utilisées par Galilée et ses nombreux prédécesseurs pour combiner deux forces différentes ou deux mouvements indépendants. Cinquante ans après la publication des *Deux Sciences nouvelles* de Galilée, Newton, qui avait déjà élaboré une physique de l'inertie, concevait difficilement que Galilée ait pu arriver si près du concept d'inertie sans renoncer totalement à la circularité et sans avoir connu le véritable principe, celui de l'inertie rectiligne.

Newton s'est montré très généreux envers Galilée, car si on peut admettre que Galilée a « effectivement » trouvé la loi de l'inertie ou première loi de Newton, il faut beaucoup d'imagination pour lui attribuer la paternité de la deuxième loi. Cette loi se divise en deux parties : dans la seconde, le « changement du mouvement » produit par « la force motrice imprimée » – que ce soit une modification de la vitesse avec laquelle un corps se déplace ou un changement de direction du mouvement – est dite s'effectuer « suivant la droite par laquelle cette force est imprimée ». Tout cela est assurément contenu dans l'analyse galiléenne du mouvement d'un projectile dans la mesure où Galilée admettait qu'à l'exception du frottement négligeable de l'air, il n'existait aucune force horizontale, donc aucune accélération, dans la direction du mouvement ; en revanche, dans la direction verticale, il existe une accélération – un accroissement continu de vitesse – car le poids agit vers le bas. Quant à la première partie de la deuxième loi – le changement de mouvement est proportionnel à la force motrice –, c'est encore une autre affaire et il fallait être Newton pour retrouver cette loi dans les études de Galilée sur la chute des corps. Elle dit que, si un corps est soumis d'abord à une force F_1, puis a une force F_2, les accélérations – ou modifications de vitesse – A_1 et A_2 sont proportionnelles aux forces

$$\frac{F_1}{F_2} = \frac{A_1}{A_2}\text{, ou}$$

$$\frac{F_1}{A_1} = \frac{F_2}{A_2}.$$

Or, dans son analyse de la chute des corps, Galilée considérait uniquement une situation dans laquelle une seule force, son poids *P*, agissait sur chaque corps, et l'accélération produite était *g*, accélération d'un corps en chute libre. (Pour les deux formulations de la deuxième loi de Newton, voir p. 204.)

Tandis qu'Aristote disait qu'une force donnée communiquait à un objet une certaine vitesse caractéristique, Newton disait maintenant qu'une force donnée produit toujours dans ce corps une certaine accélération *A*, bien définie. Pour trouver la vitesse *V*, il faut savoir combien de temps *T* la force a agi, autrement dit combien de temps le corps a subi une accélération. On peut alors appliquer la loi de Galilée

$$V = AT.$$

Faisons maintenant une expérience par la pensée. Supposons que nous ayons deux cubes en aluminium, dont l'un a un volume double de celui de l'autre (notons en passant qu'il est impossible, dans le cadre de la géométrie euclidienne, de « dupliquer » un cube – construire un cube ayant un volume double de celui d'un cube donné – comme l'est également la trisection de l'angle ou la quadrature du cercle). Soumettons le plus petit des deux cubes à une série de forces F_1, F_2, F_3, ... et déterminons les accélérations correspondantes A_1, A_2, A_3, ... Selon la deuxième loi, nous devrions trouver une valeur constante m_p pour le rapport de la force à l'accélération :

$$\frac{F_1}{A_1} = \frac{F_2}{A_2} = \frac{F_3}{A_3} = \ldots = m_p$$

Répétons ensuite les mêmes opérations avec le plus grand cube : les mêmes forces F_1, F_2, F_3, ... produisent respectivement d'*autres* accélérations a_1, a_2, a_3, ... Selon la deuxième loi de Newton, le rapport de la force à l'accélération est encore une constante que nous désignerons par m_g :

$$\frac{F_1}{a_1} = \frac{F_2}{a_2} = \frac{F_3}{a_3} = \ldots = m_g.$$

Il se trouve que la constante m_g relative au grand cube est exactement le double de celle, m_p, relative au petit cube. D'une manière générale, tant que l'on considère un seul matériau, ici l'aluminium, cette *constante* est proportionnelle au volume et représente donc *une mesure de la quantité d'aluminium se trouvant dans chaque cube*. Cette constante particulière mesure la résistance opposée par un objet à son accélération, ou encore, la mesure de la tendance de l'objet à rester dans l'état où il est – soit au repos, soit en mouvement en ligne droite. En effet, m_g est le double de m_p ; pour communiquer aux deux cubes la même accélération – ou modification de mouvement – la force à appliquer au grand cube est le double de celle appliquée au petit. La tendance qu'a tout objet à rester dans l'état de mouvement où il se trouve (à vitesse constante en ligne droite ou dans l'état de repos) est appelée son *inertie*. C'est pourquoi la première loi de Newton est aussi désignée sous le nom de *principe d'inertie*. La constante définie pour un corps donné par le rapport de la force à l'accélération est appelée *inertie du corps*. Mais pour nos cubes d'aluminium, cette même constante mesure la « quantité de matière » contenue dans l'objet et que l'on nomme également sa *masse*. Nous pouvons maintenant dire avec précision à quelle condition deux objets faits de matériaux différents – mettons, l'un en cuivre et l'autre en bois – ont même « quantité de matière » : il faut qu'ils aient la *même masse*, telle qu'elle est déterminée par le rapport de force – accélération, ou la *même inertie*.

Dans la vie courante, nous comparons la « quantité de matière » contenue dans les objets non en termes d'inerties, mais en termes de poids. La physique de Newton justifie cela et nous permet ainsi de comprendre pourquoi, n'importe où à la surface de la Terre, deux objets de poids différents placés dans le vide chutent à la même vitesse. Observons cependant qu'il existe au moins une situation dans laquelle nous comparons les inerties plutôt que les poids. Cela se produit quand on soupèse deux objets pour voir quel est le plus lourd, celui qui a la plus grande masse. On ne les tient pas immobiles dans les mains pour voir lequel exerce la plus grande traction sur le bras ; on les soulève et les abaisse de façon à voir celui qui est le plus facile à déplacer. On détermine ainsi celui qui oppose la plus grande résistance à un changement de son état de mouvement en ligne droite ou de repos – c'est-à-dire, celui qui a la plus grande inertie. (Sur la conception newtonienne de l'inertie, voir l'annexe 15, p. 253.)

La formulation finale de la loi d'inertie

A un endroit de ses *Discours et Démonstrations concernant deux sciences nouvelles*, Galilée considère le roulement d'une bille sur un plan et note que « son mouvement se poursuivra uniformément et éternellement sur ce même plan, pourvu qu'on le prolonge à l'infini ». Un plan illimité ne pose pas de problème à un mathématicien, qui est de toute façon un platonicien. Mais Galilée était un homme qui ne dissociait pas le platonisme de ses applications au monde réel de l'expérience sensorielle. Dans les *Deux Sciences nouvelles,* Galilée ne s'intéressa pas qu'aux abstractions en tant que telles, mais aussi à l'analyse des mouvements réels se produisant sur ou au voisinage de la Terre. Nous comprenons ainsi qu'après avoir parlé d'un plan sans limites, il abandonne rapidement cette notion fantaisiste et se demande ce qui arriverait si ce plan était un plan terrestre réel. Il serait « limité et à une certaine hauteur », dit-il. Dans le monde réel de la physique, la bille quitte le plan pour tomber sur le sol. Dans ce cas,

> le mobile que j'imagine doué de gravité, parvenu à l'extrémité du plan et continuant sa course, ajoutera à son précédent mouvement uniforme et indélébile la tendance vers le bas que lui confère sa gravité : le résultat sera ce mouvement composé d'un mouvement horizontal uniforme et d'un mouvement naturellement accéléré vers le bas que j'appelle projection.

A la différence de Galilée, Newton sépare clairement le monde abstrait des mathématiques du monde de la physique, qui relève toujours, selon lui, de la philosophie. Ainsi, les

Principia comprennent des « principes mathématiques » en tant que tels, et ceux qui peuvent être appliqués à la « philosophie naturelle », tandis que, dans les *Deux Sciences nouvelles,* Galilée n'introduit que les conditions mathématiques trouvant leur illustration dans la nature. Par exemple, Newton savait fort bien que la force attractive exercée par le Soleil sur une planète varie en raison inverse du carré de la distance :

$$F \propto \frac{1}{D^2}$$

mais dans le Livre I des *Principia,* il étudie les conséquences, non seulement de cette force particulière, mais aussi d'autres forces ayant avec la distance une dépendance tout à fait différente, notamment :

$$F \propto D.$$

« Le Système du monde »

Newton débute son Livre III, consacré au « Système du monde », en expliquant en quoi il diffère des deux précédents, qui traitaient du « mouvement des corps » :

> Dans les livres précédents, j'ai rapporté des principes de la philosophie, qui cependant ne sont pas philosophiques [appartenant à la physique] mais uniquement mathématiques, et à partir desquels l'on peut, bien entendu, discuter sur ce qui est philosophique. Ces principes sont les lois et les conditions des mouvements et des forces qui concernent la philosophie au plus haut point. Cependant, pour qu'ils ne paraissent pas stériles, je les ai illustrés de certains scholies philosophiques, en examinant ceux qui sont généraux et sur lesquels la philosophie semble principalement fondée, tels que la densité et la résistance des corps, les espaces vides de corps et le mouvement de la lumière et des sons. Il nous reste à faire voir l'organisation du système du monde, à partir de ces mêmes principes.

C'est à mon avis en se donnant la liberté de considérer les problèmes de manière purement mathématique ou de manière purement « philosophique » (physique) que Newton a pu énoncer sa première loi et établir une physique complète de l'inertie. Après tout, si la physique, en tant que science, peut s'élaborer mathématiquement, elle doit toujours reposer sur l'expérience – l'expérience ne nous fournit jamais un mouvement purement inertiel. Même dans le cas des exemples restreints d'inertie rectiligne étudiés par Galilée, il y a toujours le frottement de l'air, et le mouvement cesse presque immédiatement, par exemple quand un projectile touche le sol. Dans tout le domaine de la physique exploré par Galilée, il n'y a pas d'exemple d'objet physique ayant ne serait-ce qu'une composante de mouvement purement inertiel persistant au-delà d'un temps extrêmement bref. C'est peut-être pour cette raison que Galilée n'énonça jamais une loi générale de l'inertie. Il était trop physicien.

Mais Newton, en tant que mathématicien, pouvait facilement concevoir qu'un corps se déplace éternellement en ligne droite avec une vitesse constante. Ce « éternellement », qui implique un Univers infini, ne l'impressionnait pas. Observez que son énoncé de la loi d'inertie, à savoir la condition naturelle pour que les corps se déplacent en ligne droite à vitesse constante, se trouve dans le Livre I des *Principia,* cette partie de son œuvre qu'il dit lui-même être mathématique plutôt que physique. Maintenant, si la condition naturelle des corps est de se mouvoir en ligne droite à vitesse constante, ce type de mouvement inertiel doit caractériser les planètes. Or, les planètes ne se déplacent pas en ligne droite, mais décrivent des ellipses. Utilisant une approche partiellement galiléenne, Newton dit alors que les planètes sont soumises à deux mouvements : l'un inertiel (en ligne droite à vitesse constante) et l'autre constamment perpendiculaire au premier mouvement, et retenant la planète sur son orbite. (Voir les annexes 11 et 12, p. 242.)

Bien que ne se déplaçant pas en ligne droite, les planètes donnent cependant le meilleur exemple de mouvement inertiel observable dans l'Univers. En l'absence de cette composante inertielle, la force qui constamment écarte la planète de cette ligne droite l'entraînerait vers le Soleil jusqu'à ce qu'ils entrent en collision. Newton utilisa une fois cet argument pour prouver l'existence de Dieu. Si, dit-il, les planètes n'avaient pas reçu une impulsion leur donnant une composante de mouvement inertiel (ou tangentiel), la force attractive du Soleil ne les retiendrait pas sur leurs orbites, mais les attirerait en ligne droite sur le Soleil. Il en résulte que l'Univers ne peut avoir une cause exclusivement matérielle.

Pour Galilée, le mouvement purement circulaire pouvait être dû à l'inertie, comme dans l'exemple d'un objet se déplaçant sur ou au voisinage de la Terre. Pour Newton, le mouvement purement circulaire n'est pas inertiel ; il est accéléré et il exige donc une force pour se maintenir. C'est donc Newton qui finalement brisa les chaînes de la « circularité » qui avait asservi les savants jusqu'à Galilée. Et ainsi s'explique que ce fut Newton qui montra comment construire une mécanique céleste fondée sur les lois du mouvement : le mouvement orbital elliptique (ou presque circulaire) des planètes n'est pas purement inertiel, mais exige en plus l'action constante d'une force, qui se trouve être la force de la gravitation universelle.

Newton donc, et de nouveau contrairement à Galilée, s'employa à « faire voir l'organisation du système du monde » ou, comme nous le dirions aujourd'hui, à montrer comment les lois générales du mouvement sur Terre peuvent être appliquées aux planètes et à leurs satellites.

Dans le premier théorème des *Principia,* Newton démontre qu'un corps animé d'un mouvement purement inertiel obéit à la loi des aires : autrement dit, toute droite reliant le corps à un point non situé sur la trajectoire du corps balaie des aires égales en des temps égaux. Soit un corps animé d'un mouvement purement inertiel le long de la ligne droite dont PQ est un segment. Ainsi que l'a montré Galilée, ce corps parcourt des distances égales AB, BC, CD,... en des temps égaux. Observez ensuite que la droite issue du point O balaie des aires égales en des temps égaux ; autrement dit, les aires des triangles OAB, OBC, OCD,... sont identiques. En effet, l'aire d'un triangle est égale au demi-produit de sa base par sa hauteur et, en l'occurrence, les triangles ont tous même base et même hauteur.

Puisque $AB = BC = CD$..., on a :

$$\frac{1}{2}AB \times OH = \frac{1}{2}BC \times OH = \frac{1}{2}CD \times OH = \ldots$$

soit :

aire du triangle *OAB* = aire du triangle *OBC* =
aire du triangle *OCD* =....

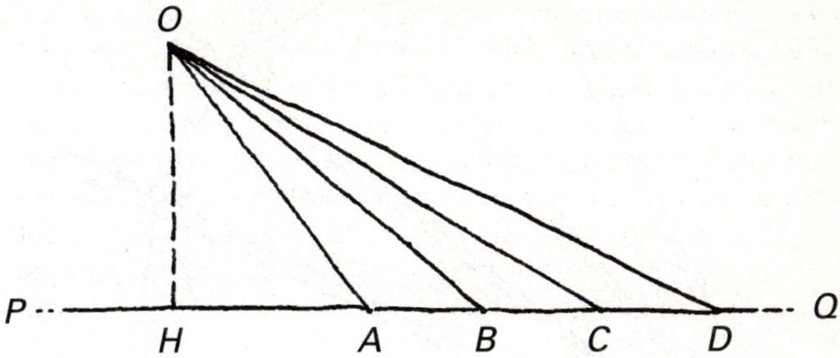

Fig. 30

Ainsi, le premier théorème des *Principia* montre que tout mouvement purement inertiel obéit à une loi des aires, et est donc lié à la seconde loi de Kepler. Newton démontre ensuite que si, à des intervalles de temps réguliers, un corps animé d'un mouvement purement inertiel reçoit une brève impulsion (une force agissant pendant un très court instant) constamment dirigée vers le même point *S*, son mouvement sera tel que durant les intervalles de temps égaux la droite qui joint *S* balaie des aires égales. La situation est représentée à la figure 31. Quand le corps atteint le point *B*, il reçoit une impulsion orientée vers *S*. Le nouveau mouvement est alors une combinaison du mouvement originel le long de *AB* et d'un mouvement vers *S*, ce qui produit un mouvement rectiligne et uniforme vers *C*, etc. Les triangles *SAB*, *SBC* et *SCD*... ont des aires égales. Newton poursuit :

> Qu'on imagine maintenant que le nombre des triangles augmente et que leur largeur diminue à l'infini ; il est clair (par le Cor. 4 du Lemme III) que leur dernier périmètre *ADF* sera une ligne courbe. Donc la force centripète, qui retire le corps à tout moment de la tangente de cette courbe, agit sans interruption, et les aires quelconques *SADS*, *SAFS*, qui étaient proportionnelles aux temps employés à les décrire, leur seront encore proportionnelles dans ce cas. C. Q. F. D.

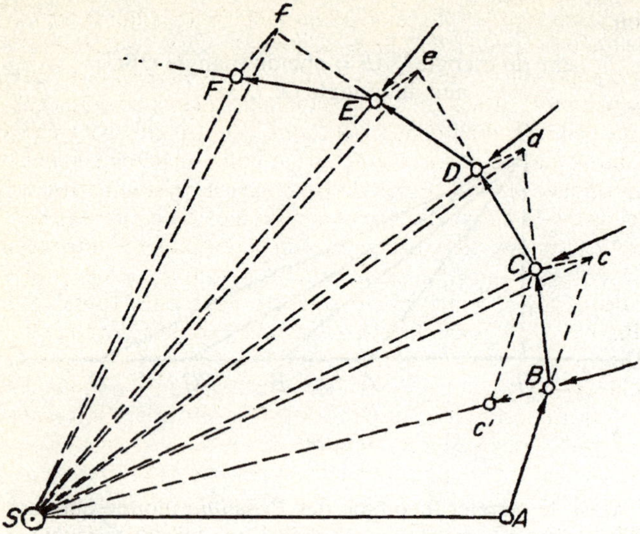

Fig. 31. Si, au point B, *le corps n'avait pas reçu d'impulsion, il aurait gagné, pendant le temps* T, *le point* c *tel que* Bc = AB. *L'impulsion reçue en* B *lui donne une composante de mouvement vers* S *qui, si elle avait été la seule cause de mouvement, aurait, durant le temps* T, *amené le corps en* c'. *La combinaison durant le temps* T *des deux mouvements* Bc *et* Bc' *donne un mouvement résultant de* B *en* C. *Newton a démontré que l'aire du triangle* SBC *est égale à celle du triangle* SBc. *Donc, la loi des aires reste vérifiée même en présence d'une impulsion dirigée vers* S.

Newton établit ainsi la

PROPOSITION I. THÉORÈME I

> Les aires que les corps en mouvements curvilignes décrivent autour d'un centre immobile se tiennent dans un même plan immobile et sont proportionnelles au temps.

Pour parler simplement, Newton démontre dans le premier théorème du Livre I des *Principia* que, si un corps est constamment attiré vers un centre de force, son mouvement, qui sans cette influence serait inertiel, devient un mouvement curviligne, et toute ligne droite joignant le corps au centre de force balaie des aires égales en des temps égaux. Dans la Proposition II (Théorème II), il démontre que, si un corps se déplace le long d'une courbe de sorte que les aires balayées par une droite joignant le corps à un point quelconque sont proportionnelles aux temps de balayage, il existe une force « centrale » (centripète) attirant continûment le corps vers ce point. La signification de la première loi de Kepler n'apparaît qu'à la Proposition XI, dans laquelle Newton cherche « la loi de la force centripète lorsqu'elle tend à un foyer de l'ellipse ». Cette force varie « inversement comme le carré de la distance ». Newton démontre ensuite que si un corps se déplaçant sur une hyperbole ou une parabole est soumis à l'action d'une force centripète dirigée vers un foyer, cette force varie encore selon l'inverse du carré de la distance. Quelques théorèmes plus loin, à la Proposition XVII, Newton démontre la réciproque, à savoir que si un corps en mouvement est soumis à une force centripète variant inversement comme le carré des distances, sa trajectoire est une section conique : ellipse, parabole ou hyperbole.

Remarquons que Newton a traité les lois de Kepler dans le même ordre que Kepler : d'abord la loi des aires, en tant que théorème général, et seulement ensuite la nature elliptique des orbites planétaires. Ce qui semble au premier abord une façon de procéder assez étrange s'est ainsi révélé être une progression logique fondamentale, inverse de l'enchaînement qu'aurait suivi une approche empirique ou observationnelle.

Avec le raisonnement de Newton sur l'action d'une force centripète agissant sur un corps animé d'un mouvement purement inertiel, l'analyse mathématique, pour la première fois, révèle la signification de la première loi de Kepler. Ce raisonnement montre que cette loi implique l'existence d'un centre de force à l'origine du mouvement de chaque planète. Les aires balayées par les mouvements planétaires étant calculées par rapport au Soleil, la première loi de Kepler permet ainsi à Newton de démontrer rigoureusement l'existence d'une force centrale émanant du Soleil et attirant toutes les planètes.

Voilà pour le problème soulevé par Halley. Newton aurait ici cessé toute recherche, son œuvre n'en aurait pas moins été l'objet d'une immense admiration. Mais il poursuivit ses travaux, et les résultats qu'il obtint par la suite furent encore plus remarquables.

Le chef-d'œuvre : la gravitation universelle

Dans le Livre III des *Principia,* Newton montre que les droites joignant Jupiter à ses satellites « décrivent des aires proportionnelles au temps » et que le rapport des carrés des périodes de ces satellites aux cubes de leurs distances moyennes au centre de Jupiter est une constante, certes différente de celle trouvée pour les mouvements planétaires. Ainsi, si T_1, T_2, T_3, T_4 sont les périodes des satellites et a_1, a_2, a_3, a_4 leurs distances moyennes respectives à Jupiter, on a :

$$\frac{(a_1)^3}{(T_1)^2} = \frac{(a_2)^3}{(T_2)^2} = \frac{(a_3)^3}{(T_3)^2} = \frac{(a_4)^3}{(T_4)^2}$$

Ces lois de Kepler s'appliquent non seulement au système jovien, mais aussi – et c'est un résultat qu'ignorait totalement Kepler – aux cinq satellites de Saturne connus à l'époque de Newton. Et si la troisième loi de Kepler ne peut s'appliquer à la Lune dans la mesure où elle est le seul satellite de la Terre, Newton affirme néanmoins que le mouvement de ce corps vérifiait la loi des aires. Ainsi, il existe une force centrale, variant comme l'inverse du carré de la distance, qui maintient chaque planète sur son orbite autour du Soleil, et chaque satellite sur son orbite autour de sa planète.

Puis c'est le coup de maître : Newton montre qu'une force universelle unique : *(a)* maintient les planètes sur leurs orbites autour du Soleil, *(b)* maintient les satellites sur leurs orbites, *(c)* provoque la chute des corps telle qu'elle est observée, *(d)* maintient les objets sur la Terre, *(e)* est responsable des marées. Cette force s'appelle la *gravitation universelle,* et sa loi fondamentale peut s'écrire :

$$F = G\frac{mm'}{D^2}$$

Cette loi affirme que quelles que soient leurs positions dans l'Univers, deux corps quelconques, de masses m et m' et séparés d'une distance D, sont soumis à une attraction mutuelle : chaque corps attire l'autre avec une force d'égale intensité, *directement proportionnelle au produit des deux masses et inversement proportionnelle au carré de la distance qui les sépare*. G est une constante de proportionnalité ; elle a la même valeur dans toutes les circonstances, qu'il s'agisse de l'attraction mutuelle entre une pierre et la Terre, la Terre et la Lune, le Soleil et Jupiter, une étoile et une autre, ou entre deux galets sur une plage. Cette constante G est appelée *constante de la gravitation universelle* et est à ranger parmi les autres constantes « universelles » – qui ne sont pas si nombreuses dans toute la science – telles que la vitesse c de la lumière, si importante en théorie de la relativité, ou h, la constante de Planck, fondamentale en théorie des quanta.

Comment Newton trouva-t-il sa loi ? S'il est difficile de le dire en détail, on peut cependant reconstituer les étapes essentielles de cette découverte.

Dans des notes autobiographiques rédigées vers 1714, Newton nous apprend que, dans sa jeunesse, il commença

> à penser que la gravité s'étendait à l'orbe de la Lune ; puis, ayant découvert comment estimer la force avec laquelle [un] globe tournant à l'intérieur d'une sphère presse la surface de la sphère, je déduisis, à partir de la règle de Kepler selon laquelle les périodes des planètes sont en raison sesquiple [c'est-à-dire comme la puissance 3/2] de leurs distances au centre de leur orbe, que les forces maintenant les planètes sur leurs orbes sont réciproquement comme le carré de leurs distances au centre autour duquel elles accomplissent leurs révolutions : je comparai par ce moyen la force nécessaire pour maintenir la Lune sur son orbe avec la force de gravité à la surface de la Terre, et je trouvai une réponse [un accord] presque parfait.

Avec ce texte comme guide, considérons d'abord une sphère de masse m et de vitesse v circulant le long d'un cercle de rayon r. Comme le découvrit Newton – et aussi le grand physicien hollandais Christian Huygens (1629-1695) qui, au vif dépit de Newton, publia cette découverte le premier (voir l'annexe 14) –, cette sphère est soumise à une accélération centrale de valeur $\frac{v^2}{r}$. L'existence de cette accélération découle du fait que la sphère n'est ni immobile ni animée d'un mouvement rectiligne à vitesse constante. Les lois I et II affirment qu'il existe une force et, par conséquent, une accélération. Nous ne démontrerons pas, ici, que cette accélération a la valeur $\frac{v^2}{r}$; on peut cependant voir qu'elle est centrale si l'on fait tournoyer une pierre à l'extrémité d'une ficelle. Une force est nécessaire qui ramène constamment la pierre vers le centre. Or la loi II nous dit que l'accélération a toujours la même direction que la force accélératrice. Ainsi, pour une planète de masse *m*, circulant approximativement sur un cercle de rayon *r* à la vitesse *v*, il existe une force centrale *F* ayant pour valeur :

$$F = mA = m\frac{v^2}{r}$$

Si la planète a une période – temps mis pour parcourir 360 degrés – égale à *T*, elle décrit un cercle de rayon *r*, soit la circonférence $2\pi r$, durant ce temps *T*. La vitesse *v* est donc $\frac{2\pi r}{T}$ et

$$F = mA = mv^2 \times \frac{1}{r} = m\left[\frac{2\pi r}{T}\right]^2 \times \frac{1}{r}$$

$$= m \times \frac{4\pi^2 r^2}{T^2} \times \frac{1}{r}$$

$$= m \times \frac{4\pi^2 r^2}{T^2} \times \frac{1}{r} \times \frac{r}{r}$$

$$= \frac{4\pi^2 m \times r^3}{T^2 \times r^2} = \frac{4\pi^2 m}{r^2} \times \frac{r^3}{T^2}$$

Puisque, pour chaque planète du système solaire, $\frac{r^3}{T^2}$ a la même valeur *K* (d'après la troisième loi de Kepler),

$$F = \frac{4\pi^2 m}{r^2} \times K = 4\pi^2 K \frac{m}{r^2}$$

Le rayon r de l'orbite circulaire correspond en réalité à la distance moyenne D de la planète au Soleil. La force F avec laquelle le Soleil attire la planète pour la soustraire à son mouvement purement inertiel et la maintenir sur une trajectoire elliptique est donc

$$F = 4\pi^2 K \frac{m}{D^2}$$

où m est la masse de la planète, D la distance moyenne de la planète au Soleil, K la « constante de Kepler » relative au système solaire (égale au cube de la distance de n'importe quelle planète au Soleil divisé par le carré de sa période de révolution). Toute personne dotée d'un esprit supérieur et connaissant les lois newtoniennes sur le mouvement et les principes du mouvement circulaire, peut, en s'appuyant sur la logique et la mathématique, parvenir à ce résultat.

Mais récrivons maintenant cette relation sous la forme suivante :

$$F = \left[\frac{4\pi^2 K}{M_s}\right] \frac{M_s m}{D^2}$$

où M_s est la masse du Soleil et disons que la quantité

$$\frac{4\pi^2 K}{M_s} = G$$

est une *constante universelle*, que la loi

$$F = G \frac{M_s m}{D^2}$$

n'est pas limitée à la force s'exerçant entre le Soleil et une planète, mais s'applique à toutes les paires d'objets de l'Univers, M_s et m devenant les masses m et m' de deux objets et D la distance qui les sépare :

$$F = G \frac{mm'}{D^2}$$

Aucune mathématique – que ce soit l'algèbre, la géométrie ou l'analyse – ne justifie cette démarche hardie. On peut seulement dire que c'est un de ces triomphes qui humilient les hommes ordinaires en présence du génie. Pensez en effet à ce qu'implique cette loi. Par exemple, ce livre que vous tenez

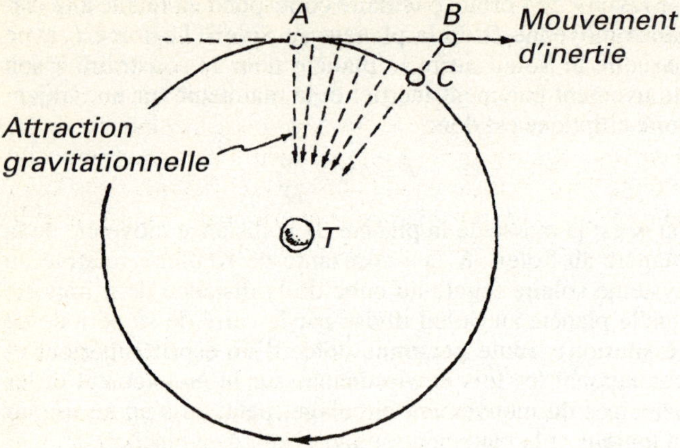

Fig. 32

dans vos mains attire le Soleil avec une force calculable ; et cette même force oblige la Lune à suivre son orbite et fait tomber la pomme de l'arbre. Vers la fin de sa vie, Newton dit que c'est justement cette dernière comparaison qui lui inspira sa grande découverte (voir l'annexe 14).

Si elle n'était attirée par la Terre, la Lune serait animée d'un mouvement purement inertiel et, durant un petit intervalle de temps *t*, parcourrait à vitesse constante un segment *AB* tangent à son orbite (*fig. 32*). Or, dit Newton, elle ne va pas en *B* car durant ce même temps *t*, elle tombe vers la Terre sous l'action de la gravitation terrestre et décrit alors l'arc *AC*. Ainsi, la déviation de la Lune par rapport à une trajectoire rectiligne purement inertielle est la conséquence de sa « chute » continuelle vers la terre – et cette chute est exactement semblable à celle d'une pomme. Comment vérifier cette dernière affirmation ? Newton fit le raisonnement suivant :

Pourquoi une pomme tombe-t-elle sur la Terre ? Nous pouvons dire, maintenant, que c'est parce qu'il existe une force de gravitation universelle s'exerçant entre elle et la Terre. Mais quelle est la distance entre la Terre et la pomme ? Est-ce les deux ou trois mètres qui séparent la pomme du sol ? La réponse à cette question est loin d'être évidente. Newton démontra alors que l'attraction entre un petit objet et un corps plus massif, plus ou moins homogène et plus ou moins sphérique, n'est en rien modifiée si toute la masse de ce dernier corps se trouve concentrée en son centre géométrique. Ce théorème signifie que si l'on considère l'attraction mutuelle entre la Terre et la pomme, la distance D figurant dans la loi de gravitation universelle peut être prise égale au rayon de la Terre. L'attraction entre la Terre et la pomme est

$$F = G\frac{m\,M_t}{R_t^2}$$

où m est la masse de la pomme, M_t la masse de la Terre et R_t son rayon. Mais c'est là une expression du *poids* P de la pomme, car le poids de tout objet terrestre n'est autre que l'intensité de la force avec laquelle il est gravitationnellement attiré par la Terre. D'où :

$$P = G\frac{m\,M_t}{R_t^2}$$

Il existe une deuxième façon d'écrire l'équation du poids d'une pomme ou de tout autre objet terrestre de masse m. Reprenons la deuxième loi de Newton. Elle dit que la masse m de tout objet est le rapport de la force agissant sur l'objet à l'accélération communiquée par cette force :

$$m = \frac{F}{A}$$

ou

$$F = mA$$

Observons que, lorsqu'une pomme tombe de l'arbre, la force qui l'attirera vers le bas n'est autre que son poids P, de sorte que

$$P = mA$$

Nous avons maintenant deux expressions mathématiques différentes de la même force, du poids P ; elles sont donc égales, d'où :

$$mA = G\frac{mM_t}{R_t^2}$$

soit, en divisant les deux membres par m :

$$A = G\frac{M_t}{R_t^2}$$

Ainsi, les principes newtoniens permettent d'expliquer immédiatement pourquoi, en n'importe quel endroit de la Terre, tous les objets – quelle que soit leur masse *m ou* leur poids *P* – ont même accélération *A* quand ils tombent librement, comme dans le vide. La dernière équation montre que cette accélération de chute libre est déterminée par la masse M_t et le rayon R_t de la Terre et par la constante universelle *G*, ces trois termes *ne dépendent en rien* de la masse particulière *m* ou du poids *P* du corps qui tombe.

Écrivons maintenant la dernière équation d'une manière un peu différente :

$$A = G\frac{M_t}{D_t^2}$$

où D_t est la distance au centre de la Terre. A la surface de la Terre, ou très près de cette surface, D_t vaut tout simplement le rayon de la Terre. Considérons maintenant un corps situé à une distance D_t égale à 60 rayons terrestres. Avec quelle accélération *A'* tombera-t-il vers le centre de la Terre ? L'accélération *A'* sera :

$$A' = G\frac{M_t}{(60R_t)^2} = G\frac{M_t}{3\,600R_t^2} = \frac{1}{3\,600}\,G\frac{M_t}{R_t^2}$$

Or, nous venons de voir qu'à la surface de la Terre, une pomme ou n'importe quel autre objet aura une accélération vers le bas égale à $G\frac{M_t}{R_t^2}$. Nous avons ainsi montré qu'un objet situé à 60 rayons terrestres de la Terre a une accélération égale à $\frac{1}{3600}$ de cette valeur. Un corps tombant librement à la surface de la Terre parcourt en moyenne 4,9 mètres dans la première seconde ; par conséquent, à une distance de 60 rayons terrestres de la Terre, un corps tombera en une seconde de

$$\frac{1}{3\,600} \times 4{,}9 = 0{,}001361 \text{ mètre} = 0{,}1361 \text{ centimètre}$$

Il y a justement un corps se trouvant à cette distance de 60 rayons terrestres : la Lune. Newton avait ainsi un moyen de vérifier sa théorie de la gravitation universelle. Si la même force gravitationnelle fait tomber aussi bien la pomme que la Lune, celle-ci doit alors, pour demeurer sur son orbite, tomber en une seconde de 0,1361 centimètre par rapport à sa trajectoire inertielle. Un calcul sommaire, effectué en supposant que la Lune décrit un cercle parfait autour de la Terre et se déplace uniformément sans être affectée par l'attraction gravitationnelle du Soleil, donne une chute de 0,1369 centimètre par seconde – c'est, à 0,0008 centimètre près, la valeur théorique ! Une autre façon de voir combien la théorie s'accorde avec l'observation consiste à exprimer ce résultat en pourcentage : cet écart de 8 unités pour 1 361 correspond à 0,6 pour cent. On peut aussi faire ce calcul de la façon suivante (qui reprend peut-être l'exemple donné par Newton à la citation de la page 185) :

1) L'accélération (g) de la chute libre d'un corps (la pomme) à la surface de la Terre est :

$$g = G\frac{M_t}{R_t^2}$$

2) La troisième loi de Kepler pour la Lune s'écrit :

$$k = \frac{R_l^3}{T_l^2}$$

où R_l et T_l sont respectivement le rayon de l'orbite et la période de révolution de la Lune. Si la force de gravitation *est* universelle, la relation trouvée plus haut pour le mouvement des planètes autour du Soleil

$$G = \frac{4\pi^2 K}{M_s}$$

est également valide pour le mouvement de la Lune autour du Soleil :

$$G = \frac{4\pi^2 k}{M_t}$$

On peut alors, à partir de l'expression donnée plus haut, calculer *g* comme suit :

$$g = \left[\frac{4\pi^2 k}{M_t}\right]\frac{M_t}{R_t^2} = 4\pi^2 k\left[\frac{1}{R_t^2}\right]$$

$$= 4\pi^2\left[\frac{R_l^3}{T_l^2}\right]\left[\frac{1}{R_t^2}\right] = 4\pi^2\left[\frac{R_l^3}{T_l^2}\right]\left[\frac{1}{R_l^2}\right]\left[\frac{R_t}{R_t}\right]$$

$$= 4\pi^2\left[\frac{R_l}{R_t}\right]^3\left[\frac{R_t}{T_l^2}\right]$$

Puisque

$$\frac{R_l}{R_t} = 60, \quad R_t = 6400\,\text{km}$$

$$\text{et } T_l = 28 \text{ j} = 28 \times 24 \times 3\,600 \text{ s},$$

on trouve que

$$g \approx 10 \text{ m/s}^2.$$

Dans les notes autobiographiques citées plus haut, Newton dit avoir « comparé la force nécessaire pour maintenir la Lune sur son orbite avec la force de gravité à la surface de la Terre ».

Dans le Livre III des *Principia,* Newton montre que, pour se maintenir sur son orbite, la Lune tombe vers la Terre en s'écartant chaque minute de 15 1 / 12 pieds de Paris – une ancienne mesure – de sa trajectoire rectiligne inertielle. Imaginons, dit-il, que la Lune ait été « privée de tout autre mouvement et qu'elle descende vers la Terre par la seule force qui la retient [...] dans son orbite ». En une minute, elle descendrait de la même distance dont elle descend si cette descente a lieu en même temps que son mouvement inertiel perpendiculaire. Newton suppose ensuite que ce mouvement vers la Terre est dû à la gravité, force qui varie comme l'inverse du carré de la distance. A la surface de la Terre, cette force serait alors supérieure d'un facteur 60×60 à ce qu'elle est sur l'orbite de la Lune. Puisque, d'après la deuxième loi de Newton, l'accélération est proportionnelle à la force accélératrice, un corps transporté de l'orbite de la Lune à la surface de la Terre verrait alors son accélération augmenter d'un facteur 60×60. Ainsi, affirme Newton, si la gravité est une force inversement proportionnelle au carré de la distance, un corps abandonné sans vitesse initiale au voisinage de la surface de la Terre devrait chuter en une minute d'environ $60 \times 60 \times 15 \frac{1}{12}$ pieds de Paris, soit en une seconde, $15 \frac{1}{12}$ pieds de Paris.

Des expériences de Huygens sur le pendule, Newton déduisit qu'à la latitude de Paris, un corps parcourait effectivement cette distance dans sa première seconde de chute. Il démontrait donc ainsi que c'est la gravité de la Terre qui maintient la Lune sur son orbite. En fait, lors de ce calcul, Newton fut plus précis et prédit, à partir de la théorie de la gravitation et de l'observation du mouvement de la Lune, que la distance parcourue en une seconde par un corps en chute libre à la surface de la Terre serait de 15 pieds de Paris, 1 pouce et 1 4/9 lignes (l ligne = 1/12 de pouce). Le résultat de Huygens, pour la chute libre à Paris, fut 15 pieds de Paris, 1 pouce, 1 7/9 lignes. La différence était de 3/9 ou 1/3 de ligne – un très petit nombre. Lorsqu'il rédigea les *Principia,* Newton avait trouvé un accord entre la théorie et l'observation bien supérieur à celui de cette grossière vérification réalisée vingt ans auparavant.

Newton affirma que, lors de cette vérification, l'observation s'accordait « d'assez près » avec la prédiction. Il y avait à cela deux raisons. Premièrement, ayant attribué au rayon de la Terre une valeur insuffisante, il obtint de médiocres résultats numériques, ne concordant que grossièrement ou, selon ses propres termes, « d'assez près ». D'autre part, n'ayant pu rigoureusement démontrer qu'une sphère homogène attire les objets comme si toute sa masse se trouvait concentrée en son centre, sa vérification fut elle aussi au mieux grossière et approximative.

Mais cette vérification prouva à Newton la validité de son concept de gravitation universelle. Pour apprécier combien ce résultat était remarquable, considérez la nature de la constante G. Nous avons vu plus haut que $G = \frac{4\pi^2 K}{M_s}$. On peut se demander quel lien y a-t-il entre K (cube de la distance d'une planète au Soleil divisé par le carré de sa période de révolution autour du Soleil) ou M_s (masse du Soleil) et l'attraction de la Terre sur une pierre ou sur la Lune. Si vous estimez que ce n'est peut-être pas si extraordinaire dans la mesure où la Terre appartient au système solaire, considérez une étoile double – un système composé de deux étoiles gravitant l'une autour de l'autre comme la Lune autour de la Terre – située à des millions d'années-lumière du système solaire. Là-bas, hors de toute influence du Soleil, l'attraction mutuelle de ces deux étoiles est encore gouvernée par la même constante $G = \frac{4\pi^2 K}{M_s}$. C'est une constante universelle, *bien qu*'elle ait été découverte dans le cadre de *notre propre système solaire*. A l'évidence, la division de la constante de Kepler par la masse du corps central autour duquel tournent les autres corps élimine toute référence spécifique à ce système particulier, qu'il s'agisse des planètes tournant autour du Soleil, ou des satellites tournant autour de Jupiter ou de Saturne (voir l'annexe 15).

La dimension de l'œuvre

Un regard sur quelques autres succès de la théorie de la gravitation newtonienne va nous permettre d'en apprécier les exceptionnelles dimensions. Supposons que la Terre ne soit pas une sphère parfaite, mais qu'elle soit un peu aplatie aux pôles et renflée à l'équateur. Considérons maintenant l'accélération A d'un corps en chute libre à un pôle, à l'équateur et à deux points intermédiaires a et b. Il est évident que le « rayon » R de la Terre augmente en allant du pôle vers l'équateur, de telle sorte que l'on a :

$$R_p < R_b < R_a < R_{é.}$$

Par conséquent, l'accélération en ces divers endroits aura pour valeurs :

$$A_p = G\frac{M_t}{R_p^2}\,; \quad A_b = G\frac{M_t}{R_b^2}\,; \quad A_a = G\frac{M_t}{R_a^2}\,; \quad A_é = G\frac{M_t}{R_é^2}$$

d'où :

$$A_p > A_b > A_a > A_é$$

Les données expérimentales actuelles donnent pour la valeur de l'accélération en fonction de la latitude :

Latitude	*Accélération de la chute libre*
0° (équateur)	978,039 cm/s ^{2}
20°	978,641
40°	980,171
60°	981,918
90° (pôle)	983,217

A l'époque de Newton, on trouvait l'accélération d'un corps en chute libre en déterminant la longueur d'un pendule battant la seconde – ayant une période de 2 secondes. La période T d'un pendule simple décrivant de petites oscillations est donnée par :

$$T = 2\pi\sqrt{\frac{l}{g}}$$

où l est la longueur du pendule (mesurée du point de support au centre de la masse en suspension) et g l'accélération de la chute libre. En allant de Londres à Sainte-Hélène, Halley trouva qu'il lui fallait raccourcir son pendule pour qu'il continue de battre la seconde. La mécanique de Newton, non seulement permet d'expliquer ce phénomène, mais prédit aussi la forme de la Terre, aplatie aux pôles et renflée à l'équateur – un sphéroïde oblate.

La variation de g, accélération de la chute libre, entraîne une variation correspondante du poids de tout objet pesant transporté d'une latitude à une autre. Une analyse complète de cette variation de poids fait intervenir un second facteur, la force due à la rotation de l'objet avec la Terre. Elle a pour expression $\frac{v^2}{r}$, où v est la vitesse linéaire le long d'un certain cercle et r le rayon de ce cercle. Les valeurs de v et de r sont différentes aux diverses latitudes. En outre, l'effet de la rotation se manifestant dans le plan du mouvement circulaire, sur un parallèle terrestre, son lien avec le poids fait intervenir une composante le long d'une droite joignant le centre de la Terre à la position en question. Ce sont ces forces de rotation, dit la physique newtonienne, qui confèrent à la Terre sa forme ellipsoïdale.

Une deuxième conséquence du renflement équatorial est la précession des équinoxes. La différence entre les rayons polaires et équatoriaux peut ne pas paraître énorme :

rayon équatorial	6 378,388 km
rayon polaire	6 356,909 km

Mais, si on représente la Terre par un globe de 30 cm de rayon, la différence entre les diamètres extrêmes est d'environ 2 mm. Newton montra que la précession résulte du fait que l'axe de rotation de la Terre est incliné par rapport au plan de son orbite, l'écliptique. En plus de l'attraction gravitationnelle qui maintient la Terre sur son orbite, le Soleil exerce en effet une force sur le renflement équatorial, tendant ainsi à redresser son axe de rotation et à le rendre perpendiculaire au plan de l'écliptique (*fig. 33 A*), autrement dit à faire coïncider le plan du renflement (ou de l'équateur terrestre) avec celui de l'écliptique. Dans le même temps, l'attraction de la Lune tend à faire coïncider le plan du renflement avec celui de sa propre orbite (inclinée d'environ 5° par rapport à l'écliptique). A ce niveau, la force de la Lune est légèrement supérieure à celle du Soleil. Si la Terre était une sphère parfaite, les attractions exercées sur elle par le Soleil ou la Lune seraient symétriques et son axe de rotation n'aurait aucune tendance à se « remettre droit » ; les lignes d'action des attractions gravitationnelles du Soleil et de la Lune passeraient toutes deux par le centre de la Terre. Mais si la Terre était oblate, ainsi que le supposait Newton, il devait exister une force résultante tendant à déporter l'axe de rotation terrestre, donnant ainsi naissance à un effet prédictible.

D'autre part, la physique newtonienne dit que si une force a tendance à changer l'orientation de l'axe de rotation d'un corps, celui-ci, au lieu de changer d'orientation d'une manière définitive, décrit un cône. On peut voir cela avec une toupie. L'axe de rotation de la toupie n'est généralement pas vertical, et le poids de la toupie, qui tend à la coucher sur le côté, engendre une rotation dont l'axe est perpendiculaire à celui de la toupie et passe par sa pointe. L'axe de la toupie décrit alors un cône (*fig. 33 B*). Ce phénomène de précession était connu depuis sa découverte au IIe siècle av. J.-C. par Hipparque, mais dut attendre Newton pour être interprété.

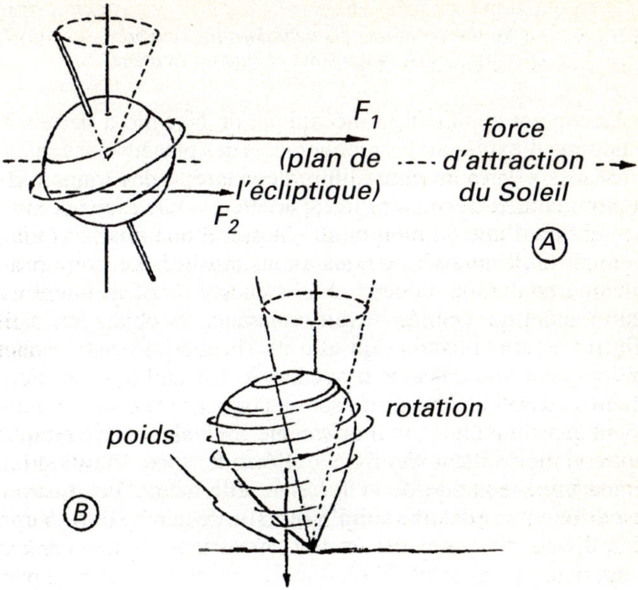

Fig. 33

L'explication de Newton non seulement résolut une énigme antique, mais démontra aussi comment prédire la forme exacte de la Terre en appliquant la théorie aux observations astronomiques. Les prédictions de Newton furent vérifiées par le mathématicien français Pierre de Maupertuis qui mesura la longueur d'un degré d'arc de méridien en Laponie, puis la longueur d'un degré d'arc de méridien au voisinage de l'équateur. Le résultat fut une victoire impressionnante de la nouvelle science.

Autre réussite, la théorie de Newton donna une explication générale du phénomène des marées en établissant son lien avec l'action gravitationnelle du Soleil et de la Lune sur les eaux des océans. Comment ne pas partager le sentiment d'admiration qui inspira à Alexander Pope son célèbre distique :

La Nature et ses lois gisaient dans les Ténèbres.
Dieu dit, Que Newton soit ! *et Tout fut* Lumière.

En voyant comment la mécanique de Newton a permis à l'homme d'expliquer les mouvements des planètes, des satellites, des pierres en chute libre, des marées, des trains, des automobiles et de tout ce qui est accéléré – lors d'un accroissement ou d'une diminution de vitesse, d'une mise en mouvement ou d'un arrêt –, nous avons ainsi résolu notre problème initial. Une ou deux choses encore méritent toutefois notre attention. Galilée l'avait remarqué, les objets liés à la Terre (si l'on considère qu'elle décrit une immense orbite elliptique à une distance moyenne de 150 millions de kilomètres du Soleil) sont situés sur un corps animé d'un mouvement quasi rectiligne, et il *existe* une équivalence dynamique entre le mouvement rectiligne et l'état de repos. Mais si l'on considère la rotation de la Terre sur elle-même, la situation est différente : quel que soit l'intervalle de temps, l'arc décrit par, disons, un projectile en vol, appartient à un « cercle » plus petit que l'orbite terrestre. Il faut alors parfois tenir compte d'un autre principe newtonien : celui de la conservation du moment cinétique.

Le moment cinétique d'un petit objet tournant en cercle (par exemple, une pierre tenue au haut d'une tour sur la Terre en rotation) est donné par l'expression mvr, où r est le rayon de rotation, m la masse de l'objet, et v la vitesse le long du cercle. Ce principe dit que, dans un large éventail de situations (et particulièrement en l'absence de toute force extérieure), le moment cinétique reste constant.

Voici un exemple : un homme, debout sur une plate-forme pouvant tourner librement, a les bras écartés et tient dans chacune de ses mains un petit haltère de 5 kilos. On lance doucement la plate-forme, puis on demande à l'homme de ramener horizontalement ses bras près du corps (voir *fig. 34*). Il se met aussitôt à tourner plus vite. S'il écarte de nouveau ses bras, il ralentit. Ce phénomène (figure classique du patinage artistique) peut, au premier abord, paraître tout à fait étonnant. Voyons comment il s'explique. La vitesse v avec laquelle les masses m tenues dans les mains se déplacent est

Fig. 34

$$v = \frac{2\pi r}{t}$$

où t est la durée d'une rotation complète, pendant laquelle les masses m décrivent la circonférence d'un cercle de rayon r. Dans la première position des bras, le moment cinétique est

$$mvr = m \times \frac{2\pi r}{t} \times \mathrm{r} = \frac{2\pi mr^2}{t}.$$

Dans la deuxième position des bras, r devient très petit. $\frac{2\pi mr^2}{t}$ devant garder la même valeur, d'après le principe de la conservation du moment cinétique, t doit lui aussi décroître, ce qui signifie que la période de révolution diminue avec r.

Quel rapport tout cela a-t-il avec une pierre tombant d'une tour ? En haut de la tour, le rayon de rotation est $R + r$, R étant le rayon de la Terre et r la hauteur de la tour. Quand la pierre touche le sol, son rayon de rotation devient R. Ainsi, comme les haltères ramenés près du corps, la pierre décrit un cercle plus petit en bas qu'en haut de la tour. Elle doit donc tourner plus rapidement et, loin d'être laissée en arrière, elle devrait, d'après notre théorie, atterrir légèrement en avant de la tour. Quel est l'ordre de grandeur de cet effet ? Ce problème dépendant du temps t mis pour accomplir une rotation de 360 degrés, on a avantage à considérer non pas une vitesse linéaire (comme au chapitre 1), mais la vitesse angulaire. Regardons les aiguilles d'une horloge, particulièrement celle indiquant les heures. L'angle dont elle tourne en, disons, cinq minutes (ce qui correspond au temps mis par une pierre pour tomber d'une hauteur bien supérieure à celle de la tour Eiffel) est indiscernable. La Terre, elle, tourne deux fois plus lentement (360 degrés en 24 heures au lieu de 360 degrés en 12 heures). Si, durant cinq minutes, on n'observe à l'œil nu aucune variation dc l'aiguille des heures, on peut alors affirmer que le mouvement deux fois plus lent de la Terre n'a en général pratiquement aucun effet. De fait, à l'exception des calculs de grandes trajectoires en artillerie, de l'étude des vents alizés et d'autres problèmes se déroulant à une bien plus grande échelle que la chute d'une pierre, on peut négliger la rotation de la Terre.

Telle fut la grande révolution newtonienne, qui modifia l'édifice entier de la science et, en vérité, changea le cours de la civilisation occidentale. Que s'est-il passé pendant ces 300 dernières années ? La mécanique de Newton est-elle toujours valide ?

On déclare trop souvent à tort que la théorie de la relativité a réfuté la dynamique classique. Rien n'est plus éloigné de la vérité ! Les corrections introduites par la relativité s'appliquent à des objets se déplaçant à des vitesses v telles que le rapport v/c de cette vitesse à celle c de la lumière n'est pas négligeable (la vitesse de la lumière, rappelons-le, est de 300 000 km par seconde). Dans les accélérateurs linéaires, cyclotrons et autres appareils utilisés pour étudier les particules atomiques et subatomiques, les vitesses atteintes sont si importantes que la masse m d'un objet physique n'est plus une constante, mais obéit alors à la relation

$$m = \frac{m_0}{\sqrt{1 - \frac{v^2}{c^2}}}$$

où v est la vitesse de l'objet relativement à l'observateur, et m_0 la masse du même objet observé au repos. Cette nouvelle formule s'accompagne de la relation maintenant familière d'Einstein entre la masse et l'énergie, $E = mc^2$, et du renoncement à l'espace et au temps « absolus » newtoniens. Devons-nous pour autant approuver le distique ajouté par J. C. Squire à celui de Pope cité plus haut :

Cela ne dura pas : le Diable hurla « Oh !
Qu'Einstein soit », et restaura le statu quo.

Non. Dans tous ces problèmes discutés par Newton – et qui interviennent aujourd'hui dans le calcul du mouvement des étoiles, planètes, lunes, avions, vaisseaux spatiaux, satellites artificiels, automobiles, balles de base-ball, missiles et autres types d'objets grossiers –, les vitesses qui interviennent sont telles que le rapport $\frac{v}{c}$ est pratiquement égal à zéro et l'on peut encore utiliser la dynamique de Newton sans y ajouter la moindre correction. (Il existe cependant un exemple manifeste de l'insuffisance de la physique newtonienne : une infime erreur – de 40 secondes d'arc par siècle ! – dans la prédiction de l'avance du périhélie de Mercure, qui se résout dans le cadre de la théorie de la relativité.) Ainsi, en ingénierie et en physique, à l'exception d'une partie de la physique atomique et subatomique, c'est toujours la physique newtonienne qui rend compte des phénomènes survenant dans le monde extérieur.

Même s'il est vrai que la mécanique newtonienne soit toujours applicable à l'ensemble de phénomènes auquel elle était destinée, il ne faudrait pas croire que le cadre dans lequel ce système a été initialement conçu soit lui aussi pertinent. Newton croyait que l'espace et le temps *étaient* en un certain sens des entités physiques « absolues ». Une analyse minutieuse de ses écrits montre combien dans son esprit ses découvertes dépendirent de ces « absolus ». Bien sûr, il savait que les horloges ne mesurent pas un temps absolu, mais seulement un temps local, et que nos expériences se déroulent dans un espace local plutôt qu'absolu. C'est ainsi qu'outre sa formulation d'une loi d'attraction universelle et d'un ensemble de règles permettant d'obtenir des solutions numériques de problèmes mécaniques, il construisit aussi une physique complète, fondée sur une certaine conception du monde incluant les notions d'espace, de temps et d'ordre. Aujourd'hui, après l'expérience de Michelson-Morley et la théorie de la relativité, cette conception du monde n'est plus considérée comme une base suffisamment solide pour bâtir la physique, et l'on ne voit plus, dans les principes de Newton, qu'un cas particulier – certes, extrêmement important – d'un système plus général.

Certains scientifiques affirment que l'une des plus grandioses confirmations de la physique newtonienne fut l'ensemble des prédictions qu'elle a fournies sur les mouvements des satellites ; grâce à elles, l'homme a pu mettre sur orbite des vaisseaux spatiaux et savoir ce qui leur arriverait dans l'espace. C'est un point de vue défendable mais, pour l'historien, le plus grand exploit de la science newtonienne restera à jamais d'avoir offert la première explication complète de l'Univers fondée sur des principes mécaniques – un ensemble d'axiomes et une loi de gravitation universelle s'appliquant à tout corps matériel où qu'il se trouve, sur la Terre comme aux cieux. Newton sut reconnaître que le seul exemple donné par la nature d'un mouvement purement inertiel, se perpétuant éternellement, sans frottement ou autre interférence qui puisse l'arrêter, est le mouvement orbital des lunes et des planètes. C'est pourtant un mouvement uniforme s'effectuant non pas sur une droite fixe, mais plutôt sur une ligne droite changeant constamment de direction : les mouvements planétaires sont en effet la composition d'un mouvement inertiel et d'un mouvement de chute libre les écartant constamment de la composante inertielle. Réaliser cela demandait autant de génie que pour percevoir que l'on pouvait généraliser les lois du mouvement planétaire en une loi d'attraction universelle pour toute la matière, et que le mouvement de la Lune était analogue à la chute d'une pomme.

La mécanique de Newton en vint à symboliser l'ordre rationnel de l'Univers, gouverné par la « loi de la nature ». La science de Newton pouvait non seulement rendre compte des phénomènes présents et passés, mais ses principes s'appliquaient également à la prédiction des événements à venir. Dans les *Principia*, Newton démontra que les comètes sont des corps comparables aux planètes, parcourant d'immenses orbites qui (selon les lois qu'il avait établies) étaient des sections coniques. Certaines comètes décrivent des ellipses et reviennent périodiquement des profondeurs de l'espace vers les régions visibles de notre système solaire, tandis que d'autres visitent une seule fois notre système solaire puis s'en éloignent à jamais. Analysant les catalogues planétaires à partir de ces résultats, Edmund Halley y découvrit – entre autres – qu'une comète revenait périodiquement tous les soixante-quinze ans et demi. Il fit alors une audacieuse prédiction ; cette comète réapparaîtrait en 1758. Elle réapparut, tout à fait ponctuelle, et bien que Newton et Halley fussent morts depuis longtemps, les hommes et les femmes éprouvèrent un sentiment nouveau, à la fois craintif et admiratif, envers la puissance de la raison humaine secondée par les mathématiques. Ce nouveau respect pour la science s'exprima à travers des qualificatifs tels que « stupéfiant », « phénoménal » ou « extraordinaire ». Cette prédiction confirmée symbolisa la force de la nouvelle science : la perfection de la compréhension mathématique de la nature, manifestée dans son pouvoir d'effectuer des prédictions fiables. On pouvait s'y attendre, partout les hommes et les femmes y virent la garantie que toute la connaissance humaine et la marche des affaires humaines obéissaient elles aussi à un système rationnel analogue, bâti sur la déduction et l'inférence mathématique, associées à l'expérience et l'observation critique. Le XVIIIe siècle fut non seulement le siècle des Lumières, mais devint « avant tout l'âge de la foi en la science ». Newton fut le symbole de la science triomphante, l'idéal de toute la pensée – en philosophie, en psychologie, dans l'art de gouverner, et en sociologie.

Le génie de Newton nous permet de saisir pleinement l'importance de la mécanique galiléenne et des lois de Kepler sur le mouvement des planètes, telles qu'elles apparaissent dans l'élaboration des principes d'inertie exigés pour construire l'Univers copernico-keplerien.

C'est le grand mathématicien français Joseph-Louis Lagrange (1736-1813) qui a le mieux défini l'œuvre de Newton. Il n'y a qu'une *seule* loi de l'Univers, a-t-il dit, et c'est Newton qui l'a découverte. Certes, Newton n'a pas élaboré tout seul la mécanique moderne, mais s'est inspiré fortement des travaux de certains de ses prédécesseurs ; et sa dette envers eux ne diminue en rien la dimension de son accomplissement. Elle souligne simplement l'importance d'hommes tels que Galilée, Kepler, Descartes, Hooke et Huygens, qui furent suffisamment éminents pour apporter à l'entreprise newtonienne des contributions significatives. Mais plus que tout, l'œuvre de Newton nous montre que la science est une activité collective opérant par accumulation ; elle nous permet également de mesurer l'influence qu'un génie individuel peut avoir sur l'entreprise scientifique menée après lui par une communauté de savants. L'œuvre de Newton nous montre en outre que la science progresse davantage grâce à de fantastiques efforts d'imagination que par la collecte et le tri patients d'une myriade de faits isolés. Qui, après avoir étudié la magnifique contribution apportée par Newton à l'art de penser, oserait nier que la science est une illustration de l'action de l'esprit humain à l'apogée de sa créativité ?

NOTE SUR LES DEUX FORMULATIONS DE LA DEUXIEME LOI DE NEWTON

Les *Principia* contiennent deux formulations de la deuxième loi. Depuis l'époque de Newton, on ne considère habituellement que le cas d'une force F agissant continuellement sur un corps de masse m et produisant une accélération A, c'est-à-dire telle que $F = mA$. Mais Newton privilégia une autre situation, celle d'une force instantanée – une collision –, comme lorsqu'une raquette de tennis frappe une balle ou lors du choc de deux boules de billard. La force n'engendre alors pas une accélération continue, mais une variation instantanée de la quantité de mouvement du corps. C'est ce « changement de mouvement » qui, dans l'énoncé de la Loi II à la page 172, est proportionnel à « la force motrice imprimée ». Newton considérait la relation $F = mA$ comme un cas limite de la loi pour les collisions, lorsque l'intervalle de temps entre deux impacts successifs diminue indéfiniment, de sorte que la force opère finalement dans la situation limite d'une action continue.

Annexes

Annexe 1

Galilée et la lunette astronomique *

Galilée n'est certes pas l'inventeur de la lunette astronomique. Il n'a d'ailleurs jamais prétendu l'être. Il ne fut pas non plus le premier observateur à pointer cet instrument vers le ciel. En octobre 1608, une année environ avant qu'il n'eût construit son premier exemplaire, une gazette expliquait que la lunette non seulement rapprochait en apparence les objets terrestres lointains, mais permettait également à chacun de voir « même les étoiles ordinairement invisibles à nos yeux ». De solides témoignages montrent que Thomas Harriot a observé la Lune avant que Galilée n'entreprenne ses observations à la lunette ; les prétentions de Simon Marius (il aurait, entre autres, découvert les satellites de Jupiter) sont en revanche bien moins fondées.

La citation de Galilée (voir p. 71) est extraite de son *Sidereus nuncius* (1610). Il écrivit d'autres versions de

* Cette annexe reprend un exposé d'Albert Van Helden, présenté lors d'un colloque international sur Galilée, tenu en avril 1983 à Pise, Padoue, Venise et Florence, et reproduit dans les actes du colloque édités par Paolo Galluzzi sous le titre *Novità celesti e crisi del sapere* (suppl. aux *Annali dell'Istituto e Museo di Storia della Scienza,* Florence,1983). Voir également la monographie de Van Helden citée à la rubrique « Pour en savoir plus », p. 268.

Dans *Le Messager céleste (Sidereus nuncius)*, Galilée affirme que lorsqu'il appliqua ses connaissances en théorie de la réfraction à la fabrication d'une lunette, il avait seulement entendu parler de ce nouvel instrument, sans en avoir encore vu un seul. Ces lunettes n'étaient alors pourtant pas si rares. On en avait déjà présenté une à Padoue, où elle occasionna certains débats. Mais peut-être Galilée était-il alors à Venise. Dans *L'Essayeur (Il Saggiatore)*, paru en 1623, il raconte le rôle qu'il a joué dans la création de la lunette astronomique et analyse en détail les étapes qui le conduisirent à réinventer cet instrument. Mais notre intérêt portera moins ici sur l'invention de la lunette que sur l'usage que Galilée en fit.

son premier contact avec la lunette. Elles diffèrent légèrement dans les détails : par exemple, au niveau de ses connaissances sur la construction de l'instrument (c'est-à-dire l'association de deux lentilles, l'une concave et l'autre convexe). Le plus important n'est pas que Galilée connût (ou ignorât) les types de lentilles nécessaires pour construire une lunette, mais qu'il fabriqua très rapidement des lunettes bien supérieures à toutes les autres en grossissement et en qualité, suffisamment bonnes pour permettre des découvertes astronomiques. En ce sens, Galilée transforma la grossière lunette en un instrument d'astronomie sophistiqué.

Les contemporains de Galilée qui construisaient ou vendaient des lunettes utilisaient des lentilles ordinaires de lunetiers, n'atteignant que de très faibles grossissements (égaux à environ trois ou quatre). Même Thomas Harriot, qui apparemment posséda des lunettes bien avant Galilée, ne put, en août 1609, parvenir qu'à un grossissement de six, alors qu'à cette époque Galilée (qui, ce même mois ou au cours du mois de juillet précédent, venait juste d'entendre parler de cet instrument) en avait déjà construit une grossissant huit, peut-être même neuf fois. A la fin de l'année, il avait obtenu un grossissement de vingt et introduit un diaphragme pour améliorer l'image.

Ainsi Galilée, polissant ses propres lentilles, non seulement parvenait à un grossissement supérieur à celui obtenu par les lunetiers, mais ses lentilles étaient d'une bien meilleure qualité et ses instruments disposaient de ce perfectionnement qu'était le diaphragme. Albert Van Helden, le plus éminent spécialiste sur ce sujet, conclut : « Même s'il fut précédé par Harriot en matière d'observations lunaires [avec le nouvel instrument], Galilée fut probablement le premier à saisir pleinement la signification des caractéristiques lunaires, la nature terrestre de la Lune. » En mars 1610, Galilée avait découvert des étoiles jusqu'alors inconnues, la différence d'aspect entre planètes – elles apparaissent comme un disque à travers la lunette – et étoiles fixes – apparaissant comme des points lumineux scintillants –, les étoiles composant la Voie Lactée et les satellites de Jupiter. Ces découvertes furent publiées dans le *Sidereus nuncius* au printemps 1610. En juillet, il découvrit des protubérances sur Saturne, et plus tard, cette même année, les phases et les variations correspondantes de la dimension de Vénus.

Galilée trouva en fait presque tout ce qu'il y avait à découvrir avec ce type de lunette – et fut en cela le premier parce que, notamment, il fut longtemps le seul à disposer d'un instrument convenable. Mais vers 1611, d'autres savants avaient obtenu des lunettes permettant de distinguer des phénomènes célestes, même si (comme le souligne Van Helden) ces lunettes n'égalaient probablement pas en qualité celles de Galilée. C'est ainsi qu'on assiste en 1611 à des querelles de paternité concernant la découverte des taches solaires. Selon Van Helden, ce fut « la dernière grande découverte de cette phase initiale de l'astronomie télescopique ». Les autres découvertes d'importance exigeaient un plus fort grossissement et une résolution que les lentilles d'alors ne pouvaient offrir.

Dans les années 1630, Galilée fabriquait et faisait encore commerce de lunettes astronomiques. Mais les décennies suivantes virent l'apparition de nouveaux instruments : leurs oculaires et objectifs n'étaient plus de simples lentilles concaves et convexes. D'autres astronomes dressèrent alors des cartes de la Lune, publièrent des études sur les taches solaires, observèrent le transit de Mercure en 1631 et de Vénus en 1639, et découvrirent des motifs à la surface de Jupiter. Galilée ne participa pas à ces derniers développements.

On peut dire que la « deuxième vague de découvertes » réalisées à l'aide des nouvelles lunettes débute en 1655, lorsque Huygens révèle l'existence de Titan, un satellite de Saturne. Plus tard, Huygens interpréta les observations déconcertantes de Galilée sur les protubérances de Saturne : elles étaient un anneau plan entourant la planète.

La contribution majeure apportée par Galilée à la lunette astronomique peut donc se résumer ainsi : il a transformé « la médiocre longue-vue en un puissant instrument de recherche ». Il fut le premier à pouvoir « polir des lentilles de grandes distances focales » – et de bonne qualité –, et à équiper ses instruments d'un diaphragme. Il fut donc le premier scientifique à obtenir des « grossissements astronomiquement significatifs et d'une qualité acceptable ». Van Helden conclut que Galilée « découvrit seul toutes les choses importantes que l'on pouvait découvrir avec les instruments de cette génération, excepté les taches solaires, qui furent découvertes indépendamment par plusieurs autres observateurs ».

Annexe 2

Ce que Galilée « vit » dans les cieux *

L'analyse de l'expérience vécue par Galilée lorsqu'en 1609 et les années qui suivirent, il regarda les objets célestes à travers sa lunette, montre que son adhésion à la théorie copernicienne conditionna et même, à un certain degré, orienta l'interprétation de ce qu'il avait effectivement observé. Dans leurs écrits, les historiens des sciences donnent souvent le sentiment qu'en 1609, Galilée « vit » des montagnes sur la Lune et des satellites autour de Jupiter. Une lecture attentive de ses notes manuscrites ou de la relation de ses découvertes telle qu'on la trouve dans son *Messager céleste* montre toutefois que lorsqu'il examina la Lune à travers sa lunette, ce qu'il vit effectivement fut un nombre de taches supérieur à ce qu'il attendait. Certaines étaient plus sombres et bien plus étendues que d'autres ; Galilée les qualifia de « grandes et anciennes », car elles avaient été vues à l'œil nu et consignées par les observateurs depuis de nombreux siècles, et étaient utilisées à distinguer d'autres plus petites et très nombreuses qui n'avaient jamais été observées avant l'invention de la lunette – ou, comme dit Galilée, « ne furent jamais discernées avant nous ». Ces nouvelles taches étaient les données brutes fournies par les sens. Donc, ce que Galilée *vit* effectivement dans sa lunette fut deux types de taches.

Galilée nous le dit, il lui fallut un certain temps pour transformer ces données sensorielles – visuelles – en un nouveau concept : une surface lunaire avec des montagnes et des vallées – origine et cause de ce qu'il avait vu dans sa lunette. Il écrit en effet dans *Le Messager céleste* :

* Cette annexe reprend mon article « The Influence of Theorical Perspective on the Interpretation of Sense Data », paru dans les *Annali dell'Istituto e Museo di Storia della Scienza di Firenze*, anno V (1980), fascicolo 1.

> Leur observation plusieurs fois répétée nous a amené à la conviction que la surface de la Lune n'est nullement unie, uniforme et exactement sphérique, comme grand nombre de personnes l'ont cru – tant en ce qui concerne la Lune que les autres corps célestes –, mais qu'elle est inégale, accidentée, remplie de nombreuses cavités et éminences, tout comme la surface de la Terre est elle-même surmontée de chaînes de montagnes et entrecoupée de vallées profondes.

Galilée décrit ensuite les observations « qui m'ont permis de déduire ces conclusions ». Notons que nombre d'entre elles inspirèrent à Galilée une analogie avec des phénomènes terrestres. Par exemple, certaines « petites taches noires [...] dirigent vers le Soleil leur partie [...] noirâtre » tandis que « dans la partie opposée au Soleil », elles apparaissent « illuminées en leurs extrémités et couronnées de cimes éclatantes ». On assiste à un phénomène semblable sur Terre au lever du Soleil, remarque Galilée, lorsque « les vallées sont encore plongées dans l'obscurité, tandis que s'illuminent les montagnes qui les environnent [...] du côté opposé au Soleil ». Il fit une autre observation « plus surprenante encore [...] : de multiples points lumineux », situés dans la région sombre de la Lune, bien au-delà du terminateur. Il vit ces points peu à peu grossir pour finalement s'unir à « la plage éclairée, qui devient ainsi plus grande ». Ces points, conclut-il, sont probablement des pics montagneux lumineux si élevés qu'ils sont éclairés par la lumière du Soleil, alors que leur base se trouve encore dans la région ombrée ou dans l'obscurité. Ici encore, Galilée rappelle à son lecteur une analogie terrestre : « Et n'est-il pas de même sur la Terre, avant le lever du Soleil, quand l'obscurité enveloppe encore les plaines, alors que les sommets des hautes montagnes sont éclairés par les rayons solaires ? »

Cette interprétation de ces observations lunaires, compatible avec ce que Galilée appelle « l'ancienne opinion des pythagoriciens, à savoir que la Lune ressemble à une seconde Terre », lui fut suggérée par son adhésion au système copernicien. Nul doute que son inconscient exerça sur lui une énorme pression pour faire valoir le point de vue copernicien ramenant la Terre au rang de simple planète, fondamentalement semblable aux autres planètes et à la Lune. Si la Terre n'est pas un objet unique, rien alors ne la destine particulièrement à l'immobilité au centre de l'Univers. L'adhésion de Galilée au système copernicien le poussa ainsi à conclure de ses observations que la Lune est un corps semblable à la Terre.

Ce mode d'interprétation des données sensorielles issues de l'expérience se retrouve de manière analogue dans ce que Galilée considéra « comme la plus importante partie de cet exposé : révéler [l'existence] de quatre Planètes, qui ne furent jamais observées depuis l'origine des temps ». Galilée utilise le mot « planète » dans son sens étymologique grec d'astre errant et fait ici allusion à sa découverte des satellites joviens, ces planètes secondaires accompagnant la planète principale Jupiter. Mais ce qu'il « vit » réellement ne fut pas un ensemble de lunes, de satellites : le 7 janvier 1610, il observe en fait « trois petites Étoiles, très lumineuses, situées auprès de [Jupiter] ». Ces points lumineux, ressemblant à des étoiles malgré leur proximité de Jupiter, furent les véritables données sensorielles. Au début, Galilée a interprété ces points lumineux d'une manière simple et directe : il conclut qu'il a vu des étoiles. Ainsi qu'il le dit, il les prit d'abord « pour des Étoiles fixes ». Les seules particularités qui soulevèrent sa curiosité, poursuit-il, furent qu'« elles paraissaient disposées exactement sur une droite parallèle à l'Écliptique, et plus resplendissantes que les autres Étoiles d'égale grandeur ». Il était si loin de concevoir qu'elles puissent être des satellites de Jupiter que « de leurs distances entre elles et avec Jupiter, je ne me souciais point, puisque, comme je l'ai dit, je les avais prises pour des Étoiles fixes ». Sa deuxième observation eut lieu la nuit suivante et montra que « les trois Étoiles, en effet, étaient toutes occidentales par rapport à Jupiter, plus proches les unes des autres qu'elles ne l'avaient été la nuit précédente, et séparées entre elles par des intervalles égaux ». Même alors, Galilée n'entrevit pas qu'elles étaient des satellites. Au contraire, écrit-il,

> je commençai à hésiter, et me demandai comment Jupiter avait pu se trouver à l'orient de ces Étoiles fixes, alors que la veille il était encore à l'occident de deux d'entre elles. Est-ce que, par hasard, le mouvement de Jupiter ne serait pas direct, contrairement aux calculs astronomiques, et n'aurait-il pas, de son mouvement propre, dépassé ces Étoiles ?
> J'attendais donc avec impatience la nuit suivante.

Poursuivant ses observations, il admit finalement qu'« il y avait, sans aucun doute, dans le ciel trois Étoiles qui tournaient autour de Jupiter, comme Vénus et Mercure autour du Soleil ». Il découvrit bientôt qu'elles étaient non pas trois, « mais bien quatre, les Étoiles errantes qui accomplissent leur révolution autour de Jupiter ». Remarquons l'analogie que Galilée établit entre les satellites, moindres lumières, se mouvant autour de la grande lumière de Jupiter, et les mouvements de Vénus et Mercure autour de la lumière plus brillante du Soleil. Elle semble indiquer que le copernicianisme de Galilée – ainsi qu'il l'a d'ailleurs lui-même explicitement admis – fut directement responsable de sa transformation de l'idée d'*étoiles escortant* Jupiter en celle de *satellites orbitant autour* de Jupiter *.

L'exemple des satellites de Jupiter et l'expérience antérieure de Galilée sur les taches lunaires diffèrent sur un point essentiel. Si son copernicianisme et son anti-aristotélisme le conditionnèrent manifestement à accepter que la Lune est un corps semblable à la Terre, rien dans ses penchants anti-aristotéliciens ou son engagement pro-copernicien ne le préparait à rencontrer un modèle miniature de système copernicien sous forme d'un ensemble de satellites en orbite autour de Jupiter. On peut rétrospectivement imaginer qu'il fit le raisonnement suivant : si la Terre n'est pas unique, elle n'est alors pas forcément la seule planète dotée d'un satellite. C'est peut-être là l'un des arguments qui l'ont définitivement convaincu de la présence de satellites autour de Jupiter. Galilée ne mentionne toutefois pas cette analogie avec la Terre et

* Sur les observations réellement effectuées par Galilée et la nouvelle « interprétation concernant le véritable processus qui amena Galilée à conclure qu'il voyait des corps se déplaçant bel et bien autour de Jupiter », voir Stillman Drake, *Galileo at Work : His Scientific Biography*, Chicago et Londres, The University of Chicago Press, 1978, p. 146-153, en particulier p. 148-149.

Drake a également démontré l'héroïsme dont fit preuve Galilée en déterminant les périodes et les rayons orbitaux (les élongations maximales) des satellites de Jupiter. C'est certainement sa forte adhésion au concept de satellite qui entraîna Galilée à entreprendre ce « travail de Titan ». Voir Drake, « Galileo and Satellite Prediction », *Journal for the History of Astronomy, 10,* 1979, p. 75-95.

sa Lune. Il y a en tout cas une différence considérable entre une planète possédant une seule lune et tout un système satellitaire composé de quatre nouvelles « planètes » entourant Jupiter. Même un copernicien aussi déterminé que Kepler fut stupéfait d'apprendre que Galilée avait découvert quatre nouvelles planètes : il ne savait pas très bien comment les intégrer dans sa représentation du monde, où la distance entre les six planètes était liée à l'existence de cinq, et seulement cinq, solides géométriques réguliers.

Il y eut bien sûr un autre argument, fonctionnant *a posteriori,* en faveur de la nouvelle découverte : elle répondait aux anti-coperniciens qui soutenaient que la Terre ne pouvait se déplacer sur son orbite (n'oubliez pas qu'elle le fait à la prodigieuse vitesse d'une trentaine de kilomètres par seconde) sans perdre sa Lune. Tout le monde admettait le mouvement de Jupiter ; si donc Jupiter pouvait se déplacer en orbite sans perdre ses quatre lunes, il n'y avait certainement aucune objection à ce que la Terre elle aussi se déplace sans perdre son unique Lune !

Galilée – et d'autres savants – fit peu après une autre remarquable découverte : il y a des taches sur le Soleil. Ces taches sont les données de l'observation sensorielle. Ce qui est significatif, c'est la manière dont l'esprit de Galilée les transforma, les interpréta. On sait que Galilée présenta ces taches comme des objets réels, situés à la surface du Soleil, et vit dans leur mouvement une indication de la rotation du Soleil autour de son axe. D'autres, qui partageaient un point de vue philosophique et scientifique différent, avancèrent une autre explication : elles étaient des ombres portées sur le Soleil, probablement par des « étoiles », soit « fixes » soit « errantes » (des « planètes »), qui « tournent autour de lui à la manière de Mercure ou de Vénus ». Ces deux interprétations illustrent comment, dans l'esprit d'un scientifique, des points de vue différents interagissent avec ce qui est observé. Pour un aristotélicien, le Soleil était un corps pur et immaculé, tandis qu'un anti-aristotélicien comme Galilée ne se souciait pas que le Soleil ait ou non des taches, qu'il soit immuable ou subisse des changements d'un jour sur l'autre. L'intérêt historique des taches solaires réside ici dans le fait qu'elles furent au Moyen Age l'objet d'un certain nombre d'observations qu'on interpréta dans l'ensemble par le passage d'une planète (Mercure ou Vénus) devant le Soleil : la philosophie alors dominante interdisait qu'on expliquât ces observations par l'existence de taches sur le Soleil *.

La théorie de l'interprétation vise à définir les circonstances précises dans lesquelles la culture d'un chercheur, ses orientations philosophiques ou ses conceptions scientifiques interagissent avec le donné sensoriel pour fournir un point de départ permettant à la science de progresser, puis à identifier, classifier et interpréter, sur un certain nombre d'exemples, les éléments de la culture scientifique opérant lors du processus de découverte. L'une des premières tâches consisterait peut-être ici à distinguer entre l'effet de la culture générale, tant philosophique que scientifique, du chercheur, et celui de sa propre personnalité. Il importerait alors de déterminer le degré de dépendance des interprétations intellectuelles par rapport à la culture générale du chercheur considéré. Les travaux sur les fondements psychologiques de la découverte n'en sont encore qu'à leurs débuts. Ce thème a néanmoins fait l'objet d'observations très pénétrantes de N. R. Hanson et a été exploré par Leonard K. Nash. Le gestaltisme devrait probablement jouer un rôle important, et il ne fait aucun doute que les travaux de chercheurs en psychologie expérimentale tels que R. L. Gregory et d'historiens de l'art tels que E. H. Gombrich contribueront grandement à éclaircir ce sujet **.

* Sur le débat concernant les taches solaires, voir la traduction que Stillman Drake a faite du texte de Galilée, *Histoire et Démonstrations concernant les taches solaires*, p. 59-144, en particulier p. 91-92 et 95-99. Voir aussi Bernard R. Golstein, « Some Medieval Reports on Venus and Mercury Transits », *Centaurus*, *14*, 1969, p. 49-49.

** Norwood Russel Hanson, *Patterns of Discovery : An Inquiry into the Conceptual Foundations of Science*, Cambridge, Cambridge University Press, 1958 ; Leonard K. Nash, *The Nature of the Natural Sciences*, Boston, Little, Brown and Compagny, 1963. Sur le lien entre gestaltisme et découverte scientifique, voir (outre les ouvrages de Hanson et Nash), Thomas S. Kuhn, *La Structure des révolutions scientifiques*, Paris, Flammarion, 1983 ; Kuhn, *La Tension essentielle*, Paris, Gallimard, 1990. Voir également R. L. Gregory, *The Intelligent Eye*, Londres, Weidenfeld and Nicolson ; New York, McGraw-Hill Book Co, 1970 ; Gregory, *L'Œil et le Cerveau*, Paris, Hachette, 1965 ; R. L. Gregory et E. H. Gombrich éds, *Illusion in Nature and in Art*, New York, Charles Scribner's Sons, 1973 ; et E. H. Gombrich, *L'Art et l'Illusion*, Paris, Gallimard, NRF, 1971.

Annexe 3

Les expériences de Galilée sur la chute libre

Dans certains écrits non publiés datant de sa période pisane, Galilée relate des expériences au cours desquelles il lâche des poids inégaux depuis le sommet d'une tour. Il n'indique pas de quelle tour il s'agit, mais j'imagine que ce dut être la fameuse tour penchée. Lorsque je répétai ces expériences en compagnie d'un groupe de chercheurs réunis à Florence et à Pise à l'occasion d'un congrès international d'histoire des sciences, je découvris que les particularités architecturales de la tour obligeaient à se pencher, bras tendus à l'horizontale, avec un poids dans chaque main. A l'évidence, le résultat de l'expérience – ces poids toucheront-ils le sol en même temps ou à des instants différents ? – dépend du degré de simultanéité avec lequel on les a lâchés. Les notes de Galilée indiquent que parfois la sphère lourde commençait sa chute plus lentement que la sphère légère, mais la rattrapait par la suite. Ce résultat semblait surprenant – d'autant qu'il figure dans des manuscrits non publiés de Galilée, dont on peut supposer qu'il y a consigné, de manière véridique, non biaisée, ce qu'il a effectivement observé. Il a rapporté ailleurs que deux poids inégaux tombent presque simultanément, ou qu'il n'y a que la petite différence mentionnée dans les *Deux Sciences nouvelles*.

Si Galilée fut un expérimentateur scrupuleux, que signifie alors ce résultat ? Qu'il ait cité ce phénomène – et dit l'avoir observé « de nombreuses fois » – est certainement à son honneur. Ses déclarations sont sans équivoque. Il écrit que « si l'on fait l'observation, le corps plus léger précédera, au commencement du mouvement, le corps plus lourd et sera plus rapide ». Ailleurs, on lit que si deux sphères de dimensions égales, l'une deux fois plus pesante que l'autre, sont « lâchées d'une tour », on voit qu'au début du mouvement, « la plus légère précède la plus lourde, et, sur une certaine distance, se déplace plus rapidement ». Il tenta même d'expliquer cet étrange événement, guère compatible avec ses théories, dans un chapitre d'un opuscule non publié et intitulé « Où l'on explique pourquoi, au début de leur mouvement naturel, les corps moins pesants se déplacent plus rapidement que les plus pesants ». Non seulement Galilée affirme avoir observé ce phénomène, mais il cite une observation analogue rapportée par Girolamo Borro dans un livre paru en 1575 ; Borro fut professeur à Pise à l'époque où Galilée y était étudiant. Borro lâcha des blocs de bois et de plomb de même poids mais de dimensions différentes, et trouva que le « plomb descendait plus lentement ». Il écrit que cette expérience fut réalisée « non pas une, mais de nombreuses fois », et « avec le même résultat ».

C'est à Thomas B. Settle * que l'on doit d'avoir élucidé le mystère. Il explique que lorsqu'un expérimentateur tient dans ses mains, paumes tournées vers le bas et bras tendus, deux poids inégaux, il lui est impossible de les lâcher simultanément. Même s'il est absolument persuadé de les avoir lâchés au même instant, un témoignage photographique montre de manière irréfutable que la main tenant le corps plus lourd s'ouvre invariablement un bref instant après celle qui tient le corps plus léger. C'est apparemment un effet de fatigue musculaire différentielle, fonction de la valeur du poids. Ainsi, les résultats expérimentaux concordent avec le compte rendu que Galilée en a donné. Cette révélation – qui n'est pas unique en son genre – tend à nous confirmer que Galilée fut un expérimentateur de talent, consignant et décrivant exactement ce qu'il avait observé.

En outre, cet épisode démontre une nouvelle fois que Galilée expérimenta sur la chute libre très tôt dans sa carrière, et que l'expérimentation eut une importance réelle dans son exploration de la science du mouvement.

* « Galileo and Early Experimentation », *in* Rutherford Aris, H. Ted Davis et Roger H. Stuewer éds, *Springs of Scientific Creativity*, Minneapolis, University of Minnesota Press, 1983, p. 3-20.

Annexe 4

Fondement expérimental de la science du mouvement de Galilée

Il y a encore relativement peu de temps, notre connaissance des travaux de Galilée sur le mouvement reposait sur ses opuscules et ses livres (ceux publiés de son vivant et ceux mis en ordre et publiés après sa mort), ses notes manuscrites et sa correspondance. Tout cela a été réuni en une magnifique édition comprenant vingt volumes, sous la direction d'Antonio Favaro (première édition, 1890-1909 ; rééditions en 1929-1939 et 1964-1966). Ces documents ont permis de reconstituer le cheminement intellectuel de Galilée, depuis ses premières réflexions fondées sur la physique de l'*impetus* du bas Moyen Age jusqu'à sa découverte des lois de la chute libre – il existe une accélération constante engendrant une vitesse proportionnelle au temps et une distance proportionnelle au carré du temps – et sa brillante application des principes de résolution et de composition des vitesses vectorielles à l'analyse des trajectoires de projectiles.

Dans les décennies qui suivirent la Seconde Guerre mondiale, de nombreux chercheurs – suivant Alexandre Koyré – conclurent au rôle minimal d'une expérimentation véritable lors des étapes qui conduisirent Galilée à la découverte et au développement des principes du mouvement. Galilée fut perçu comme un penseur et un analyste, ne soumettant pas de questions directes au verdict de l'expérience. On douta même qu'il eût jamais effectué l'expérience du plan incliné décrite dans ses *Deux Sciences nouvelles* et censée confirmer des conclusions obtenues par un raisonnement mathématique. La plupart des chercheurs convenaient que la précision avancée pour les observateurs, « un dixième d'un battement de pouls », dépassait de loin les possibilités de son dispositif ;

c'était là une preuve évidente que Galilée n'avait probablement jamais réalisé cette expérience. Au mieux, disait-on, il avait, par forfanterie, exagéré ses résultats. Ce point de vue paraissait d'autant plus justifié que Galilée n'a livré aucune donnée numérique. Les doutes émis à l'encontre de l'expérience du plan incliné ne datent d'ailleurs pas du XXe siècle. A l'époque même de Galilée, le père Marin Mersenne écrivait dans son *Harmonie universelle** : « Je doute que le sieur Galilée ait fait les expériences des chutes sur le plan, puisqu'il n'en parle nullement, et que la proportion qu'il donne contredit souvent l'expérience. »

Aujourd'hui, notre point de vue s'est radicalement transformé. En 1961, Thomas B. Settle conçut et réalisa une expérience reproduisant fidèlement celle exposée par Galilée dans ses *Deux Sciences nouvelles*. Dans le compte rendu qu'il en fit**, Settle démontra que les résultats atteignaient facilement, ainsi que l'avait dit Galilée, la précision du dixième d'un battement de pouls. D'autres chercheurs ont depuis confirmé les conclusions de Settle. Un autre expérimentateur, James MacLachlan*** a par la suite reproduit un phénomène rapporté par Galilée, phénomène qui avait été particulièrement tourné en dérision et que l'on avait utilisé pour souligner que les expériences de Galilée n'étaient que des « expériences de pensée », ne pouvant manifestement donner les résultats qu'il avait décrits. Mais MacLachlan découvrit que cette expérience, au premier abord incroyable, concordait exactement avec la description de Galilée. Nous avons vu (à l'annexe 3) qu'au début des années 1590, alors qu'il se trouvait encore à Pise, Galilée faisait des expériences sur la chute des corps et qu'il existe une explication raisonnable au surprenant résultat qu'il consigna, selon lequel lorsqu'on lâche deux corps « simultanément », le plus léger est au début plus rapide que le plus lourd.

Cette connaissance croissante des expériences effectivement réalisées par Galilée a relancé les recherches visant à

* M. Mersenne, *Harmonie universelle*, Paris, 1636, vol. 1, p. 112.

** « An Experiment in the History of Science », *Science*, *133*, 1961, p. 19-23.

*** *Isis*, *64*, 1973, p. 374-379.

reconstituer, aussi précisément que possible, sa démarche lors de la découverte des lois du mouvement. Fut-il, comme le laissent croire les écrits qu'il a publiés, essentiellement guidé par une analyse intellectuelle, ou ses idées ont-elles pris corps à mesure qu'il expérimentait ? Au début des années soixante-dix, Stillman Drake a réexaminé les manuscrits de Galilée. Il y a trouvé des feuillets que Favaro avait négligés dans son édition de Galilée parce qu'« ils ne contenaient que des calculs ou des diagrammes sans propositions ou explications attenantes * ».

Drake conclut son analyse des feuillets de Galilée en affirmant qu'ils renferment « au moins un groupe de notes dont la seule explication satisfaisante est qu'elles concernent une série d'expériences destinées à vérifier une hypothèse fondamentale qui avait conduit à une nouvelle et importante découverte ». L'hypothèse, selon Drake, est celle de l'inertie rectiligne ; et la découverte est qu'un projectile se déplaçant lentement (une sphère roulant le long d'un plan incliné terminé par un coude la projetant en l'air) possède une trajectoire incurvée ressemblant à une parabole. Drake a confirmé une intuition de Favaro : non seulement Galilée avait découvert la trajectoire parabolique dès 1609, mais il connaissait et rédigeait à cette époque les démonstrations des propositions sur le mouvement parabolique telles qu'on les retrouve en substance dans la « Quatrième Journée » des *Deux Sciences nouvelles*. Drake a également analysé quelques autres feuillets de Galilée où figurent des données compatibles avec une découverte empirique de la loi de la chute libre.

La nouvelle image de Galilée, telle qu'elle se dégage des travaux de Drake, est celle d'un scientifique moderne, explorant le problème du mouvement en recourant à l'expérimentation (à l'instar des physiciens des deux derniers siècles) et

* Stillman Drake a publié ses analyses dans plusieurs articles dont « Galileo's Experimental Confirmation of Horizontal Inertia », *Isis*, *64*, 1973, p. 291-305 ; « Galileo's Discovery of the Law of Free Fall », *Scientific American*, *228*, *n° 5*, mai 1973, p. 84-92 ; « Mathematics and Discovery in Galileo's Physics », *Historia Mathematica*, *1*, 1974, p. 129-150 ; et, en collaboration avec James MacLachlan, « Galileo's Discovery on the Parabolic Trajectory », *Scientific American*, *232*, *n° 3*, mars 1975, p. 102-110. Pour un résumé de ces travaux, voir Stillman Drake, *Galileo at Work*.

épousant une philosophie scientifique semblable à celle adoptée par beaucoup de physiciens du XXe siècle. Drake minimise la prétendue dépendance de Galilée envers les précurseurs du Moyen Age, soulignant l'absence du concept de vitesse moyenne dans ses premiers écrits et montrant comment il utilisa, en théorie des proportions, une approche nouvelle inspirée d'Eudoxe.

Les historiens ne partagent pas tous entièrement les analyses et les conclusions de Drake *. L'un des problèmes est que Drake paraît trop adhérer à l'image d'un Galilée physicien moderne (c'est-à-dire, du XIXe ou du XXe siècle), homme en rupture avec la tradition, alors que nombre d'historiens tendent à le considérer comme un être certes novateur, mais conservant néanmoins des liens étroits avec les penseurs de la Renaissance et du Moyen Age **. De plus, Drake ne fait pas mystère de ses opinions. C'est ainsi qu'il déclare ouvertement : « Je ne suis pas autrement surpris de découvrir dans les manuscrits de Galilée la preuve qu'il n'était pas dépaysé dans un laboratoire de physique. » Il attaque de front les idées reçues « de nos très distingués confrères » qui, dit-il, ont

* Deux des plus éminents spécialistes en désaccord avec Drake sont Winifred L. Wisan et R. H. Naylor. Le travail le plus important de Winifred Wisan est « The New Science of Motion : A Study of Galileo's *De motu locali* », *Archives for History of Exact Sciences*, *13*, 1974, p. 103-106 ; voir aussi « Mathematics and Experiment in Galileo's Science of Motion », *Annali dell'Istituto e Museo di Storia della Scienza di Firenze*, *2*, 1977, p. 149-160, et « Galileo and the Process of Scientific Creation », *Isis*, *75*, 1984, p. 269-286. R. H. Naylor a exposé ses idées dans « Galileo and the Problem of Free Fall », *British Journal for the History of Science*, *7*, 1974, p. 105-134 ; « The Role of Experiment in Galileo's Early Work on the Law of Fall », *Annals of Science*, *37*, 1980, p. 363-378 ; et « Galileo's Theory of Projectile Motion », *Isis*, *71*, 1980, p. 550-570.

** Non seulement Drake affirme que l'expérimentation a joué un rôle capital dans la découverte par Galilée des lois du mouvement, et que son interprétation particulière des diagrammes et des données de Galilée révèle les véritables voies qu'il a empruntées dans ses raisonnements et analyses, mais il nie également que les travaux du bas Moyen Age sur le mouvement aient eu une quelconque importance pour la pensée de Galilée. Les connaissances que Galilée avait des concepts, principes et méthodes des XIVe, XVe et XVIe siècles (et l'usage qu'il en fit) sont actuellement, tant au niveau de leur étendue qu'à celui de leur portée, l'objet d'une étude historique intensive menée notamment par William Wallace, Alistair Crombie et Antonio Carrugo. John E. Murdoch et Edith D. Sylla ont publié une analyse des conceptions médiévales sur le mouvement qui tend à minimiser leur importance pour la physique du XVIIe siècle (voir l'annexe 7, p. 232).

avancé des « interprétations philosophiques » dont le seul mérite est qu'elles « concordent avec les opinions préconçues faisant du développement de la science un processus ordonné à long terme ». Il n'apprécie pas non plus ce jugement, selon lui désobligeant, affirmant que « Galilée était un spéculateur en chambre ». Il désire au contraire nous persuader qu'à un « degré élevé », Galilée « fit en science un usage de méthodes expérimentales dont nous reconnaissons de nos jours la justesse, mais qui, au XVIIe siècle, n'étaient pas des procédures courantes ». Ses conclusions impliquent donc que la manière dont Galilée a présenté ses principes et ses lois de mouvement diffère radicalement du cheminement qu'il a suivi pour les découvrir.

Même si certains chercheurs n'acceptent pas les détails de l'analyse personnelle de Drake et ses conclusions, il ne fait pratiquement aucun doute que ses recherches ont démontré que Galilée effectua des expériences sur le mouvement dès son entrée dans la carrière scientifique, et que ces expériences furent, en un certain sens, très intimement liées à ses grandes découvertes. Toutefois, si Drake a donné, de la progression de Galilée vers la découverte des lois du mouvement, une version concordant avec ses diagrammes et valeurs numériques, on peut légitimement se demander si une version légèrement différente n'expliquerait pas elle aussi ces notes sommaires. En l'absence de commentaires de Galilée, toute reconstitution de sa démarche a nécessairement un caractère provisoire et hypothétique. Pour parvenir à sa reconstitution, Drake a été contraint de recourir à plusieurs hypothèses, de conjecturer certaines étapes d'un raisonnement. Et s'il nous a livré une image cohérente, elle ne fait pas encore l'unanimité.

Toutefois, pour ce qui concerne notre étude – la naissance d'une physique nouvelle –, nous pouvons au moins conclure que Drake a démontré qu'il y avait, dans le cas de Galilée, une énorme différence entre ce qu'Alfred North Whitehead a un jour appelé la « logique de la découverte » et la « logique du découvert ». L'analyse des manuscrits de Galilée proposée par Drake suggère que les recherches expérimentales ont joué un rôle essentiel dans la « logique de la découverte », dans la manière dont Galilée a obtenu ses résultats. Ne faisant aucune référence à ce fondement expérimental, leur représentation, telle qu'elle fut publiée par Galilée, correspond certainement à une « logique du découvert », un remaniement du sujet opéré par Galilée et dans lequel l'ordre et le mode d'exposition de la nouvelle science du mouvement obéiraient à une suite logique privilégiée. Quoi qu'il en soit, un fait historique demeure : au cours des quatre siècles qui se sont écoulés depuis l'époque de Galilée, le développement de la science et de la pensée scientifique, en ce qu'il a subi l'influence de Galilée, s'est uniquement fondé sur la présentation qu'il nous a léguée dans ses *Deux Sciences nouvelles* *.

Il existe cependant un ensemble de facteurs qui, outre le fait que sa reconstitution concorde effectivement avec les chiffres figurant sur les manuscrits et diagrammes de Galilée, militent en faveur de l'argument de Drake. Ces facteurs sont largement négatifs : ils démontrent que le cheminement de Galilée vers la découverte – même s'il devait s'avérer très différent de celui proposé par Drake – ne peut s'identifier à l'analyse ordonnée exposée dans les *Deux Sciences nouvelles*. D'une part, les premiers écrits de Galilée sur le mouvement n'utilisent pas le concept d'accélération permanente, si présent dans les *Deux Sciences nouvelles* et dont il pourrait avoir appris l'existence dans les écrits médiévaux tardifs sur le mouvement. Dans son tout premier traité sur le mouvement (rédigé à Pise vers 1590), il étudie le problème des vitesses le long de plans inclinés et conclut à tort que pour des plans de longueurs inégales mais d'égales hauteurs, ces vitesses sont proportionnelles à la longueur des plans. A cette époque, il considère manifestement que l'accélération n'est

* De nombreux scientifiques et historiens de la fin du XIXe siècle et du début du XXe ont admis sans autre critique que, puisque Galilée était le « père » de la physique moderne (si ce n'est de la science moderne), il était également l'inventeur et l'initiateur de la méthode expérimentale. Cette hypothèse entraîna que toutes ses découvertes devaient avoir un fondement expérimental. Ce point de vue fut si répandu que Henry Crew et Alfonso de Salvio, les traducteurs anglais des *Deux Sciences nouvelles*, ajoutèrent l'adverbe « expérimentalement » dans le texte de Galilée, de sorte que son introduction au problème du mouvement n'évoquait pas simplement les principes que Galilée disait lui-même avoir « découverts » (*comperio*, « je découvre »), mais lui faisait dire qu'il s'agissait de principes nouveaux que « j'ai découverts expérimentalement ».

qu'un effet mineur opérant seulement en début de mouvement, sans action continue. Le concept d'accélération correct n'apparaît également pas dans un traité sur la mécanique qu'il écrit en 1592, peu après son arrivée à Padoue. Vers 1602, il découvre l'égalité des temps de parcours pour un corps « tombant » librement le long de toute corde appartenant à un cercle vertical et s'achevant au point le plus bas de ce cercle. Mais à nouveau, analysant ce résultat, il n'examine pas l'accélération. Ce n'est qu'en 1603-1604 qu'il commence à se concentrer sur le concept d'accélération, alors qu'il cherche une loi rendant compte de la chute libre en termes de distance, de vitesse et de temps. Or il est pratiquement certain que l'époque où Galilée maîtrisa le mieux l'analyse du mouvement issue du bas Moyen Age fut celle du début de ses recherches, quand il était jeune professeur à l'université, peu après la fin de ses études. Pourtant, c'est justement l'époque où le concept d'accélération et ses conséquences s'avèrent remarquablement absents de ses réflexions, ou du moins y tiennent peu de place. Galilée semble donc, dans les recherches qui devaient l'amener à ses découvertes, avoir suivi un chemin indépendant, et non avoir simplement appliqué des résultats antérieurs.

En outre, l'un des concepts clés dans l'analyse du mouvement aux XIVe, XVe et XVIe siècles fut celui de « vitesse moyenne », si présente dans la règle de la vitesse moyenne. A nouveau, il semble que ce concept soit absent des premiers écrits de Galilée. Si, dans son dernier ouvrage, les *Deux Sciences nouvelles*, on trouve effectivement une représentation ressemblant fort à celle de la règle de la vitesse moyenne, elle est en fait, comme le révèle une analyse minutieuse, quelque peu différente. Même en supposant que Galilée ait eu connaissance de la théorie médiévale du mouvement relativement tard dans sa vie, c'est-à-dire après ses écrits de 1590-1602, on peut encore se demander pourquoi ce concept de vitesse moyenne ne joue aucun rôle important dans ses textes plus aboutis. Certains indices portent ainsi à croire que le cheminement de la pensée de Galilée sur le mouvement n'a pas été un simple prolongement des idées médiévales.

Nous l'avons dit, l'une des objections opposées à Drake est

d'avoir recouru à certaines hypothèses qui ne sont étayées par aucun témoignage direct, cédant peut-être en cela au désir de donner de Galilée l'image d'un physicien à la fois essentiellement moderne et d'un type particulier. Drake ne cache d'ailleurs pas son attachement à cette image, et reste tout à fait ouvert aux critiques. Si, pour ma part, j'incline à partager nombre de ses analyses, je suis cependant troublé par quelques-unes de ces hypothèses auxiliaires. Et je suis en profond désaccord avec lui lorsqu'il écrit, sur un ton polémique :

> Il est tout à fait vrai que si Galilée était parti d'une définition correcte de l'accélération uniforme, ainsi qu'il le fit dans son dernier livre, il aurait été inéluctablement conduit à ses conclusions ; et il est également vrai qu'une telle définition avait été donnée au Moyen Age. Il lui aurait alors suffi d'appliquer cette définition au cas de la chute libre, en ajoutant bien entendu le postulat sur les vitesses aux extrémités des plans inclinés, ce qui paraît effectivement assez trivial et aisé. Et c'est ainsi que les manuels présentent le travail de Galilée, comme un prolongement assez banal des analyses médiévales sur le mouvement.

Si je conteste cette affirmation, je le fais en tant que critique qui fut durant plusieurs dizaines d'années un ami et admirateur de son auteur. Remarquez le début de la deuxième phrase : « Il lui aurait alors simplement suffi... » Pendant deux siècles entiers (le XIVe et le XVe), aucun savant ayant écrit sur ce sujet n'a jamais songé à « appliquer cette définition au cas de la chute libre », et au siècle suivant (le XVIe), un seul procéda ainsi, mais d'une manière triviale qui n'eut aucun résultat ni influence. Cela démontre que le passage à cette application était certainement un acte héroïque extrêmement audacieux, auquel ne se risqua aucun des grands philosophes (de la nature), théologiens, ou mathématiciens qui se sont penchés sur ce problème. Déclarer que ce pas de géant – qui requit en fait une attitude entièrement nouvelle et révolutionnaire à l'égard des mathématiques et de la nature –, et le recours corrélatif au postulat sur les vitesses aux extrémités des plans inclinés, semble un processus « effectivement assez trivial et aisé » est tout simplement anti-historique. Et même si l'utilisation par Galilée des concepts et lois du Moyen Age sur les mouvements uniformes et uniformément accélérés n'apparaît que dans son ultime présentation et ne rend pas entièrement compte de ses découvertes, il est sûrement extrêmement abusif de parler d'« un prolongement assez banal des analyses médiévales sur le mouvement ».

Résumons. En acceptant l'analyse du mouvement donnée dans les *Deux Sciences nouvelles* comme une relation véridique et complète de la démarche scientifique de Galilée, Drake a soulevé quelques problèmes fondamentaux. Il a en outre démontré de manière irréfutable que, dès son entrée dans la carrière scientifique, Galilée effectua des expériences sur le mouvement pour découvrir ses fameuses lois. Drake a également reconstitué sous un jour nouveau la démarche intellectuelle de Galilée, et son résultat est compatible avec les données pour peu que l'on admette certaines hypothèses qui ne sont pas déraisonnables. On est toutefois légitimement en droit de ne pas accepter tous les éléments de cette reconstitution et de se demander dans quelle mesure elle représente le seul scénario possible. Un autre ensemble d'hypothèses parviendrait peut-être à relier les diagrammes et les chiffres de Galilée à au moins certains aspects de la représentation qu'il a lui-même exposée dans ses *Deux Sciences nouvelles*. Mais il ne fait aucun doute que l'expérimentation a joué – dans un sens qui ne devient manifeste que lorsque Drake entreprit en 1972 ses recherches sur les manuscrits – un rôle important dans les études de Galilée sur les principes du mouvement et dans sa découverte des lois du mouvement. Et il faut enfin souligner que la reconstitution de Drake concorde effectivement avec les diagrammes et les valeurs numériques de Galilée. On peut donc conclure que l'analyse de Drake est globalement justifiée, même si son zèle de découvreur lui fait parfois surestimer quelque peu sa propre vision de Galilée, physicien expérimentateur moderne, et minimiser tant le rôle de l'intellection que la dette de Galilée envers l'ensemble des concepts et règles du bas Moyen Age sur le mouvement. Nous devons alors accepter cette curieuse situation dans laquelle Galilée non seulement exposa ses résultats dans les *Deux Sciences nouvelles* d'une manière tout à fait différente de celle dont il les avait découverts, mais dissimula en outre toute trace des étapes qui l'avaient conduit à ces découvertes. Il introduisit dans son exposé une expérience (ou le témoignage d'une expérience) qui, nous l'avons vu, sans rapport avec ses découvertes, visait seulement à contrôler si la relation $D \propto T^2$ se vérifiait dans la nature. Cette expérience figure dans un paragraphe des *Deux Sciences nouvelles* où Galilée aborde le thème du mouvement en rapportant des faits nouveaux qu'il a « découverts » (*comperio*, « je découvre »). Il fallut attendre quelque trois siècles et demi pour que des chercheurs découvrent et étudient ces curieux feuillets de Galilée, emplis de notes et de calculs, et commencent de pénétrer derrière la façade logique des *Deux Sciences nouvelles* pour déceler les premières phases d'une découverte et d'une innovation.

Annexe 5

Galilée a-t-il cru à la proportionnalité entre vitesse et distance dans le mouvement uniformément accéléré ?

Dans un article intitulé « Galileo's Works on Free Fall in 1604 »* (« Les travaux de Galilée sur la chute libre en 1604 »), Stillman Drake a analysé une lettre que Galilée écrivit à Paolo Sarpi et dans laquelle il affirme que si l'on suppose que la vitesse de chute libre est proportionnelle à la distance, on peut alors démontrer que la distance est proportionnelle au carré du temps. Partant des feuillets manuscrits qu'il a exhumés (voir l'annexe 4), Drake conclut que ce que Galilée mesurait – lors d'expériences de collisions, à travers, par exemple, l'action d'un bélier – était non pas une vitesse V, mais une *velocità*, grandeur correspondant davantage à notre V^2. En termes de rapports algébriques, l'énoncé conditionnel que Galilée propose à Sarpi revient à dire que la condition

$$V^2 \propto D$$

entraîne la relation

$$D \propto T^2$$

On voit immédiatement que ce n'est là qu'une autre expression de la relation fondamentale

$$V \propto T$$

ou

$$V^2 \propto T^2$$

Toutefois, dans ses *Deux Sciences nouvelles*, Galilée reconnaît assez explicitement qu'il a un temps cru que

* *Physis*, *16*, 1974, p. 309-322.

$$V \propto D$$

et que ce fut seulement plus tard qu'il adhéra au principe correct, à savoir

$$V \propto T$$

Sagredo (dans le dialogue de la « Troisième Journée ») demande si « le mouvement uniformément accéléré » n'est pas « celui dans lequel la vitesse va croissant comme l'espace parcouru ? ». Dans sa réponse, Salviati (qui dans l'ensemble représente Galilée) estime « très réconfortant d'avoir eu un tel compagnon dans l'erreur », affirmant que « notre Auteur lui-même [...] travailla quelque temps dans cette illusion ». Simplicio (l'aristotélicien du groupe) ajoute qu'il pense lui aussi que « la vitesse croît dans le rapport de l'espace ».

Annexe 6

La méthode hypothético-déductive

Dans sa vérification expérimentale, Galilée expose le fondement de ce que l'on a appelé la méthode mathématico-expérimentale ou encore la méthode hypothético-déductive. Il veut vérifier la relation $V \propto T$, mais ne dispose d'aucun moyen d'établir expérimentalement une corrélation directe entre la vitesse et le temps. Il sait toutefois que si $V \propto T$, alors $D \propto T^2$; autrement dit, l'hypothèse $V \propto T$ permet de déduire que $D \propto T^2$. Il sait également qu'il peut contrôler expérimentalement si $D \propto T^2$. La confirmation de cette dernière relation le porte alors à croire à la justesse de $V \propto T$, dont fut déduite $D \propto T^2$.

En langage symbolique, Galilée déduit B de A, vérifie ensuite B, puis conclut à la validité de A. Notons que cette méthode ne donne toutefois pas une garantie absolue sur A. Il se peut par exemple que B soit également déductible de A'. En outre, on suppose que la déduction logique de B à partir de A est correcte. La méthode de Galilée consiste à déduire B de A à l'aide des mathématiques. B étant mathématiquement dérivé de A, puis soumis au verdict de l'expérience, on peut également qualifier cette méthode de mathématico-déductive – au XVIIe siècle, on disait également « mathématico-expérimentale ». Cette méthode est dite « hypothético-déductive » parce qu'on désire vérifier l'*hypothèse* A sans toutefois pouvoir y parvenir par l'expérience directe. On *déduit* donc B à partir de A, puis on vérifie expérimentalement la *déduction* de B. (On a vu p. 105-106 l'utilisation que Galilée fit de cette méthode à propos de l'hypothèse $V \propto T$ et de la déduction expérimentalement vérifiable $D \propto T^2$.)

Annexe 7

Galilée et la science médiévale du mouvement

Lorsqu'on tente d'établir le lien unissant le développement des idées de Galilée sur le mouvement à l'analyse qu'en ont laissée les derniers scolastiques, il faut prendre soin de distinguer entre les emprunts que Galilée a pu faire à ces prédécesseurs lors de son cheminement vers la découverte (voir l'annexe 4, p. 219) et ceux auxquels il a recouru dans la présentation logique qu'il donne de ce sujet dans ses *Deux Sciences nouvelles*. Il faut en outre garder à l'esprit que les auteurs médiévaux traitaient d'abstractions et non du monde naturel tel que nous le révèlent nos sens et que nous connaissons par l'expérience et l'observation. John E. Murdoch et Edith D. Sylla * ont résumé ainsi l'approche médiévale :

> Même lorsque les causes d'un mouvement étaient présentes et mesurées en tant que forces et résistances déterminant ce mouvement, le problème ne se situait pas dans ces forces et ces résistances en tant qu'elles résident dans un moteur, un mobile ou un milieu particuliers, mais dans les forces et résistances, abstraction faite d'agents actifs ou passifs concrets.

Il est donc erroné de considérer que les « efforts nouveaux et caractéristiques entrepris au XIVe siècle ont été très directement à l'origine de la science moderne ». Si « Galilée connaissait les travaux médiévaux sur le mouvement », et a

* John E. Murdoch et Edith D. Sylla, « The Science of Motion », *in* David Lindberg éd., *Science in the Middle Ages*, Chicago, The University of Chicago Press, 1978, p. 206-264.

pu, « dans ses recherches sur le mouvement naturellement accéléré, utiliser le théorème médiéval sur la vitesse moyenne, voire sa démonstration », il faut se rappeler que « ce que l'on utilisait à l'époque ne représentait qu'un élément, un fragment de la "science du mouvement" médiévale, extrait de son contexte et, entre les mains de Galilée, destiné à un usage entièrement différent ».

En résumé, « les objectifs – et d'ailleurs toute l'entreprise – de la quasi-totalité des savants médiévaux qui traitèrent des mouvements, n'avaient rien de commun avec ceux de Galilée et de ses confrères ». Même la règle de la vitesse moyenne ne fut « jamais (sauf une fois, et presque par hasard) appliquée, comme chez Galilée, au mouvement de chute libre ».

On voit à travers ces réserves qu'il ne pouvait y avoir de transition évidente entre ces écrits médiévaux du bas Moyen Age et la nouvelle et révolutionnaire science du mouvement inaugurée par Galilée. Il n'y a en fait pas de meilleur signe de la nature véritablement révolutionnaire de cette nouvelle science du mouvement que le contraste existant entre ces abstractions médiévales, rejetant toute corruption de la nature, et la science galiléenne directement fondée sur l'observation et l'expérimentation, et dont l'accord avec la nature est contrôlé par l'expérience.

Annexe 8

Kepler, Descartes, Gassendi et l'inertie

Je n'ai pas mentionné dans ce livre les contributions de Kepler, Descartes et Gassendi. C'est Kepler qui a introduit le mot *inertie* dans le discours sur le mouvement. Mais pour lui, l'inertie (d'un mot latin signifiant indolence ou indifférence) impliquait essentiellement que la matière ne peut, d'elle-même, soit se mettre en mouvement, soit persévérer dans son mouvement si elle est déjà en mouvement : du fait de son caractère inerte, elle a besoin d'un moteur. Dès que celui-ci cesse d'agir, le corps atteint nécessairement le repos, et cela où qu'il se trouve. En l'absence de moteur, un corps ne peut, de lui-même, continuer de se mouvoir vers un « lieu naturel ». Ainsi, la physique de Kepler entraînait, contrairement à l'enseignement d'Aristote, l'inexistence de lieux naturels pour certains corps. Cette conclusion radicale était pour Kepler une nécessité, car la Terre étant constamment en mouvement dans l'Univers copernicien, les corps terrestres ne pouvaient avoir de lieux fixes ou naturels.

Descartes introduisit une idée encore plus radicale. Il affirma que le mouvement rectiligne uniforme est un « état », tout comme le repos. Un corps pouvant se maintenir dans un « état » quelconque sans l'action d'une force extérieure, Descartes établit essentiellement ainsi une équivalence dynamique entre un état de repos et un état de mouvement, dans le cas où ce dernier est rectiligne uniforme. Descartes écrivit un livre, fondé sur des arguments coperniciens et intitulé *Le Traité du monde,* dans lequel il expose pour la première fois ce nouveau principe. Mais ayant appris la condamnation de Galilée par l'Inquisition, il jugea plus prudent de renoncer à sa publication.

Quelques années plus tard, il rédigea – et fit paraître – un autre ouvrage, les *Principes de philosophie* (*Principia philosophiæ*), dans lequel il énonce le principe de l'inertie. Entre-temps, ce principe avait été publié par Pierre Gassendi, un philosophe et scientifique français qui se livra également à sa vérification, notamment par des expériences de chute de corps depuis des attelages et des navires en mouvement.

Les *Principes de philosophie* de Descartes eurent une énorme influence ; ils inspirèrent Isaac Newton, dont les propres *Principia* furent intitulés de manière à indiquer qu'ils constituaient un progrès sur ceux de Descartes. Celui-ci avait écrit les *Principia philosophiæ* ; Newton fit un pas de plus en rédigeant *Philosophiæ naturalis principia mathematica* (*Principes mathématiques de la philosophie naturelle*). Il montrait ainsi qu'il s'intéressait plus à la philosophie naturelle – la physique – et ses principes mathématiques qu'aux principes philosophiques en général. Il utilisa même, dans sa formulation de la loi de l'inertie, certains termes et expressions empruntés aux *Principes* de Descartes, tels *status* (« état ») et *quantum in se est* (« autant qu'il est en lui »). Il semblerait de plus qu'en présentant sa loi comme le premier de ses « axiomes ou lois de mouvement » (*axiomata, sive leges motus*), Newton ait été inconsciemment inspiré par Descartes qui avait dit de sa loi qu'elle était l'une des « quelques règles ou lois de la nature » (*regulæ quædam sive leges naturæ*).

Annexe 9

La découverte de la trajectoire parabolique par Galilée

La découverte de la trajectoire parabolique par Galilée s'est effectuée en deux temps. Il y eut d'abord la démonstration mathématique qu'en l'absence de frottement, le mouvement d'un projectile dans l'espace possède deux composantes indépendantes : l'une verticale, qui suit la loi de la chute libre (comme s'il n'y avait pas de composante horizontale), l'autre horizontale, correspondant à un mouvement uniforme vers l'avant (comme s'il n'y avait pas de composante verticale). Verticalement, la distance de chute D_y est proportionnelle au carré du temps T ; horizontalement, la distance D_x parcourue par le projectile est proportionnelle au temps. La combinaison de $D_y \propto T^2$ et de $D_x \propto T$ donne une parabole (voir annexe 10, paragraphe 8). Galilée connaissait la loi de la chute libre ($D_y \propto T^2$) depuis 1604. Selon Stillman Drake, « Galilée découvrit la trajectoire parabolique au plus tard en 1608, et en trouva la démonstration mathématique au début de 1609 ». Mais Galilée ne publia cette découverte qu'une trentaine d'années plus tard, dans ses *Deux Sciences nouvelles*.

La reconstitution par Drake du cheminement de Galilée vers cette découverte se fonde sur l'interprétation de certains diagrammes, données numériques et calculs figurant sans autre explication sur d'étranges notes manuscrites de Galilée. Drake a montré que ces notes sont compatibles avec la description d'une expérience dans laquelle une sphère roulant le long d'un plan incliné est ensuite déviée pour s'élancer horizontalement dans l'espace. Selon lui, Galilée expérimentait alors sur le mouvement inertiel horizontal, et ce dispositif lui permettait de projeter, avec une vitesse déterminée, des sphères dans une direction horizontale. Drake conclut son analyse en suggérant que Galilée a probablement observé la trajectoire parabolique en tant qu'événement secondaire de ces expériences. Drake a en effet non seulement retrouvé par le calcul les valeurs numériques de Galilée, mais aussi conçu et construit un dispositif expérimental donnant des mesures « suffisamment proches des données consignées par Galilée pour confirmer l'hypothèse qu'il les a expérimentalement obtenues avec trois ou quatre chiffres significatifs ». Si cette analyse est correcte, comment ne pas s'étonner que dans sa discussion finale (publiée) sur les trajectoires paraboliques, Galilée n'ait pas fait allusion à la moindre expérience quantitative ou même suggéré qu'une telle expérience était possible ?

Annexe 10

Résumé des principales découvertes de Galilée sur le mouvement

Dans ses *Deux Sciences nouvelles*, Galilée expose une théorie mathématique de la chute libre dont il semble avoir découvert l'essentiel quelque trente années auparavant. Voici ses principaux résultats :

1. Contrairement à la croyance populaire un objet lourd et un objet léger, lâchés d'un endroit élevé (par exemple du sommet d'une tour), tombent avec des vitesses non pas proportionnelles à leurs poids mais pratiquement identiques.

2. Si un corps est en chute libre dans l'air (ou tout autre milieu résistant), la résistance à son mouvement croît comme une certaine fonction de la vitesse ; lorsque cette résistance devient égale au poids du corps, l'accélération disparaît et le corps poursuit son mouvement de chute avec une vitesse constante.

3. Dans un nombre limité de situations (par exemple sur un plan lisse et horizontal, ou lorsque la résistance de l'air égale et compense la force accélératrice du poids), un corps persévère dans l'état de mouvement qui lui a été communiqué ou qu'il a requis. (Galilée supposa que ce principe d'inertie restreint valait également pour une grande surface sphérique concentrique à la Terre, par exemple la surface de la Terre. Il lia également ce principe à la tendance d'un corps à se maintenir en rotation.)

4. Lors d'une accélération naturelle, ou lors d'un mouvement uniformément accéléré, la vitesse croît comme les entiers 1, 2, 3, ... (Cette loi s'énonce algébriquement en disant que pour un mouvement partant du repos, $V \propto T$ [ou $V = AT$]). Il s'ensuit que la distance croît comme le carré du temps, soit $D \propto T^2$ (en fait, $D = \frac{1}{2}AT^2$). Galilée montra expérimentalement que la relation $D \propto T^2$ valait pour le mouvement d'une sphère roulant le long d'un plan incliné, quelle que soit son inclinaison.

   a) Dans un tel mouvement, les distances parcourues durant des intervalles de temps successifs et égaux sont proportionnels aux nombres impairs 1, 3, 5, 7, ... Les distances totales parcourues sont en effet proportionnelles aux carrés (1, 4, 9, 16...), et 4 - 1 = 3, 9 - 4 = 5, 16 - 9 = 7, ...

5. La chute libre et le roulement le long d'un plan incliné sont des exemples de mouvement uniformément accéléré. Les lois de la chute libre sont donc $V \propto T$ et $D \propto T^2$.

   a) Du fait de la résistance de l'air, la chute libre dans l'air n'est pas un exemple d'accélération purement uniforme ; il en résulte que lorsque deux corps de poids inégaux sont abandonnés depuis le sommet d'une tour, le corps plus lourd atteint le sol juste avant le corps plus léger.

6. Lors d'un mouvement le long d'un plan incliné, la vitesse finale est identique pour tous les angles d'inclinaison si les points de départ sont situés à une même hauteur au-dessus du sol.

   a) Le temps de descente est identique le long de toute corde appartenant à un cercle vertical et aboutissant au point le plus bas de ce cercle.

   b) Si un corps est uniformément accéléré durant un intervalle de temps donné, puis dévié de manière à se mouvoir uniformément avec la vitesse ainsi acquise, il parcourt, durant un autre tel intervalle de temps, une distance double de celle qu'il avait parcourue avec l'accélération initiale.

7. Les composantes horizontale et verticale d'un mouvement composé sont indépendantes ; ainsi un corps (par exemple un projectile) peut posséder une composante de mouvement horizontale uniforme et une composante verticale uniformément accélérée, l'une étant indépendante de l'autre.

8. La trajcctoire d'un projectile (si l'on néglige la résistance de l'air) est une parabole. La raison en est que la composante horizontale du mouvement est uniforme, tandis que sa composante horizontale du mouvement est uniformément accélérée. Dans un système de coordonnées rectangulaires, on a $x = V_0T$ et $y=\frac{1}{2}AT^2$ V_0 et $\frac{1}{2}A$ étant des constantes, désignons-les respectivement par c et k. On a alors $x = cT$ et $y = kT^2$, d'où il suit que $\frac{x^2}{c^2}=T^2$ et $\frac{y}{k}=T^2$, de sorte que $y = Kx^2$ (où $K=\frac{k}{c^2}$), ce qui est l'équation d'une parabole.

9. Galilée a affirmé que l'on pouvait considérer le mouvement comme un « état » semblable à un « état de repos ». Cela revient à dire qu'un mouvement peut se maintenir indéfiniment par lui-même, sans l'action d'une force extérieure. Le concept d'« état de mouvement » fut développé par Descartes et devint l'une des pierres angulaires de l'édifice de la mécanique rationnelle conçu par Newton.

On peut vérifier la validité de la « règle de la distance double » énoncée par Galilée (6b) en recourant à l'algèbre élémentaire. Dans un mouvement uniformément accéléré, on a, au bout du temps T

$$V = AT$$

$$D=\frac{1}{2}AT^2$$

Supposons qu'après ce temps T, le corps se déplace uniformément avec la vitesse acquise V. La distance qu'il parcourt alors durant un autre intervalle de temps T est

$$\text{« distance »} = VT$$

Mais comme

$$V = AT$$

il suit que

$$\text{« distance »} = (AT) \times T = AT^2$$

La quantité AT^2 vaut deux fois $\frac{1}{2}AT^2 = 2(\frac{1}{2}AT^2) = 2D$.

Selon l'interprétation que Stillman Drake a donnée de ses premiers manuscrits, Galilée tenta d'appliquer ce résultat au cas d'une sphère roulant le long d'un plan puis déviée horizontalement. Les distances observées ne concordèrent alors pas avec celles calculées. On voit pourquoi. Il y aurait eu accord s'il y avait eu glissement sans frottement le long du plan incliné, comme, par exemple, avec un bloc de neige carbonique flottant sur un coussin de gaz carbonique, ou un morceau de glace ordinaire glissant le long d'un plan incliné extrêmement brûlant. Mais Galilée expérimenta apparemment avec une sphère roulant sur un plan incliné ; il ignorait qu'il y a alors une grande différence : outre la translation, la rotation contribue également (pour deux septièmes) au mouvement et à l'énergie de la sphère.

Annexe 11

La dette de Newton envers Hooke : l'analyse du mouvement curviligne orbital

Lors d'un virulent débat au cours duquel Hooke exigea que Newton lui reconnût la paternité de la loi du carré inverse pour la gravitation, Newton minimisa l'influence véritable que Hooke eut sur sa pensée. L'apport de Hooke fut en effet non pas de lui avoir suggéré cette loi du carré inverse – dont Newton estimait avec raison qu'elle découlait relativement simplement (du moins pour les orbites circulaires) de l'analyse du mouvement circulaire, une fois connue la loi en $\frac{v^2}{r}$ –, mais de lui avoir enseigné une chose bien plus fondamentale : la façon correcte d'analyser le mouvement curviligne.

En 1679, Hooke (récemment nommé secrétaire de la Royal Society, à Londres) adressa à Newton une lettre amicale dans laquelle, après avoir formulé l'espoir que la Société recevrait de sa part quelques communications scientifiques, il lui demande son avis sur « une hypothèse [...] personnelle [...] concernant la composition des mouvements célestes des planètes en un mouvement direct selon la tangente et un mouvement attractif vers le corps central ». Dans sa réponse, Newton aborde un autre sujet, sans évoquer l'« hypothèse » de Hooke. Dans une autre lettre (du 6 janvier 1680), Hooke parle de « ma supposition » sur la force d'attraction maintenant les planètes sur leurs orbites : cette « attraction est toujours en proportion dupliquée de la réciproque de la distance au centre et par conséquent [...] la vitesse est [...], ainsi que le suppose Kepler, réciproque de la distance ». Dire que l'attraction est « en proportion dupliquée de la réciproque de la distance » est une manière d'alors pour exprimer que l'attraction est inversement proportionnelle au carré de la distance. La vitesse est ici supposée inversement proportionnelle à la distance. Hooke souligne auprès de Newton l'importance liée à la résolution du problème des mouvements planétaire et lunaire dans la mesure où elle pourrait permettre la détermination des longitudes en mer, détermination qui présente « un grand intérêt pour l'humanité ». Hooke est si fier de sa lettre qu'il la lit lors d'une réunion de la Royal Society. Dans une autre lettre (du 17 janvier), il énonce une nouvelle fois sa « supposition » sur « une puissance attractive centrale » et laisse entendre à Newton que son « excellente méthode » lui permettra « facilement » de « trouver quelle doit être la courbe » correspondant à cette force, et d'« avancer une raison physique à cette proportion ».

Dans l'une de ses réponses à Hooke, Newton affirme carrément n'avoir jamais entendu parler de son « hypothèse » sur la composition des mouvements orbitaux en un mouvement tangentiel et « un mouvement attractif vers le corps central ». Nous savons que Newton lui-même avait cru en une espèce de force centrifuge, c'est-à-dire une force liée à la tendance de tous les corps décrivant une courbe à être déportés vers l'extérieur, dans la direction opposée au centre de la courbe.

L'analyse de Hooke contient la clé du problème des mouvements célestes. Elle fut un élément capital pour l'élaboration de la mécanique céleste telle que Newton l'exposa dans ses *Principia*. Newton a d'ailleurs reconnu, dans nombre de documents, que c'est sa correspondance avec Hooke qui l'avait fait s'engager sur ce sujet. Il qualifia de « centripète » la force d'attraction centrale – et c'est ainsi qu'elle est depuis appelée. L'analyse que Newton a tirée de l'enseignement de Hooke est schématisée aux figures 31 p. 182 et 32 p. 188.

Apparemment donc, Newton entreprit la rédaction de son premier essai sur la mécanique céleste après son échange épistolaire de 1679-1680 avec Hooke. C'est à cet essai qu'il faisait allusion quand il confia à Halley, lors de la visite de ce dernier en 1684, qu'il avait déterminé l'orbite d'une planète soumise à l'action d'une loi de force en $\frac{1}{r^2}$. Mais Newton n'eut pas besoin de Hooke pour apprendre que cette force varie comme l'inverse du carré de la distance. Cela découle

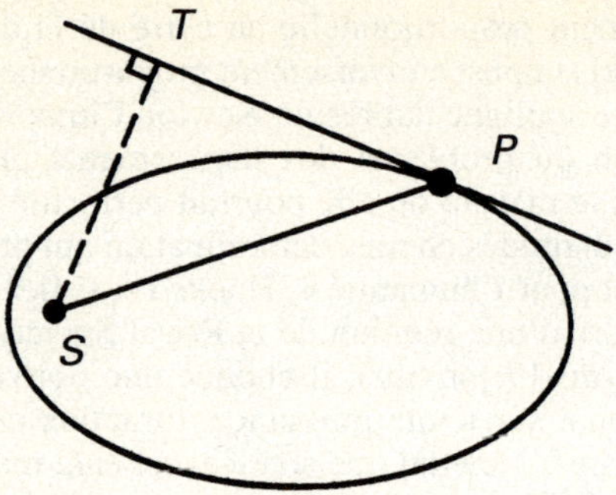

Fig. 35

de l'algèbre la plus élémentaire (voir p. 186-187) une fois que l'on sait que, dans le cas du mouvement circulaire, la force est proportionnelle à $\frac{v^2}{r}$; et s'il en est ainsi pour les orbites circulaires, il n'est pas trop risqué d'affirmer qu'il en va de même pour les ellipses. Mais Newton le savait, une chose est d'émettre une conjecture exacte, autre chose est de découvrir une vérité mathématique et les conséquences qu'elle entraîne. Lui-même avait pressenti que la force était proportionnelle à l'inverse du carré, bien qu'il ait sans succès envisagé une force centrifuge plutôt que centripète. Mais il connut la loi en $\frac{v^2}{r}$ bien longtemps avant que Huygens ne la publiât en 1673.

Newton avait pleinement conscience que Hooke ne comprenait pas entièrement ce dont il parlait. Malgré sa pénétrante analyse du mouvement curviligne, Hooke avait commis une importante erreur en concluant que la vitesse était inversement proportionnelle à la distance. Ainsi que le démontra aisément Newton, cette vitesse est inversement proportionnelle à la perpendiculaire à la tangente. Dans le diagramme ci-dessus, une planète se trouve au point *P*. Selon Hooke, la vitesse en *P* est inversement proportionnelle à la distance du Soleil, *SP*, soit

$$v \propto \frac{1}{SP}$$

Newton, de son côté, affirme que cette vitesse est en fait inversement proportionnelle à *ST*, perpendiculaire abaissée depuis le Soleil *S* à la tangente en *P* à l'orbite

$$v \propto \frac{1}{ST}$$

Le résultat de Hooke ne marche qu'aux absides. En outre, il est incompatible avec la loi des aires de Kepler. Lorsque Kepler lui-même le découvrit, il renonça à cette loi de vitesse. Hooke, lui, croyait toujours à sa validité pour le mouvement orbital planétaire.

Newton avait donc raison : Hooke ne percevait pas réellement les conséquences de son hypothèse sur la dépendance en $\frac{1}{r^2}$ de la force d'attraction, et ne méritait donc pas le crédit de la découverte de la loi universelle de la gravitation. C'est d'autant plus indiscutable que Newton savait qu'il n'avait pas besoin que Hooke lui suggère la nature en $\frac{1}{r^2}$ de cette force. Cette prétention de Hooke a cependant occulté une dette bien plus importante que Newton avait envers lui : l'analyse du mouvement orbital curviligne. Par son insistance, Hooke s'est de fait privé d'une paternité qui lui revenait pour une idée féconde et originale. (Pour plus de détails, voir mon livre *The Newtonian Revolution*, Cambridge et New York, Cambridge University Press, 1980, 1983, sec. 5.4, 5.5.)

Annexe 12

L'inertie des planètes et des comètes

Les trajectoires des planètes et des comètes étant curvilignes, on peut au premier abord s'étonner lorsque Newton affirme que leur mouvement fournit une illustration du principe de l'inertie. Newton pensait en fait que ses lecteurs comprenaient que ce mouvement possède deux composantes : un mouvement inertiel rectiligne, tangent à la trajectoire, et un mouvement continûment accéléré « de chute » sur le centre d'attraction (mouvement centripète), retenant le corps sur sa trajectoire curviligne. Le mouvement des planètes et des comètes existant depuis très longtemps (inaffecté par le frottement) et devant probablement se perpétuer pendant longtemps, sa composante tangentielle constitue le meilleur exemple de mouvement inertiel persévérant sans affaiblissement sensible. En revanche, les mouvements terrestres, tels ceux de projectiles, en sont de mauvais exemples : ralentis par le frottement de l'air, ils sont éphémères – tous les projectiles finissent par retomber sur le sol.

Comme autre illustration de mouvement inertiel, Newton a également cité la rotation d'une toupie ou celle de la Terre. Dans les deux cas, le mouvement des particules individuelles du corps en rotation possède une composante inertielle rectiligne, tangente à la trajectoire. Toutefois, la force de cohésion qui maintient ensemble ces particules s'oppose à leur éjection dans la direction tangente. Tout le monde sait cela par expérience : on parvient parfois à communiquer à de nombreux corps une rotation si rapide qu'ils éclatent en morceaux. Leurs parties constitutives sont alors animées d'une vitesse tangentielle telle que la force de cohésion est impuissante à les retenir sur une trajectoire circulaire. Imaginez par exemple que la Lune subisse soudain un énorme accroissement de vitesse. La force qui la fait chuter suffisamment rapidement pour qu'elle demeure sur son orbite s'en trouverait accrue (en vertu de la loi en $\frac{v^2}{r}$), et serait supérieure à la force de gravitation exercée par la Terre : la Lune s'échapperait alors selon une direction tangente à son orbite.

Annexe 13

La loi du carré inverse entraîne une orbite elliptique

Dans une série de propositions (prop. 11-13) du Livre I des *Principia*, Newton démontre que si une planète décrit une orbite elliptique, parabolique ou hyperbolique, la force agissant sur elle varie comme l'inverse du carré de sa distance à un certain point appelé foyer. Pour parvenir à cette conclusion, il invoque la loi des aires (prop. 1, 2, 3) et une mesure mathématique de force très originale (prop. 6). Puis, dans la première édition, au corollaire 1 des propositions 11 et 13, il énonce, sans la démontrer, la réciproque des propositions 11 à 13 : si la force est inversement proportionnelle au carré de la distance, l'orbite est une section conique. Dans la proposition 17, il donne les conditions pour lesquelles cette orbite est un cercle, une ellipse, une parabole ou une hyperbole. Dans la seconde édition des *Principia*, il ajoute les étapes de la démonstration du corollaire des propositions 11 à 13.

De nombreux auteurs ont confondu les deux propositions suivantes : a) une section conique implique une force en carré inverse, et b) une force en carré inverse implique une section conique. La démonstration de l'une n'entraîne pas automatiquement la démonstration de l'autre. Newton lui-même savait fort bien que « A entraîne B » ne prouve pas que « B entraîne A ». Par exemple, à la proposition 1 des *Principia*, il démontre que si une force centripète agit sur un corps initialement animé d'un mouvement d'inertie, la loi des aires est alors vérifiée, puis introduit aussitôt la proposition 2 pour démontrer la réciproque, à savoir que la loi des aires implique la présence d'une force centripète. Si la première édition des *Principia* ne contient de fait pas la démonstration qu'une force en carré inverse implique une orbite elliptique, cela ne signifie pas pour autant que Newton n'ait pas estimé cette démonstration nécessaire ou qu'il n'en ait eu aucune à proposer. Les *Principia* sont à cet égard très caractéristiques : si la plupart de ce que Newton a omis comme « trivial » est loin de l'être pour ses lecteurs, il semble en revanche parfois s'attarder longuement sur ce qui paraît évident.

Ce que Newton a démontré, apparemment à la suite de sa correspondance avec Hooke (voir l'annexe 11), c'est qu'une orbite elliptique implique une loi en carré inverse. L'opuscule qu'il rédigea après la visite de Halley en 1684 contient la démonstration à cette proposition. Elle figure également dans la première édition des *Principia.* Pourtant, selon la relation que Conduitt donne de la visite de Halley, lorsque celui-ci demanda à Newton quelle est l'orbite d'une planète soumise à une force en carré inverse (et non quelle est la force correspondant à une orbite elliptique), Newton répondit qu'on obtient une ellipse, et qu'il l'a « calculée ». Ce n'est bien sûr là que le souvenir conservé par Conduitt de ce que Halley lui avait rapporté sur une conversation qu'il avait eue avec Newton de nombreuses années auparavant. On ne peut donc être certain que ce soit la traduction fidèle des propos de Halley ou de Newton lors de cette fameuse entrevue. Quand plus tard il tenta de reconstituer le cheminement de sa pensée, Newton dit qu'en 1676-1677 (une erreur pour 1679-1680), il « trouva la proposition affirmant que soumise à une force centrifuge [lire centripète] inversement proportionnelle au carré de la distance, une planète accomplit sa révolution selon une ellipse autour du centre de force placé à l'ombilic [ou foyer] inférieur de l'ellipse ou avec un rayon qui, mené à ce centre, balaie des aires proportionnelles aux temps ».

Plusieurs conclusions sont possibles, entre autres : (1) Newton démontra que l'ellipse implique une force en carré inverse et considéra à tort qu'il avait dans le même temps démontré la réciproque ; (2) Newton démontra que l'ellipse implique une force en carré inverse et démontra (dans sa tête ou sur le papier) la réciproque ; (3) Newton ne comprit pas ce qu'il avait démontré et pensa avoir prouvé qu'une force en carré inverse implique une orbite planétaire elliptique ; (4) Newton démontra que l'ellipse implique une force en carré inverse et admit simplement qu'il était possible de démontrer la réciproque. En l'absence de preuves, inutile de faire trop de conjectures. Mais selon moi – et d'autres spécialistes de Newton –, il est peu probable que Newton ait commis la bévue (1), qui est une erreur de logique évidente. Pareillement, il est impensable qu'un mathématicien comme Newton ait fait l'erreur (3). (2) et (4) sont toutefois possibles. Nous savons qu'ayant été critiqué pour ne pas avoir démontré, dans la première édition des *Principia*, qu'une force en carré inverse implique une orbite elliptique, il ajouta dans la seconde édition un corollaire aux propositions 11 et 13, avec démonstrations *. Il existe au moins un document dans lequel Newton évoque lui-même ce sujet. Dans un récit non publié sur l'élaboration des *Principia,* il écrit : « La démonstration du premier corollaire des 11e, 12e et 13e propositions étant très évidente, je l'ai omise dans la première édition... »

Les faits sont donc que Newton énonça (mais sans démonstration) dans la première édition que la loi du carré inverse implique une orbite elliptique, et ne donna sa démonstration que dans la seconde édition. Cette chronologie n'autorise que des hypothèses. Mais, ainsi que l'a dit Newton, la connaissance ne doit pas se bâtir sur des hypothèses.

* Si les historiens des sciences doivent à Robert Weinstock (*American Journal of Physics, 50,* p. 610-617) d'avoir attiré leur attention sur ce problème, personne ne partage son point de vue extrême sur la possibilité (1). Que la démonstration donnée par Newton soit ou non rigoureuse, voire infondée, est une tout autre question ; le professeur Weinstock soutient qu'elle ne démontre absolument rien.

Les notes autobiographiques de Newton sont réunies (et traduites) dans l'Appendice I de mon *Introduction to Newton's « Principia »,* Cambridge (Mass.), Harvard University Press, 1971. Elles furent rédigées durant les querelles de paternité que vécut Newton, pour établir ce que nous savons, par recoupements, être une chronologie contrefaite de sa découverte, et doivent donc être prises *cum grano salis*. Voir à ce propos ma *Newtonian Revolution*, Cambridge et New York, Cambridge University Press, 1980, 1983, p. 248-249.

Annexe 14

Newton et la pomme : découverte de la loi en $\frac{v^2}{r}$

Newton consacra énormément de temps et d'énergie à composer et faire admettre une chronologie de ses découvertes situant nombre d'entre elles antérieurement aux dates fournies par les documents historiques attestés. Probablement faut-il voir dans cette superposition à l'histoire d'une chronologie imaginaire le désir de triompher de ses adversaires lors des querelles de paternité.

On a souvent dit que c'est en voyant chuter une pomme que Newton se rendit compte que la gravitation s'étendait jusqu'à la Lune. Cette histoire de pomme est peut-être une invention de Newton – on sait qu'il la raconta lui-même. Elle daterait du milieu des années 1660, époque où il dit avoir élaboré sa théorie de la Lune. Peut-être aussi en est-il arrivé à croire, tard dans sa vie et bien après l'événement, qu'il avait calculé la chute de la Lune dans les années 1660 et avait trouvé un accord observationnel approximatif. Mais ce qu'il avait alors déterminé n'était pas la chute de la Lune, comme dans la célèbre analyse donnée dans le scolie de la proposition 4 du Livre III des *Principia,* mais quelque chose de tout à fait différent *.

En ce qui concerne sa découverte antérieure de la loi en $\frac{v^2}{r}$ pour le mouvement circulaire uniforme, la situation est

* Sur les calculs de Newton et leur signification, voir ma monographie « The *Principia*, Universal Gravitation, and the "Newtonian Style" », *in* Zev Bechler éd., *Contemporary Newtonian Research*, Dordrecht (Pays-Bas) et Boston, D. Reidel Publishing Co., 1982 ; voir aussi la section 5. 3 de ma *Newtonian Revolution.*

plus claire. A cette époque, Newton cherchait à mesurer « l'effort centrifuge » ; ce n'est que plus tard, en 1680 (voir l'annexe 11), que Newton fut converti par Hooke au concept de force centripète. Après que Halley eut informé Newton que Hooke réclamait la paternité de la loi du carré inverse, Newton envoya à Halley une esquisse de démonstration, basée sur des recherches qu'il avait effectuées quelque vingt années auparavant, et qui devait être ajoutée à la fin du scolie suivant la proposition 4 du Livre I des *Principia*. Newton voulait que tous ses lecteurs soient persuadés qu'il connaissait la loi en $\frac{v^2}{r}$ avant (en fait presque dix années avant) sa publication par Christian Huygens dans son *Horologium oscillatorium* en 1673. Dans la proposition 4 traitant du mouvement circulaire uniforme, Newton affirmait en réalité qu'il savait depuis longtemps que la force était alors en $\frac{v^2}{r}$, et qu'il était à partir de là aisément démontrable (à l'aide de l'algèbre élémentaire et de la troisième loi de Kepler) que la force est en $\frac{1}{r^2}$. Ainsi, il n'avait pas eu besoin que Hooke lui parle, vingt années plus tard, d'une force en $\frac{1}{r^2}$.

En 1960, analysant quelques-uns des premiers écrits de Newton sur la force et le mouvement, consignés dans son cahier de notes vers le début de 1665 ou peu après, John Herivel montra que Newton avait trouvé une déduction très originale de la loi en $\frac{v^2}{r}$ *. C'est donc la preuve que Newton a découvert cette loi très tôt, et tout à fait indépendamment de Huygens.

* Voir John W. Herivel, « Newton's Discovery of the Law of Centrifugal Force », *Isis, 51*, 1960, p. 546-553 ; voir aussi Herivel, *The Background to Newton's Principia*, Oxford, Clarendon Press, 1965, p. 7-13.

Annexe 15

Newton et les masses « inertielle » et « gravitationnelle »

Dans la dérivation effectuée p. 189-192 apparaissent deux expressions de la force agissant sur un objet terrestre – une pomme. La première est l'équation *gravitationnelle*

$$F = G\frac{mM_t}{R_t^2}$$

ou

$$P = G\frac{mM_t}{R_t^2}$$

l'autre est l'équation *inertielle* ou *dynamique*

$$m = \frac{F}{A}$$

soit

$$F = mA$$

qui, dans le cas où la force est le poids de l'objet, s'écrit

$$P = mA$$

Notons que, dans le second groupe d'équations, la quantité m mesure l'inertie du corps, c'est-à-dire la résistance *inertielle* (F/A) que le corps oppose à son accélération – à une modification de son état de mouvement ou de repos. Pour être plus précis, donnons à cette grandeur le nom que lui a attribué le XXe siècle, à savoir la « masse inertielle », et remplaçons le symbole m par m_i pour traduire sa nature inertielle. On peut alors écrire les deux dernières équations sous la forme

$$F = m_i A$$

$$P = m_i A$$

Considérons maintenant la quantité *m* (la masse) figurant dans le premier groupe d'équations

$$F = G\frac{m M_t}{R_t^2}$$

m n'a ici aucun lien évident avec la résistance inertielle que le corps oppose à son accélération – à un changement de son état de mouvement. Cette quantité mesure plutôt – détermine – la réaction *gravitationnelle* du corps à l'action de la Terre, ou, dans le langage de la physique moderne, la réaction du corps au champ gravitationnel de la Terre (ou à tout autre champ gravitationnel). On peut donc lui donner le nom actuel de « masse gravitationnelle », et par conséquent la désigner par le symbole m_g. Les deux premières équations s'écrivent alors

$$F = G\frac{m_g M_t}{R_t^2}$$

$$P = G\frac{m_g M_t}{R_t^2}$$

En égalant les deux expressions pour *P*, on obtient

$$m_i A = G\frac{m_g M_t}{R_t^2}$$

Supprimer le facteur *m* revient à supposer que

$$m_i = m_g$$

ce qui exige une plus ample analyse. m_i est-elle toujours égale à m_g ?

Les deux types de masse – gravitationnelle et inertielle – correspondent à notre concept intuitif de « quantité de matière ». Dans le cas d'une substance pure telle que l'aluminium, toutes deux seraient proportionnelles au volume d'aluminium (qui serait une mesure de la quantité d'aluminium). On peut formuler notre problème conceptuel ainsi : existe-t-il une raison logique pour que la réaction d'un corps à un champ gravitationnel (autrement dit, sa masse gravitationnelle) soit identique à la résistance qu'il oppose à son accélération par des forces non gravitationnelles ou gravitationnelles (autrement dit, à sa masse inertielle) ? Dans le cadre de la physique newtonienne ou « classique », la réponse est un non catégorique ! Ce n'est qu'en physique relativiste, post-newtonienne, qu'il y a « équivalence » nécessaire entre masses gravitationnelle et inertielle. Comment Newton a-t-il alors résolu ce problème ?

Avant de voir sa résolution, arrêtons-nous sur les considérations très élevées auxquelles conduit la physique newtonienne. Tandis que Galilée s'intéressait au poids d'un corps, Newton a, lui, introduit un concept très différent et tout à fait moderne, celui de masse. Ce concept est véritablement né avec Newton, bien qu'on puisse lui trouver (comme c'est le cas avec n'importe quel concept scientifique nouveau) des antécédents – par exemple, dans les écrits de Kepler sur les *moles* (sorte de quantités de matière) et dans certaines discussions de Huygens.

Si l'équivalence des masses inertielle et gravitationnelle ne découle pas d'un raisonnement logique et n'est pas partie intégrante de la théorie, le seul moyen de la vérifier est alors l'expérience. Newton reconnut pour la première fois la nécessité d'une telle expérience en 1685, après avoir achevé la première version de son opuscule *De motu*. Son dispositif consistait en deux pendules égaux, dont le balancier pouvait recevoir divers matériaux ; toute variation du rapport de la masse inertielle à la masse gravitationnelle devait se manifester par une différence dans la période d'oscillation. Peu après, dans un ensemble de *De motu corporum definitiones* (*Définitions sur le mouvement des corps*), il indiqua les substances avec lesquelles il avait expérimenté : l'or, l'argent, le plomb, le verre, le sable, le sel commun, l'eau, le bois et le froment. Les détails de cette expérience figurent dans les première et dernière versions du Livre III des *Principia* (proposition 6 du Livre III, section 9 du *Système du monde)* : Newton construisit deux longs pendules de longueurs identiques, balançant deux boîtes à l'intérieur desquelles il plaça d'égales quantités de ces neuf substances. Les boîtes étant identiques, les pendules étaient soumis à la même résistance de la part de l'air. Newton montra mathématiquement que l'existence d'une même période d'oscillation pour les boîtes contenant d'égales quantités de ces neuf substances prouvait que leurs poids étaient proportionnels à leurs quantités de matière. Procédant ensuite par simple induction, il établit la loi générale.

Newton décrit la matière en termes de *poids* et de *quantité*, cette dernière représentant pour lui l'inertie de la matière. Les expressions masse *gravitationnelle* et masse *inerte* furent introduites en physique par Albert Einstein dans ses écrits sur la relativité. En outre, Newton n'écrivit pas les équations telles que je les ai ici posées. Mais son raisonnement suivit essentiellement les mêmes étapes que celles symbolisées par ces équations. Il conclut ainsi que son expérience sur les pendules démontrait avec une grande précision un résultat depuis longtemps observé (remontant aux expériences de Galilée avec sa tour) selon lequel, à un petit facteur près dû à la résistance de l'air, les corps pesants de toutes espèces, abandonnés de hauteurs égales, chutent sur Terre en des temps égaux.

L'une des raisons de l'extrême importance du concept de masse newtonien est que si le poids est une propriété contingente des corps, la masse, elle, en est une propriété fondamentale, permanente. La physique de Newton a démontré, par exemple, que le poids d'un corps (l'attraction que la Terre exerce sur lui) peut varier avec sa position à la surface de la Terre : il est en effet une propriété calculable dépendant de la latitude géographique. En outre, selon la loi du carré inverse, un corps pèse moins dans l'espace qu'à la surface de la Terre ; et son « poids » à la surface de la Lune serait notablement différent de ce qu'il est à la surface de la Terre. Mais où qu'il se trouve dans l'espace, sa masse (selon la physique newtonienne) est toujours la même – tant sa masse inertielle (sa résistance à l'accélération) que sa masse gravitationnelle. De plus, la masse est une importante propriété au niveau des corps célestes – le Soleil, les planètes, la Lune et les étoiles – même si leur « poids » (c'est-à-dire l'attraction que la Terre exerce sur eux) joue un rôle tout à fait mineur. En substituant dans le discours physique la notion de masse à celle de poids, Newton a permis l'apparition d'une science universelle qui a supplanté une science terrestre purement locale.

La plupart des lecteurs savent qu'en physique relativiste, la masse d'un corps n'est plus une constante indépendante, mais est liée à la vitesse du corps par rapport au système de référence. Toutefois, dans les situations ordinaires (c'est-à-dire lorsque la vitesse des corps est faible devant celle de la lumière), la différence entre masse relativiste et non relativiste est négligeable.

Annexe 16

Le cheminement de Newton vers la gravitation universelle

A l'automne 1684, Newton rédige, à la suite de la visite de Halley, un opuscule intitulé *De motu* dans lequel il démontre la proposition suivante : le mouvement elliptique découlant de la loi des aires exige la présence d'une force en carré inverse centripète – centrale –, dirigée vers le point par rapport auquel les aires égales sont calculées. Puisque, d'une part, les planètes décrivent des ellipses dont le Soleil occupe l'un des foyers, et que, d'autre part, toute droite reliant le Soleil à une planète balaie des aires égales en des temps égaux, Newton conclut (1) qu'il existe une force orientée de chaque planète vers le Soleil, et (2) que cette force varie inversement comme le carré de la distance. Manifestement fier de sa découverte, il écrit avoir démontré, selon ses propres termes, que « les planètes principales accomplissent leurs révolutions suivant des ellipses ayant un foyer au centre du Soleil, et [que] les rayons tracés [des planètes] au Soleil décrivent des aires proportionnelles au temps, tout comme l'avait supposé Kepler... ».

En fait, Newton n'avait pas démontré cette proposition. Il ne mit d'ailleurs pas longtemps à s'en apercevoir. A proprement parler, elle est fausse. Ainsi qu'il le réalisa bientôt, les trajectoires des planètes ne sont pas exactement de simples ellipses kepleriennes, avec le Soleil à l'un de leurs foyers, et obéissant à la loi des aires. Ce foyer se trouve en vérité au centre de masse commun des planètes et du Soleil : il n'y a pas en effet uniquement attraction des planètes par le Soleil, mais aussi attraction du Soleil par les planètes (et attraction des planètes entre elles). Si Newton avait déjà formulé son principe de gravitation universelle, il n'aurait pas énoncé, et cru avoir démontré, cette proposition erronée.

Il avait seulement découvert que les deux premières lois de Kepler – sur les orbites elliptiques et sur les aires – valaient pour un « système » à un corps : un point massif unique se déplaçant, avec une composante initiale de mouvement inertiel, dans un champ de force central. Il reconnut alors que le système à un corps correspond non au monde réel mais à une situation artificielle plus facile à explorer mathématiquement. Le système à un corps réduit la Terre à une masse ponctuelle et le Soleil à un centre de force immobile.

Dans sa jubilation prématurée, Newton avait omis de prendre en compte ce que nous appelons aujourd'hui la troisième loi de Newton sur le mouvement : à toute action correspond une réaction opposée et d'égale intensité. En d'autres termes, si un corps A exerce une force sur un corps B, le corps B exerce simultanément cette même force sur le corps A. Dans le cas du Soleil et d'une planète, par exemple la Terre, cette loi implique que si le Soleil exerce une force sur la Terre pour la maintenir sur son orbite, la Terre exerce en retour une force égale sur le Soleil. En théorie, chacun de ces deux corps attire l'autre, avec pour résultat qu'ils sont tous deux en orbite autour de leur centre de gravité commun. La masse de la Terre étant infime devant celle du Soleil, leur centre de gravité commun se confond pratiquement avec le centre du Soleil, et le mouvement du Soleil est quasiment inexistant. Il en va toutefois autrement si l'on considère le Soleil et Jupiter – la plus massive des planètes du système solaire –, ou la Terre et la Lune.

L'évolution de la pensée de Newton sur l'action et la réaction après la rédaction du premier jet du *De motu* est exposée dans les premières sections du Livre I des *Principia*. Dans l'introduction à la onzième section, Newton explique qu'il s'est jusque-là limité à des mouvements « tels qu'il n'en existe peut-être aucun dans la nature », à savoir ceux « des corps attirés vers un centre immobile ». Cette situation est artificielle dans la mesure où « les attractions ont coutume de se faire vers des corps, et les actions des corps qui attirent et qui sont attirés sont toujours mutuelles et égales par la troisième loi ». Il en résulte que « si on ne considère, par exemple, que deux corps, ni le corps attiré, ni le corps attirant ne seront en repos ; mais ils feront l'un et l'autre, par leur attraction mutuelle (selon le corollaire 4 des lois), leur révolution autour de leur centre commun de gravité ».

Newton a remarqué que si le Soleil attire la Terre, la Terre attire elle aussi le Soleil, et avec une force d'égale intensité. Dans ce système à deux corps, la Terre ne décrit pas une simple orbite autour du Soleil : tous deux se déplacent en fait autour de leur centre de gravité commun. Une autre conséquence de la troisième loi du mouvement est que chaque planète est à la fois un centre de force attractive et un corps soumis à une attraction ; il s'ensuit que non seulement elle attire et est attirée par le Soleil, mais également attire et est attirée par chacune des autres planètes. Newton a franchi ici une étape décisive : d'un système interactif à deux corps, il est passé à un système interactif à plusieurs corps.

En décembre 1684, Newton achève une version corrigée du *De motu* contenant une description du mouvement planétaire dans le cadre d'un système de plusieurs corps en interaction. Contrairement à la première, cette nouvelle version conclut que « les planètes ne se déplacent pas exactement selon des ellipses ni ne parcourent deux fois la même orbite ». Cette conclusion amène Newton au résultat suivant : « Une planète possède autant d'orbites que de révolutions, comme dans le mouvement de la Lune, et l'orbite d'une planète quelconque dépend du mouvement combiné de toutes les planètes, sans compter les actions mutuelles de toutes celles-ci. » Il ajoute : « Considérer simultanément toutes ces causes de mouvement et définir ces mouvements par des lois exactes autorisant des calculs concrets excède, selon moi, les capacités de l'intelligence humaine. »

Il n'existe aucun document indiquant comment, dans le mois qui pratiquement sépare le premier jet du *De motu* de sa version révisée, Newton prit connaissance que les planètes agissent gravitationnellement les unes sur les autres. Toutefois, l'extrait que nous venons de citer ne laisse aucune ambiguïté sur sa nouvelle conviction : *eorum omnium actiones in se invicem* (« les actions de toutes celles-ci sur chacune des autres »). Une des conséquences de cette attraction gravitationnelle réciproque est qu'aucune des trois lois de Kepler n'est strictement vérifiée dans le monde physique ; elles ne le sont que dans le contexte d'une construction purement mathématique où des masses ponctuelles sans interactions mutuelles orbitent soit autour d'un centre de force mathématique, soit autour d'un corps attractif stationnaire. La distinction opérée par Newton entre le domaine des mathématiques, dans lequel les lois de Kepler sont véritablement des lois, et celui de la physique, dans lequel elles ne sont que des « hypothèses », des approximations, est une des caractéristiques révolutionnaires de la mécanique céleste newtonienne.

Au printemps de 1685, quelques mois après avoir revu son *De motu*, Newton était sur le point d'achever le premier jet de ses *Principia*. Dans la version initiale de ce qui devait constituer un deuxième livre, « Le Système du monde », il décrit en détail les étapes qui l'ont conduit au concept d'interactions gravitationnelles planétaires. La troisième loi du mouvement joua un rôle crucial. Il n'y a aucune raison de croire que ce ne furent pas les mêmes étapes qui l'avaient conduit à ce même concept quelques mois auparavant, lorsqu'il corrigeait le *De motu*.

Voici deux extraits du premier jet du « Système du monde » qui mettent en évidence le rôle capital joué par cette troisième loi du mouvement :

> 20. *L'accord entre les analogies.*
> Et puisque l'action de la force centripète sur le corps attiré est, à distances égales, proportionnelle à la quantité de matière présente dans ce corps, il est raisonnable, également, qu'elle soit aussi proportionnelle à la quantité de matière présente dans le corps attracteur. Car cette action est mutuelle, et amène les corps, par un effort mutuel (selon la loi 3), à se rapprocher l'un de l'autre, et par conséquent devrait être semblable à elle-même dans les deux corps. On peut certes considérer l'un des corps comme attirant et l'autre comme attiré, mais cette distinction est plus mathématique que naturelle. L'attraction est réellement celle de chacun des deux corps en direction de l'autre, et est ainsi de même sorte en chacun des deux corps.
>
> 21. *Et leur coïncidence.*
> Il s'ensuit donc que la force attractive se trouve dans les deux corps. Le Soleil attire Jupiter et les autres planètes, Jupiter

> attire ses satellites et pareillement ces satellites agissent les uns sur les autres et sur Jupiter, et toutes les planètes les unes sur les autres. Et bien que l'on puisse distinguer les actions mutuelles de deux planètes données et les considérer séparément comme deux actions par lesquelles chacune attire l'autre, elles sont, dans la mesure où elles s'exercent entre les mêmes deux corps, non pas deux mais une action non décomposable entre deux points extrêmes. On peut attirer deux corps l'un vers l'autre par la contraction d'une corde les reliant. La cause de cette action a deux aspects, à savoir la position de chacun des deux corps ; l'action a pareillement deux aspects, dans la mesure où elle s'exerce sur deux corps ; elle est simple et unique. Il n'existe pas, par exemple, une opération par laquelle le Soleil attire Jupiter et une autre opération par laquelle Jupiter attire le Soleil, mais une opération par laquelle le Soleil et Jupiter s'efforcent de s'approcher l'un de l'autre. L'action par laquelle le Soleil attire Jupiter force le Soleil et Jupiter à se rapprocher (par la loi 3), et l'action par laquelle Jupiter attire le Soleil force également le Soleil et Jupiter à se rapprocher. De plus, le Soleil n'est pas attiré par une action double vers Jupiter, de même que Jupiter n'est pas attiré par une action double vers le Soleil ; il y a entre eux une seule action qui les rapproche tous deux l'un de l'autre.

Newton conclut ensuite que « selon cette loi, tous les corps doivent s'attirer mutuellement ». Présentant fièrement ce résultat, il explique pourquoi l'intensité de la force attractive est si faible qu'elle est inobservable. « On ne peut, écrit-il, observer ces forces que dans les corps énormes des planètes. »

Dans le Livre III des *Principia*, traitant également du système du monde, mais d'un point de vue un peu plus mathématique, Newton analyse la gravitation d'une manière pratiquement identique. Tout d'abord, dans ce que l'on appelle la théorie de la Lune, il étend l'influence de la force pesante, la gravitation terrestre, jusqu'à la Lune et démontre que cette force varie comme l'inverse du carré de la distance. Puis il identifie cette même force terrestre à celle exercée par le Soleil sur les planètes et à celle exercée par une planète sur ses satellites. Toutes ces forces, il les appelle maintenant gravitation. Recourant à la troisième loi du mouvement, il transforme le concept d'attraction solaire sur les planètes en celui d'attraction mutuelle entre le Soleil et les planètes. De manière analogue, il transforme le concept d'attraction planétaire sur des satellites en celui d'attraction mutuelle entre les planètes et leurs satellites, et entre les satellites eux-mêmes. Cette dernière transformation intellectuelle débouche sur ce principe universel : tous les corps interagissent gravitationnellement.

Nous voyons maintenant comment son imagination créatrice orienta Newton vers le concept de gravitation universelle. Le même argument qui l'a conduit aux forces interplanétaires s'applique aux systèmes de satellites, à la Terre, à une pomme. Puisque toutes les pommes sont des corps qui engendrent une attraction gravitationnelle et réagissent à une attraction gravitationnelle, elles s'attirent les unes les autres. Ces réflexions l'amènent alors à conclure audacieusement que, quelles que soient leurs positions dans l'Univers, deux corps quelconques interagissent gravitationnellement. Ainsi la logique de la physique, guidée par une intuition mathématique inventive, fournit une loi d'interaction mutuelle s'appliquant à tous les corps, terrestres ou célestes, quelles que soient leurs positions. Cette interaction varie comme l'inverse du carré de la distance et est proportionnelle aux masses gravitantes :

$$F \propto \frac{m_1 m_2}{D^2}$$

soit

$$F = G\frac{m_1 m_2}{D^2}$$

où m_1 et m_2 représentent les masses, D la distance qui les sépare, et G la constante universelle de la gravitation.

Cette analyse de l'évolution de la pensée de Newton ne vise en aucun cas à diminuer la valeur extraordinaire de son génie créateur, mais au contraire à témoigner de ce génie. Elle démontre la fécondité de la pensée physique de Newton, appliquant les mathématiques à l'Univers naturel tel que nous le révèlent l'expérience et l'observation critique. Ce type de raisonnement scientifique créatif, que l'on a appelé « le style newtonien », se trouve symbolisé par le titre de la grande œuvre de Newton : *Principes mathématiques de la philosophie naturelle*.

Pour en savoir plus

Les astérisques désignent les ouvrages auxquels l'auteur a emprunté, avec l'autorisation des éditeurs, les citations figurant dans l'édition américaine de ce livre et directement traduites dans la présente édition.

Généralités et science de l'Antiquité

Clagett, M., *Greek Science in Antiquity*, New York, Abelard-Schuman, 1955. Édition revue et corrigée, New York, Collier Books ; Londres, Collier-Macmillan, 1966.

Crombie, A. C., *Medieval and Early Modern Science*, Garden City (New York), Doubleday Anchor Books, 1959, 2 vol., 2e édition. Également publié sous le titre *Augustine to Galileo*, 1952, 1961, 1979, etc.

Grant, E., *Physical Science in the Middle Ages* ; New York et Londres, John Wiley and Sons, 1971 ; Cambridge, Cambridge University Press, 1981.

* Little, Health T., *Aristarchus of Samos, the Ancient Copernicus : A History of Greek Astronomy to Aristarchus*, Oxford, Clarendon Press, 1913.

Neugebauer, O., *Les Sciences exactes dans l'Antiquité*, P. Souffrin trad., Arles, Actes Sud, 1989.

–, *Astronomy and History : Selected Essays*, New York et Berlin, Springer Verlag, 1983.

La révolution scientifique

Boas, M., *The Scientific Renaissance 1450-1630,* New York, Harper and Brothers, 1962 ; Harper Torchboks, 1966.

Butterfield, H., *The Origins of Modern Science*, New York, Macmillan Co., 1957, 2e édition.

Cohen, I. B., *Revolution in Science*, Cambridge (Mass.) et Londres, Harvard University Press, 1985.

Hall, A. R., *The Scientific Revolution, 1500-1800 : The Formation of the Modern Scientific Attitude*, Londres et New York, Longmans, Green and Co., 1954 ; Boston, Beacon Press, 1956, 1962. Édition revue et corrigée, *The Revolution in Science, 1500-1750*, Londres et New York, Longmans, 1983.

Westfall, R. S., *The Construction of Modern Science : Mechanisms and Mechanics*, New York et Londres, John Wiley and Sons, 1971 ; Cambridge, Cambridge University Press, 1978.

Astronomie et cosmologie

Dreyer, J. L. E., *History of the Planetary Systems from Thales to Kepler*, Cambridge University Press, 1906. Réédité sous le titre *A History of Astronomy from Thales to Kepler*, New York, Dover Publications, 1953.

Koyré, A., *Du monde clos à l'univers infini*, R. Tarr trad., Paris, Gallimard, 1973.

Kuhn, T. S., *La Révolution copernicienne*, A. Hayli trad., Paris, Fayard, 1973.

L'œuvre de Copernic

Copernic, N., *Sur les révolutions des orbes célestes*, J. Peyroux éd. et trad., Paris, A. Blanchard, 1987.

–, *Des révolutions des orbes célestes*, A. Koyré trad., Paris, Gallimard, 1934.

–, *On the Revolutions*, J. Dobrzycki éd., traduction et commentaires d'E. Rosen, Londres, Macmillan ; Baltimore, The Johns Hopkins University Press, 1978.

Rosen, E., *Three Copernician Treatises*, New York, Columbia University Press, 1939. Cet ouvrage contient des traductions du *Commentariolus* de Copernic, de la *Lettre contre Werner*, et de la *Narratio Prima* de Rheticus, avec commentaires et introductions. Une troisième édition, revue et corrigée, New York, Octagon Books, 1971, contient une biographie de Copernic et des bibliographies sur Copernic constituées entre 1939-1958 et 1959-1970.

Swerdlow, N. M., « The Derivation and First Draft of Copernicus's Planetary Theory : A Translation of the *Commentariolus* with Commentary », *Proceedings of the American Philosophical Society, 117*, 1973, p. 423-512.

–, et Neugebauer, O., *Mathematical Astronomy in Copernicus's* De Revolutionibus, New York et Berlin, Springer Verlag, 1984, 2 vol.

L'œuvre de Galilée

Drake, S., *Galileo at Work : His Scientific Biography*, Chicago et Londres, The University of Chicago Press, 1978.

*–, trad. et éd., *Discoveries and Opinions of Galileo*, Garden City (New York), Doubleday Anchor Books, 1957. Contient des traductions du *Messager céleste* (1610), des *Lettres sur les taches solaires* [i.e., *Histoire et Démonstrations concernant les taches solaires et leurs phénomènes*] (1613), de la *Lettre à la Grande Duchesse Christine* (1615), avec commentaires et introductions.

Galilée, *Dialogue et Lettres choisies*, P.-H. Michel trad., Paris, Herman, 1966.

–, *Le Messager des étoiles*, F. Hallyn trad. et éd., Paris, Éd. du Seuil, coll. « Sources du savoir », 1992.

–, *Le Messager céleste. Sidereus nuncius*, I. Pantin trad. et éd., Paris, Les Belles Lettres, 1992.

*–, *Dialogue Concerning the Two Chief World Systems – Ptolemaic and copernician*, S. Drake trad., Berkeley et Los Angeles, University of California Press, 1953. Édition revue et corrigée, 1962.

–, *Dialogue on the Great World Systems, in the Salisbury Translation*, 1661, corrections et notes de G. de Santillana, Chicago, University of Chicago Press, 1953.

– *Dialogue sur les deux grands systèmes du monde*, R. Fréreux et F. De Gandt trad., Paris, Éd. du Seuil, coll. « Sources du savoir », 1992.

–, *Discours concernant deux sciences nouvelles*, M. Clavelin trad., Paris, Armand Colin, 1970.

–, *Two New Sciences : Including Centers of Gravity and Force of Percussion*, traduction, introduction et notes de S. Drake, Madison, The University of Wisconsin Press, 1974. Une traduction antérieure due à H. Crew et A. de Salvio contient de nombreuses erreurs et de trompeuses interprétations.

Geymonat, L., *Galilée*, F.-M. Rosset et S. Martin trad., Paris, Éd. du Seuil, coll. « Points Sciences », 1992.

–, *Galileo Galilei : A Biography and Inquiry into his Philosophy of Science*, préface de G. de Satillana, traduction de l'italien, notes et appendice de S. Drake, New York et Londres, McGraw-Hill Book Compagny, 1965.

Langford, J. J., *Galileo, Science and the Church*, édition revue et corrigée, Ann Arbor, The University of Michigan Press, 1971.

McMullin, E., éd., *Galileo : Man of Science*, New York et Londres, Basic Books, 1967. Contient des articles sur divers aspects de la vie, l'œuvre et l'influence de Galilée.

Nicholson, M., *Science and Imagination*, Ithaca, Cornell University Press, 1956 ; Hamden (Conn.), Archon Books, 1976. Traite de l'impact de la lunette et de la « nouvelle astronomie » en général sur l'imagination, en particulier, sur la littérature anglaise.

Santillana, G. de, *The Crime of Galileo*, Chicago, The University of Chicago Press, 1955.

Segre, M., « The Role of Experiment in Galileo's Physics », *Archives for History of Exact Sciences*, *23*, (1980), p. 227-252. Résumé critique des témoignages et des interprétations.

Shea, W., *La Révolution galiléenne*, F. De Gandt trad., Paris, Éd. du Seuil, coll. « Science ouverte », 1992.

Van Helden, A., *The Invention of the Telescope*, Philadelphie, The American Philosophical Society, 1977 (*Transactions of the American Philosophical Society*, vol. 67, 4e partie).

Wisan, W. L., « The New Science of Motion : A study of Galileo's *De motu locali* », *Archives for History of Exact Sciences*, *13*, (1974), p. 130-306. Voir aussi « Galileo and the Process of Scientific Creation », *Isis*, *75*, (1984), p. 269-286. Comme Naylor (voir la note p. 222), Wisan donne des manuscrits de Galilée une interprétation différant radicalement de la lecture de Drake.

L'œuvre de Kepler

Beer, A. et Beer, P., éd., *Kepler : Four Hundred Years. Proceedings of Conferences Held in Honour of Johannes Kepler. Vistas in Astronomy*, n° 18, Oxford et New York, Pergamon Press, 1975. Ce travail colossal (1 034 pages) contient des extraits, des résumés et des articles sur chaque aspect imaginable de la vie, l'œuvre et l'influence de Kepler, ainsi que trois articles de synthèse : W. Gerlach, « Johannes Kepler – Life, Man and Work » (p. 73-95) ; M. List, « Kepler as a Man » (p. 97-105) ; et I. B. Cohen, « Kepler's Century : Prelude to Newton's » (p. 3-36).

Caspar, M., *Kepler*, C. D. Hellman trad., New York et Londres, Abelar-Schuman, 1959.

Gingerich, O., « Kepler, Johannes », in *Dictionary of Scientific Biography*, C. C. Gillispie éd., New York, Charles Scribner's Sons, 1973, vol. 7, p. 289-312.

Holton, G., « Johannes Kepler's Universe : Its Physics and Metaphysics », *American Journal of Physics*, *24*, (1956), p. 340-351.

Kepler, J., *Le Secret du monde*, A. Segonds trad., Paris, Les Belles Lettres, 1984.

–, *Mysterium cosmographicum : The Secret of the Universe*, A. M. Duncan trad., introduction et commentaires de

E. J. Aiton, préface de I. B. Cohen, New York, Abaris Books, 1981.
–, *L'Harmonie du Monde*, Paris, A. Blanchard, 1980.
Koestler, *Les Somnanbules*, G. Fradier trad., Paris, Calmann-Lévy, 1960.
Rosen, E., traduction et commentaires, *Kepler's Somnium : The Dream, or Posthumous Work on Lunar Astronomy*, Madison, Milwaukee et Londres, The University of Wisconsin Press, 1967.
–, *Kepler's Conversation with Galileo's Sideral Messenger*, avec introduction et notes, New York et Londres, Johnson Reprint Corporation, 1965.

La vie et l'œuvre de Newton

Christianson, G. E., *In the Presence of the Creator : Isaac Newton and his Times*, New York, The Free Press ; Londres, Collier Macmillan Publishers, 1984.
Cohen, I. B., *Introduction to Newton's « Principia »*, Cambridge (Mass.), Harvard University Press, Cambridge, Cambridge University Press, 1971.
–, *The Newtonian Revolution, with Illustrations of the Transformations of Scientific Ideas*, Cambridge, Londres et New York, Cambridge University Press, 1980.
–, et Schofield, R. E. éd., *Isaac Newton's Papers and Letters on Natural Philosphy*, Cambridge (Mass.), Harvard University Press, 1958 ; nouvelle édition, revue et corrigée, 1978.
Newton, I., *Mathematical Principles of Natural Philosophy*, A. Motte trad., 1729 ; édition révisée par F. Cajori, Berkeley, University of California Press, 1934. Nouvelle traduction par I. B. Cohen et A. M. Whitman, Harvard University Press et Cambridge University Press, 1986.
–, *Les Principes mathématiques de la philosophie naturelle*, E. du Châtelet trad., Paris, Blanchard, 1966.
–, *Principia mathematica*, traduction et postface de M.-F. Biarnais, Paris, Christian Bourgois, 1985.
–, *Optique*, J.-P. Marrat trad., Paris, Christian Bourgois, 1989.
–, *Opticks, or a Treatise of the Reflections, Refractions, Inflexions and Colours of Light*, 1704, 1730, 4e édition. Nouvelle édition, avant-propos d'A. Einstein, introduction de E. Whittaker, préface de I. B. Cohen, et table analytique de D. H. D. Roller, New York, Dover Publications, 1952 ; nouvelle édition, revue et corrigée, 1982. Édition critique par H. Guerlac, Cornell University Press, 1985.

Westfall, R. S., *Never at Rest : A Biography of Isaac Newton*, Cambridge, Londres et New York, Cambridge University Press, 1980.

Autres références

Aristote, *Les Météorologiques*, J. Tricot éd., Paris, Vrin, 1976.
–, *Meteorologica*, E. W. Webster trad., Oxford, Clarendon Press, 1931. Voir aussi *The Works of Aristotle Translated into English*, W. D. Ross éd., vol. 3.
–, *Traité du ciel*, Paul Moraux éd., Paris, Les Belles Lettres, 1966.
–, *On the Heavens*, W. K. C. Guthrie trad., Loeb Classical Library, Cambridge (Mass.), Harvard University Press, 1939.
*Cohen, M. R. et Drabkin, I. E., *A Source Book in Greek Science*, Cambridge (Mass.), Harvard University Press, 1958.
Dante, *La Divine Comédie*, H. Longnon trad., Paris, Garnier Frères, 1966.
*Dijksterhuis, E. J. éd., *The Principal Works of Simon Stevin*, vol. 1, *General Introduction, Mechanics*, Amsterdam, C. V. Swets et Zeitlinger, 1955.
*Dobson, J. F. et Brodetsky, S., trad., « Préface et Livre I du *De Revolutionibus* de Copernic », *Occasional Notes of the Royal Astronomical Society*, 2, 1947, p. 1-32.

Index

Table

RÉALISATION : ATELIER PAO ÉDITIONS DU SEUIL
IMPRESSION : BRODARD ET TAUPIN À LA FLÈCHE
DÉPÔT LÉGAL : OCTOBRE 1993. N° 12422 (12641-5)